Hubert Zeiler

Birkwild

Haselhuhn • Schneehuhn

Österreichischer Jagd- und Fischerei-Verlag

Hubert Zeiler

Birkwild

Haselhuhn • Schneehuhn

Österreichischer Jagd- und Fischerei-Verlag

Dr. Hubert Zeiler, Jahrgang 1963,
lebt in Slowenien und Kärnten.
Von Berufung und Beruf ist er
Wildbiologe, Autor und
bildender Künstler.

Fotos: Hansgeorg Arndt (1), Heinz Eisl (1), Ob.-Fö. Helmut Fladenhofer (1), Franz Hafner (4), DI Thomas Huber (5), Thomas Kranabittl (2), Dr. Martin Merker (3), Stefan Meyers (1), Michael Migos (4), Claude Morerod (4), Ingolf Natmessnig (2), Rainer Ploner (3), Helmut Pum (2), Luca Rotelli (6), Jürgen Schiersmann (4), Helge Schulz (1), Wm. Pepi Stock (1), Dr. Andreas Zedrosser (1), Christian Zeiler (2), Mag. Markus Zeiler (5), Mag. Albin Zeitler (2).

Die übrigen Fotos wurden von Dr. Hubert Zeiler zur Verfügung gestellt bzw. stammen aus dem Archiv des Österreichischen Jagd- und Fischerei-Verlages.

Das Aquarell auf dem Titel und sämtliche Zeichnungen für die Illustration dieses Buches stammen von Dr. Hubert Zeiler.

Das Birkhahn-Motiv auf dem Titel ist beim Verlag als hochwertiger farbiger A3-Kunstdruck erhältlich.

Lektorat & Layout & Leitung Produktion: Dr. Michael Sternath
Whattsallin! Tellya :: Whattsallin!!
amayinmallnids – ablackiegrauswissa (!) fourth
– aRedHeadskippinapp – apoff&apiffinapp ...
Tellya :: sgotthegoof'atgoof

Verlagsassistenz und Sekretariat: Angela Pleyel

Repro: Blaupapier, Wien (mit ständiger Ferleit-Fährte)

Gesamtherstellung: Druckerei Ferdinand Berger & Söhne Ges.m.b.H., Horn

ISBN 978-3-85208-065-9

Zu diesem Buch

Ob Birkwild oder Haselwild, ob Schneehuhn oder gar der archaisch anmutende Auerhahn – kaum andere Wildtiere haben den Menschen ähnlich fasziniert wie unsere Raufußhühner. Es verwundert daher nicht, dass diese immer wieder das höchste Interesse der Forscher erweckten. Hervorragende Persönlichkeiten haben sich mit diesen einzigartigen Wildtieren beschäftigt. So hielt etwa der Schwarzwälder Arzt Dr. Wilhelm Wurm vor hundertfünfzig Jahren in seinem Buch „Auerwild" den Wissensstand seiner Zeit fest. Später folgten die steirischen Forstmänner Prof. Franz Valentinitsch mit seinem Haselhuhnbuch und Hans Fuschlberger mit seinem „Hahnenbuch" über alle vier heimischen Raufußhühner. Allesamt waren dies legendäre Bücher, die zu Recht Standardwerke wurden. Dennoch, das Rad der Zeit hat sich weitergedreht, und viel Neues über den Lebensraum und das Verhalten der Raufußhühner ist in jüngeren Jahren entdeckt worden.

Wie weit wandern Birkhahnen wirklich? Wonach wählen die Hennen ihre Hahnen? Wo fühlen sich die Küken wohl? – Es gibt ausgesprochen spannende Erkenntnisse zu diesen und anderen Fragen aus Skandinavien, aus Russland, aus Frankreich, der Schweiz und auch aus Österreich. Hubert Zeiler hat sich durch die gesamte neuere Raufußhuhn-Forschung gearbeitet. Zudem, und wichtiger: Er ist mit allen vier heimischen Raufußhuhnarten von Kindheit an engstens vertraut, und das bleibt auch in seiner eigenen Forschung und in seinen Büchern immer spürbar.

Die Forschung unserer Tage kennt Wege, die Einblicke ins Leben der Wildtiere erlauben, die wir früher noch nicht hatten. Doch unabhängig davon, ob es um die Bemühungen von Forschern oder Jägern geht, an einer Tatsache führt kein Weg vorbei: Wer in Mitteleuropa auch in Zukunft die Raufußhühner in gesunden Beständen erhalten sehen will, muss dafür etwas tun. Gerade dazu bringt das Werk von Hubert Zeiler einen wertvollen Beitrag und den Leser auf den letzten Stand. Doch nicht nur das. Es schult auch das Auge für die Ansprüche dieser Wildtiere an den Lebensraum und zeigt, mit welch geringen Mitteln oft eine spürbare Verbesserung dieses Lebensraumes möglich ist. „Birkwild – Haselhuhn – Schneehuhn" – vielleicht ist dieses Buch der erste Schritt, dass man in Zukunft wieder mehr von unseren faszinierenden Raufußhühnern sehen wird…

Michael Sternath,
Österreichischer Jagd- und Fischerei-Verlag

Inhalt

BIRKWILD 23

HASELHUHN 197

Hahnenzeit

Dritter Mai, vier Uhr morgens. Seit über einer Stunde sind wir nun schon unterwegs: von den letzten Bauernhöfen weg, durch den Bergwald, vorbei an den Almhütten, hinauf zu den Hochweiden. Hier, beim letzten Zaun, weit oberhalb der letzten Hütten, trennen wir uns. Ich habe es eilig, denn ein gutes Stück Weges liegt noch vor mir, bis ich meinen Hahnenschirm erreiche, und spätestens in einer halben Stunde muss ich dort sein. Mein Bruder wird bald beim „Federspiel" oben sein – das ist der Platz, den die Birkhahnen schon seit Generationen zur Balzzeit aufsuchen. Hier treffen sich die Kleinen Hahnen zur Arenabalz, hier messen sie ihre Kräfte, hier bestimmen sie die Rangordnung und werben um die Weibchen.

Der Himmel ist übersät mit Sternen, kühl weht der Bergwind von den Schneefeldern herab. Unten im lichten Lärchenwald ruft ein Raufußkauz. Bis hierher war der Weg zwar lang, dafür aber leicht. Heuer haben jedoch Schlechtwetterfronten verspätet immer wieder Schnee gebracht, sodass die Hochalmen noch weitgehend von Schneefeldern bedeckt sind. Ich brauche nun keine Lampe mehr, hell genug leuchten die weißen Hänge. Nun wird es immer schwerer, apere Stellen zu finden, um möglichst rasch vorwärts zu kommen. Die oberste Schneeschicht ist zwar hart gefroren, sie trägt mich aber nicht, sodass ich immer wieder durchbreche – oft bis zu den Hüften. Über Viehgangeln und Wildwechsel steuere ich eine Hangkante an, dort oben haben Wind und Sonne ein schmales Band vom Schnee frei gelegt. Hier komme ich gut vorwärts, und nun kann ich auch schon den Schirm mitten auf dem ausgedehnten, fast ebenen Schneefeld erkennen. Die schmale Sichel des abnehmenden Mondes steigt jetzt am Himmel empor, und mir scheint, dass im Osten am Firmament das Licht schon ein wenig zunimmt.

Beim letzten aperen Fleck wird rasch das Unterhemd gewechselt und eine wärmere Jacke übergezogen, dann geht es über den Balzplatz hinein in die kleine Fichtengruppe, welche mir Schutz und Deckung bietet. Erst gestern habe ich diesen Schirm wieder hergerichtet. Ich benutze ihn nun seit einigen Jahren. Der Platz hat aber keine so lange Tradition, wie der am Federspiel. Hier heroben melden nur wenige Hahnen, dennoch bin ich sehr neugierig, was sich in diesem Jahr abspielen wird. Heuer musste der Stand zum ersten Mal von einer Menge Schnee befreit werden, die Seiten wurden mit Fichtenästen zusätzlich verblendet, der vereiste Boden damit ausgelegt, um die Kälte ein wenig abzuhalten. Viel Platz gibt es nicht in dem Versteck, doch für meinen Hund und mich reicht es. Vor der Hahnenzeit habe ich mir den Kopf zerbrochen, ob ich den jungen Begleiter mitnehmen sollte; doch nachdem er mit mir in diesem Jahr bereits eine Woche lang auf der Auerhahnbalz war, mache ich mir keine Sorgen mehr. Mein Falk hat Nerven und Ausdauer, wie man sie wohl kaum von einem einjährigen Hund erwarten kann – das sollte sich auch an diesem Morgen wieder bestätigen.

Wer im Frühling zuerst Morgen für Morgen auf den Großen Hahn geht, der hat danach beim Birkwild immer die Sorge, dass er zu spät dran ist. Gespannt wartet man auf das erste Zischen und ist fast schon beunruhigt, weil sich der neue Tag langsam ankündigt, und es tut sich noch immer nichts. Doch der Kleine Hahn fängt einfach später an. Kurz nachdem die erste Ringdrossel mit ihrem Lied beginnt und im Osten nun schon deutlich das Licht über den Bergen zunimmt, höre ich den ersten Zuscher. Der Hahn meldet weit hinter mir im Westen, und ich bin etwas verwundert darüber – nur um Klarheit über die Lage zu bekommen, antworte ich ihm. Doch das bedauere ich im Augenblick auch schon fast wieder, denn nun bekomme ich genau vor mir eine energische Rückmeldung. Gleich darauf rauscht auch noch ein dritter Hahn. Nun halte ich lieber meinen Mund und mische mich nicht mehr ein. Nur der letzte Hahn ist zugestrichen, die anderen beiden sind zu Fuß gekommen. Die drei halten sich gar nicht lange mit dem Zischen auf, sondern rodeln und kullern gleich von Anbeginn, als ob sie auf jedwedes Drohen und Einspielen leicht verzichten könnten. Als ich den Hahn, der von Westen am Balzplatz eintrifft, durch die Äste meines Schirmes das erste Mal in Anblick bekomme, fallen mir sofort die langen breiten Sicheln auf. Im Laufe des Morgens wird sich herausstellen, dass er hier der Platzhahn ist. Es dauert nicht allzu lange, da kommt er ganz knapp an meinem Versteck vorbei und steuert kullernd auf seinen Nachbarn zu. Ich kann keine Grenzmarken erkennen, doch die beiden Hahnen wissen offensichtlich genau, wo auf dem Schneefeld die Reviergrenzen liegen. Wie an einer unsichtbaren Linie tanzen die zwei auf und ab und drohen sich immer wieder an. Jetzt wollen sie es offenbar wissen! Frontal gehen sie aufeinander zu, die Hälse werden schmal und lang, und es kommt zum Schnabelkampf. Ohne viel Umschweife wird daraus aber eine ernste Auseinandersetzung, bei der die Schwingen eingesetzt werden. Es folgen Angriff, Gegenangriff und akrobatische Ausweichmanöver, sodass schließlich nicht wenige Federchen verstreut auf dem Kampfplatz zurückbleiben. Ich kann eigentlich keinen Gewinner erkennen, denn nach der Aktion laufen beide in entgegengesetzte Richtung auseinander, und die Grenzlinie bleibt offensichtlich dort, wo sie bereits vorher gewesen war. Vielleicht geht es aber ohnehin nicht um Sieg oder Niederlage, sondern nur um die unabänderliche Festlegung der Demarkationslinie.

Die Sonne hat noch nicht die Bergkämme im Osten erreicht, da ruft eine Henne, und zwei der Hahnen streichen plötzlich ab. Nur der eine in der Nähe meines Schirmes bleibt. Auf den Hennenruf vollführt er Flatterflüge, sodass die weißen Flügelunterseiten weithin aufblitzen – sein Revier verlässt er aber nicht. Aufgeregt rodelt er zwischen diesen optischen Darbietungen. Die roten Rosen über den Augen sind nun zu voller Größe angeschwollen, das stahlblaue Gefieder schimmert bei jeder Bewegung – die Luftsäcke des Vogels vibrieren beim Singen, und der ganze Hahn scheint ein einziger zitternder Blasebalg, der fast ohne Pause sein melodisches Kollern von sich gibt. Zuerst habe ich mich darüber geärgert, dass die beiden anderen abgestrichen sind, nun entschädigt mich die Darbietung dieses einen unmittelbar neben dem Schirm. Mein Hund vibriert ebenfalls vor lauter Aufregung, doch er hält still, und der Hahn merkt nichts von den zwei nur wenige Meter entfernten Beobachtern. Es dauert auch gar nicht lang, und die zwei Ausreißer kehren von ihrem Ausflug zurück – offensichtlich ist die Dame nicht interessiert gewesen an den aufdringlichen Freiern. Vermutlich sind die Hennen noch nicht so weit, die Vegetation ist kaum entwickelt, und es fehlt an eiweißreicher Frühjahrsäsung – eine Voraussetzung für die Erzeugung des Geleges. Die Hahnen sind zwar bereits in Hochstimmung, aber die Hennen brauchen sicher noch mindestens eine Woche. Mein Bruder beobachtet am Hauptbalzplatz ganz Ähnliches. Dort sind zwar etwa zehn Hahnen, aber sie halten bis auf eine Ausnahme keinen festen Platz. Wenn irgendwo eine Henne auftaucht, ist der ganze Trupp hinterher. Die Hahnen verteilen sich im ganzen Hang über dem eigentlichen Balzplatz. Solche Beobachtungen kann man oft gegen Ende der Balz machen, wenn eine Henne in die Nähe der Arena kommt, zu Beginn ist dies aber eher die Ausnahme.

Nach Sonnenaufgang streichen meine drei Birkhahnen ab und melden auf den Lärchen an der Waldgrenze weiter. Ich mache mich auf den Weg und wandere noch hinauf an die Grenze der geschlossenen Schneefelder. Während des Aufstiegs kann ich auffällig viele Zugvögel beobachten, sie fliegen entlang der sich nun langsam erwärmenden Hänge durch das angrenzende Hochtal gegen Norden; darunter sind viele Rauchschwalben. Sie gehören zwar sonst zu den Frühlingsboten, oben am Berg passen sie aber nicht in das Bild. Hier sind Kuckuck, Ringdrossel, Bergpieper oder Steinschmätzer daheim. All diese Vogelarten sind zwar schon aus ihren Winterquartieren zurückgekehrt, dennoch hat man das Gefühl, hier hat der Frühling den Winter noch nicht wirklich abgelöst. Alles ist noch zu verhalten, die Natur ist noch nicht voll erwacht. Während ich so vor mich hin sinniere, habe ich einen guten Aussichtspunkt erreicht, von hier bis hinauf zu den Gipfeln liegt eine geschlossene Schneedecke. Mit meinem Bruder habe ich vereinbart, dass wir nach der Spielhahnbalz hier noch nach den Schneehühnern schauen. Ich sehe ihn aufsteigen und auf einem Plateau unter mir einen Rastplatz suchen. Nachdem er sich eingerichtet hat, spielt er das Balzlied des Schneehahnes ab. Noch ehe die zweite Strophe der Klangattrappe beginnt, streicht tatsächlich der Hahn in hohem Bogen über seinen Kopf. Wir sind beide überrascht, keiner von uns hätte gedacht, dass wir so schnell Erfolg haben würden. Offensichtlich haben wir genau den richtigen Platz gewählt. Da ich von meiner hohen Warte den besseren Überblick habe, kann ich zwischen uns beiden auch bald die Henne ausmachen. Der Hahn vollführt indessen mit lautem Knarren unglaubliche Revierflüge um meinen Bruder herum. Die Henne wandert langsam am Rande der Schneefelder zwischen Steinblöcken nach oben, der Hahn streicht nach den Attacken auf den vermeintlichen Rivalen immer wieder zurück zu ihr. Wir wollen die Vögel aber nicht unnötig beunruhigen, es genügt, sie auf diese Weise gefunden zu haben. Nachdem wieder Ruhe eingekehrt ist, bleibt der Hahn bei seiner Partnerin. Obwohl es hier noch viel Schnee gibt, mausern beide Hühner schon, und ihr weißes Federkleid ist bereits mit vielen grauen Flecken durchsetzt, gerade das verleiht ihnen aber zwischen Schnee und Felsen eine ausgezeichnete Tarnung. Während der Birkhahn nur für Nachwuchs sorgt und sich danach weder um ihn noch um die Hennen kümmert, verpaart sich der Schneehahn mit einer Henne und begleitet sie zumindest bis zum Schlupf der Küken.

Die Vorführungen des Schneehahnes waren beeindruckend, und wir überlassen ihm daraufhin gerne wieder sein Revier. Ursprünglich hatten wir noch nach Steinhühnern suchen wollen, da ich im Vorjahr hier in der Nähe am Rand eines ehemaligen Bergsturzes einen Hahn auf seiner Singwarte ausmachen hatte können. Für heute lassen wir es aber sein. Der Morgen war schon so mehr als ausgefüllt.

Beim Abstieg wandern wir am Rande des Auerhuhnbalzplatzes unterhalb der Almhütten durch den Hochwald. Hier im Urgestein gibt es zur Schneeschmelze überall kleine Rinnsale und Bäche, häufig werden sie von einem Erlensaum begleitet. Während wir uns noch über die Birkhahnen unterhalten, bleiben wir beide gleichzeitig wie angewurzelt stehen. Wir sehen uns an, und jeder weiß, was den anderen so unvermittelt innehalten hat lassen. Gleich kommt wie bestellt die Bestätigung: Ein Haselhahn spisst vor uns in den Erlen! Hier ist nun wirklich der Frühling eingekehrt, und wir freuen uns, dass auf diesem Berg noch alle vier heimischen Raufußhuhnarten davon Zeugnis ablegen …

Entwicklungsgeschichte der Raufußhühner

Drei Millionen Jahre vor unserer Zeitrechnung. Das Klima wird allmählich kühler. Offene Landschaften und Steppen entstehen. Hühnervögel mit dicht befiederten Füßen als Anpassung gegen die Kälte besiedeln nach und nach diese Lebensräume – die Raufußhühner. Der Ursprung dieser Vogelarten liegt im Nordwesten Nordamerikas.

Die heutige Verbreitung der Raufußhühner geht wahrscheinlich auf drei voneinander unabhängige Ausbreitungswellen zurück. Die erste Besiedlung erfolgte im Mittleren Pliozän durch den Vorfahren aller Raufußhühner. Danach breiteten sich die Vorgänger der typischen Waldhühner sowie der Präriebewohner im späten Pliozän vor etwa 2 bis 1,6 Millionen Jahren aus. Vor rund 1,6 Millionen Jahren beginnt dann das Pleistozän – jener Zeitraum, in dem Eiszeiten mit Wärmezeiten wechseln. Erst im frühen Pleistozän entwickelten sich jene Raufußhühner, die auch heute noch am ehesten mit Schnee und Eis in Verbindung gebracht werden: die Vorfahren unserer Schneehühner; sie besiedelten zuletzt die nördlichen Breiten.

Heute leben in Eurasien zehn Raufußhuhnarten, in Nordamerika sind es elf. Alpenschneehuhn und Moorschneehuhn kommen sowohl in Nordamerika wie auch in Eurasien vor. Die verschiedenen Arten sind durch Isolation voneinander entstanden. Dies geschah zum Beispiel, indem kleinere Vorkommen immer wieder von weit verbreiteten Arten abgetrennt wurden. Dabei spielte wahrscheinlich das Klima eine Hauptrolle. Während der Eiszeiten bildeten die großen vergletscherten Gebiete Barrieren, in den Warmzeiten dazwischen haben sich nadelholzdominierte Wälder – also typische Raufußhuhnlebensräume – in südlich gelegenen Bergmassiven oft nur in isolierten Hochlagen gehalten.

Systematik

Die Raufußhühner (Tetraonidae) gehören zur Ordnung der Hühnervögel (Galliformes), dort wiederum sind sie Teil der Familie der Fasanenartigen (Phasianidae). Alle Raufußhühner sind gut an Kälte angepasst, sie tragen ein dichtes Federkleid und haben befiederte Beine, bei den Schneehühnern sind sogar die Zehen befiedert. Von dieser Befiederung leitet sich der Name „Raufußhuhn" ab. Auch die Nasenlöcher dieser Vögel sind durch Federn vor Kälte geschützt.

Für die systematische Einordnung von Wald- und Schneehühnern wurden in der Vergangenheit traditionell vor allem Körpermaße und Ver-

Raufußhühner haben befiederte Füße. Hornige Stifte seitlich der Zehen verhindern ein zu tiefes Einsinken beim Laufen im Schnee.

haltensmuster herangezogen. Heute bietet die Genetik ganz neue Möglichkeiten, um die Verwandtschaftsverhältnisse genauer zu bestimmen. Derzeit sind die Raufußhühner in 19 Arten auf die gemäßigten und kalten Zonen der Nordhalbkugel verteilt. Bis vor kurzem ging man noch von 17 Arten aus, heute unterteilt man die nordamerikanischen Beifußhühner sowie die Felsenhühner aber in je zwei Arten. Obwohl es in der Folge nur um Birkhühner, um Haselhühner und um Schneehühner geht, sollten zumindest die nächsten Verwandten dieser drei Gattungen erwähnt werden. Sie geben ein gutes Beispiel dafür, welche Vielfalt an Gestalten, Farben und Verhaltensweisen sich im Laufe der Evolution entwickeln kann.

Raufußhühner weltweit: 9 Gattungen und 19 Arten

Gattung **Kragenhühner** *(Bonasa)* – 1 Art

Das Kragenhuhn *(Bonasa umbellus)* ist der nordamerikanische Verwandte unseres eurasischen Haselhuhns. Dieses kleine Waldhuhn kommt in einem breiten Gürtel von Alaska bis an die Ostküste Nordamerikas vor. Es dürfte die ursprünglichste Raufußhuhnart sein und bildet die Basis im Stammbaum der Unterfamilie Raufußhühner.

Gattung **Haselhühner** *(Tetrastes)* – 2 Arten

Das Haselhuhn ist der nächste Verwandte des Kragenhuhns. Neben unserem heimischen Haselhuhn *(Tetrastes bonasia)*, das über weite Teile Eurasiens verbreitet ist, lebt in den Hochgebirgen West-Chinas das China- oder Schwarzbrust-Haselhuhn *(Tetrastes sewerzowi)*.

Gattung **Sichelhühner** *(Falcipennis)* – 2 Arten

Die beiden Arten der Gattung Sichelhühner leben weit voneinander getrennt. Das Sichelhuhn *(Falcipennis falcipennis)* kommt im Osten Russlands bis ans Ochotsksche Meer vor, das Fichtenhuhn *(Falcipennis canadensis)* lebt in den nadelwalddominierten Wäldern in Kanada und Teilen der USA von der Pazifikküste bis zum Atlantik. Das Fichtenhuhn dürfte vom Sichelhuhn abstammen. Diese Art ist also von Asien wieder nach Nordamerika eingewandert.

Kaukasusbirkhuhn
Großes Beifußhuhn
Moorschneehuhn
Kragenhuhn
Felsengebirgshuhn
Steinauerhuhn
2008

Gattung **Birkhühner** *(Lyrurus)* – 2 Arten

Das Birkhuhn *(Lyrurus tetrix)* zählt zu den besonders weit verbreiteten Raufußhuhnarten. Im Kaukasus lebt eine zweite Birkhuhnart – das Kaukasus-Birkhuhn *(Lyrurus mlokosiewiczi)*.

Gattung **Auerhühner** *(Tetrao)* – 2 Arten

Auch bei den Auerhühnern kennt man zwei Arten. Neben dem Auerhuhn *(Tetrao urogallus)* gibt es noch das Steinauerhuhn, auch Schwarzschnabel- oder Kleines Auerhuhn genannt *(Tetrao parvirostris)*. Das Verbreitungsgebiet des Steinauerhuhns erstreckt sich in etwa vom Baikalsee nach Norden und Osten bis Kamtschatka.

Gattung **Beifußhühner** *(Centrocercus)* – 2 Arten

Die Beifußhühner werden – noch nicht allzu lange – ebenfalls in zwei Arten unterteilt. Zum Großen Beifußhuhn *(Centrocercus urophasianus)* kommt seit dem Jahr 2000 noch das Gunnison Beifußhuhn *(Centrocercus minimus)*. Beide Arten leben im Nordwesten der USA.

Gattung **Felsengebirgshühner** *(Dendragapus)* – 2 Arten

Das Verbreitungsgebiet der Felsenhühner erstreckt sich von Alaska bis nach Kalifornien, Arizona und Neu Mexiko. Neuere genetische Untersuchungen befürworten eine Unterteilung in 2 Arten: *Dendragapus obscurus* und *Dendragapus fuliginosus*. Deutsche Namen für die jeweilige Art wurden noch nicht festgelegt. Im Englischen spricht man von „Dusky“ und „Sooty Grouse”, was so viel wie „schwärzliches/dunkles“ und „rußiges“ Waldhuhn bedeutet.

Gattung **Präriehühner** *(Tympanuchus)* – 3 Arten

Die Präriehühner werden unterteilt in das Spitzschwanzhuhn *(Tympanuchus phasianellus)* sowie in das Große *(Tympanuchus cupido)* und Kleine Präriehuhn *(Tympanuchus pallidicinctus)*. Das Spitzschwanzhuhn war früher weit verbreitet, es lebt heute neben kleinen Inselvorkommen vor allem in Zentral-Alaska und in den Grassteppen von Zentralkanada und in den USA. Das Große Präriehuhn lebt heute nur mehr im zentralen Nordamerika, das Kleine Präriehuhn in wenigen Restvorkommen im Süden der USA.

Gattung **Schneehühner** *(Lagopus)* – 3 Arten

Die Schneehühner sind die einzigen Raufußhühner, die ihr Federkleid im Winter weiß verfärben. Auch das Moorschneehuhn *(Lagopus lagopus)* ist im Winter rein weiß. Im Frühjahr sind bei den Hahnen Kopf und Hals sowie der obere Brustbereich tief rotbraun. Es kommt ebenso wie das Alpenschneehuhn *(Lagopus mutus)* „zirkumpolar“ vor, das heißt: Es besiedelt nicht nur weite Teile Eurasiens, sondern auch Nordamerikas. Das Verbreitungsgebiet des Alpenschneehuhns ist aber wesentlich kleiner und auf Tundra und alpine Lebensräume mit Felsen beschränkt. Die dritte Art, das Weißschwanz-Schneehuhn *(Lagopus leucura)*, kommt nur in Nordamerika vor.

BIRKWILD

Steckbrief Birkwild		
	Hahnen	*Hennen*
Gewicht:	1 – 1,5 (1,8) kg (steigt bei Hahnen bis 4 Jahre)	0,75 – 1,1 kg
Spannweite:	65 – 80 cm	
Flügellänge:	22 – 30 cm	19 – 28 cm
Stoßlänge:	20 – 26 cm	12 – 14 cm
Körperlänge:	50 – 70 cm	47 – 50 cm
Eiablage:		Mai bis Juni
Gelegegröße:		6 – 10 Eier
Brutdauer:		25 – 27 Tage
Nestverluste:		30 – 60 %
selbständig:	mit 4 Wochen, bleiben aber bis September im Familienverband	
Geschlechtsreife:	im 1. Jahr; einjährige Hahnen kommen nicht, zweijährige kaum zur Fortpflanzung	im 1. Jahr
Höchstalter:	älteste beringte Vögel in Finnland 12, in der Schweiz 8 Jahre	
Generationslänge:	4 Jahre	

Aussehen

Größe und Gewicht

Die Birkhühner gehören zu jenen Raufußhühnern, bei denen sich Hahn und Henne besonders stark unterscheiden. Dies kommt nicht nur in der Färbung des Gefieders zum Ausdruck, sondern auch in der Körpergröße. Die Hahnen sind deutlich schwerer, das Gewicht schwankt aber je nach Jahreszeit und Alter. Es nimmt bei Hahnen bis zum vierten Lebensjahr zu, danach fällt es wieder leicht ab. Im Durchschnitt sind sie im Frühjahr 1 bis 1,25 Kilogramm schwer, gegen Ende der Balzzeit etwas leichter; nach der Sommermauser nehmen sie aber wieder rasch zu und erreichen im Hohen Norden im Herbst mit durchschnittlich 1,2 bis 1,35 Kilogramm ihr Höchstgewicht. Untersuchungen aus den Schweizer Alpen zeigen dagegen einen Gewichtsanstieg noch bis Dezember und Jänner.

Birkhennen sind im Frühjahr zur Zeit der Eiablage und dann wieder im Herbst schwerer als im restlichen Jahr.

Auf unterschiedliche Größen kommen wir im Zusammenhang mit der Verbreitung noch einmal zurück; vorausgeschickt muss aber werden, dass es bei Birkhahnen weniger stark als beim Auerwild zu regionalen Größenunterschieden kommt. Niederländisches und norddeutsches Birkwild ist beispielsweise ein wenig größer als skandinavisches.

Birkhahnen mit einem Gewicht von 1,8 Kilo gehören in jedem Fall zur absoluten Ausnahme, auch Hahnen mit 1,5 Kilo Gewicht sind bereits sehr stark. Jungvögel sind im ersten Winter noch deutlich leichter als erwachsene; sie erreichen rund 90 Prozent des Gewichtes der Altvögel. Birkhennen erreichen etwa drei Viertel des Hahnengewichtes.

Färbung und Gefieder

Bei Birkhahnen überwiegt auf den ersten Blick das blauschwarze Gefieder. Besonders in Ruhestellung sind die kontrastreichen weißen Federpartien nur wenig auffällig. Die Signalwirkung von weißem Unterstoß, weißen Flügelbinden und den großteils weißen Unterflügeln kommt erst im Flug oder bei der Balz zur Geltung. Auch am Flügelbug befindet sich ein auffälliger weißer Fleck; im Unterstoß können manchmal schwarze

Flecken auftreten. Der Bauch ist schwarzbraun, im hinteren Abschnitt mit hellen Federspitzen. Besonders typisch für den Birkhahn sind die leierartig gebogenen, schwarzen Schwanzfedern. Im Prachtkleid ist der Hahn besonders im Brust- und Halsbereich glänzend blauschwarz. Auf die Entstehung und Bedeutung von Gefiederfarben möchte ich hier noch nicht eingehen, nur so viel vorneweg: Der Glanz entsteht beim Birkhahn durch Lichtbrechung und nicht durch Farbpigmente. Der bläuliche Schimmer zieht sich beim erwachsenen Hahn über den Rücken bis zu den Stoßfedern. Bei den Schwingen überwiegt Dunkelbraun, die Schwungfedern sind graubraun, die Armschwingen von der Basis her etwa zur Hälfte weiß – dadurch entsteht der weiße Streif im Flügel. In der äußeren Hälfte sind sie dunkelbraun, oft ein wenig gesprenkelt und haben einen weißen Saum. Besonders während der Balzzeit fallen beim Hahn die roten Rosen auf. Es sind nackte Hautstellen über den Augen, die mit vielen feinen Papillen besetzt sind. Hahn und Henne tragen Rosen, bei der Henne sind sie aber wenig auffällig. Der Hahn kann sie beim Imponieren aktiv vergrößern.

Die Hennen tragen ebenfalls die weißen Flügelbinden und sind daran sowie an ihrem leicht eingekerbten Stoß im Flug von Auerhennen einfach zu unterscheiden. Insgesamt sind sie hellbraun, wobei der Ton entweder ins Grau oder ins Gelbbraun gehen kann, keinesfalls aber so stark ins Rotbraun wie bei der Auerhenne. Der Birkhenne fehlt auch der rotbraune Brustschild, der bei Auerhennen häufig vorkommt. Die Federn sind eng dunkelbraun bis schwarz gebändert – an Hals und Kopf feinliniger, hier überwiegen Brauntöne, an Brust und Schwingen gröber, hier kommt mehr Hellgrau vor. Insgesamt ist das Gefieder der Henne sehr kryptisch und bietet eine ausgezeichnete Tarnung.

Auf eine eingehende Beschreibung von Ruhekleidern im Gegensatz zu den Pracht- oder Brutkleidern soll hier verzichtet werden, weil es bei den Birkhühnern da nur geringe Unterschiede gibt. Beim Hahn treten im Ruhekleid braune oder graue Kritzelmuster im Rückenbereich auf, die Federn im Kopfbereich sind weißlich gesäumt, ohne Afterfeder. Die Färbung der Henne ist im Sommer etwas blasser. Im Winterkleid ist die Befiederung dichter, auch die Läufe der Vögel sind viel stärker befiedert. Eine Besonderheit sind bei den Raufußhühnern die so genannten Afterfedern sowie die Hornstifte seitlich der Zehen. Letztere vergrößern die Trittfläche und verhindern dadurch – ähnlich wie Schneereifen –, dass die Vögel im Winter allzu tief im Schnee einsinken. Die wollig weichen Afterfedern sitzen am Kiel des Kleingefieders und schützen damit, gleich

einer zweiten Federschicht, die Vögel zusätzlich vor großer Kälte. Sie sind ein typisches Merkmal, wenn man die Feder eines Raufußhuhnes von der anderer Vögel sicher unterscheiden will.

Dunenkleid

Wenn Birkhuhnküken schlüpfen, dann sind sie vom Bauch über die Brust bis zum Schnabel einheitlich gelb gefärbt. Auf der Stirn sind gewöhnlich zwei kleine schwarze Flecken, und am Oberkopf findet sich ein nussbrauner Fleck, der dunkel eingesäumt ist. Über den Nacken zieht sich ein dunkler Strich, der Rücken ist überwiegend zimtbraun mit dunklen, fast

schwarzen Flecken. Die Läufe wirken – weil vorn und seitlich mit Dunen besetzt – sehr stark, die Zehen sind rosa. Nach 2 bis 3 Wochen ist das Dunenkleid fast ganz verschwunden, die Küken sind dann im Jugendkleid und sehen den Hennen sehr ähnlich.

Jugendkleid

Während die Küken heranwachsen, verändert sich das Federkleid laufend, entweder kommen neue Federn dazu oder alte werden bereits wieder vermausert. Nach 4 bis 5 Tagen erscheinen im Dunenkleid die ersten Schulterfedern, nach einer Woche sind auch schon Steuerfedern zu erkennen. Die letzten Federn des Jugendkleides wachsen erst in der 9. Woche, die ersten werden schon nach gut 2 Wochen wieder gewechselt – es sind dies die innersten Federn der Handschwinge. Die halbwüchsigen Jungvögel sehen auf den ersten Blick wie kleine Hennen aus, sie sind oberseits deutlich schwarz und braun gebändert und gefleckt. Im Gegensatz dazu weisen Auerhuhnjunge eine mehr verwaschene Zeichnung auf. Kopf und Hals sind bei jungen Birkhühnern heller mit nur wenigen Flecken, fast ohne Muster. Die Unterseite ist beigefarben und ebenfalls dunkel gebändert – der Bauch heller, die Brust etwas dunkler. Die Stoßfedern sind schmal, rostbraun gefärbt mit schwarzen Sprenkeln und hellem Saum am Ende. Die Federn der Handschwinge sind an der Spitze und am Außensaum stärker gesprenkelt als bei Altvögeln. Sicher kann man die Geschlechter erst nach etwa 30 Tagen unterscheiden. Im Bereich der Alula erscheinen nun schon die zweiten Federn. Die Alula ist unserem Daumen gleichzusetzen, dort sitzen die Malerfedern. Bei den Hahnen sind diese Federn an der Spitze fein gesprenkelt, bei Hennen gebändert. Die Rosen sind kein Unterscheidungsmerkmal.

Der Wechsel vom Jugendkleid ins Alterskleid vollzieht sich allmählich. Die Hahnen werden über den Sommer zunehmend dunkler. Nach etwa 4 Wochen erscheinen braunschwarze Federn im Brustbereich. Insgesamt nehmen dunkle Gefiederpartien nun zu. Im Gegensatz zu den Altvögeln sind die Armschwingen am Ende aber deutlich breiter weiß gesäumt. Sie sind zwar ebenso wie Altvögel von der Basis her etwa zur Hälfte weiß, aber die äußere Hälfte ist viel stärker gesprenkelt als bei den erwachsenen Vögeln. Die Stoßfedern der Hahnen sind fast gar nicht gekrümmt und haben im mittleren Bereich weiße Endsäume. Mit rund 12 Wochen ist das Kleingefieder zum Großteil vermausert. Nach 4 Monaten, also im Oktober, tragen die Jungvögel ihr erstes fertiges Alterskleid. Junge Hennen sehen bereits im ersten Herbst ihrer Mutter zum Verwechseln ähnlich, die Außenfahnen der Armschwingen sind aber viel stärker gesprenkelt und quergestreift. Zudem kommt, dass bei Hahnen und Hennen die 9. und 10. Handschwinge im ersten Jahr nicht mehr gemausert werden. Diese beiden äußersten Schwungfedern sind somit deutlich von den anderen zu unterscheiden und werden auch für die Altersansprache herangezogen.

Mauser und Altersbestimmung

In der Regel folgt dem Dunenkleid der Küken das Jugendkleid und diesem wiederum im Herbst das erste Jahreskleid der Jungvögel. Wie erwähnt, kann man Jungvögel bis zur ersten Mauser nach einem Jahr an der 9. und 10. Handschwinge von Altvögeln unterscheiden. Weil diese zwei Federn aus dem Jugendkleid stammen, laufen sie deutlich mehr spitz zu als bei erwachsenen Vögeln und sind zur Spitze hin auch viel stärker gesprenkelt. Nicht nur bei Birkhühnern, sondern bei allen heimischen Raufußhühnern wachsen die beiden äußersten Schwungfedern gleich bis etwa zur vollen Länge; das heißt, sie sind von Beginn an schon annähernd so lang wie die Federn erwachsener Vögel. Somit ist ein Wechsel noch im Geburtsjahr nicht notwendig, denn die Flugtauglichkeit ist damit gegeben. Der Vorteil:

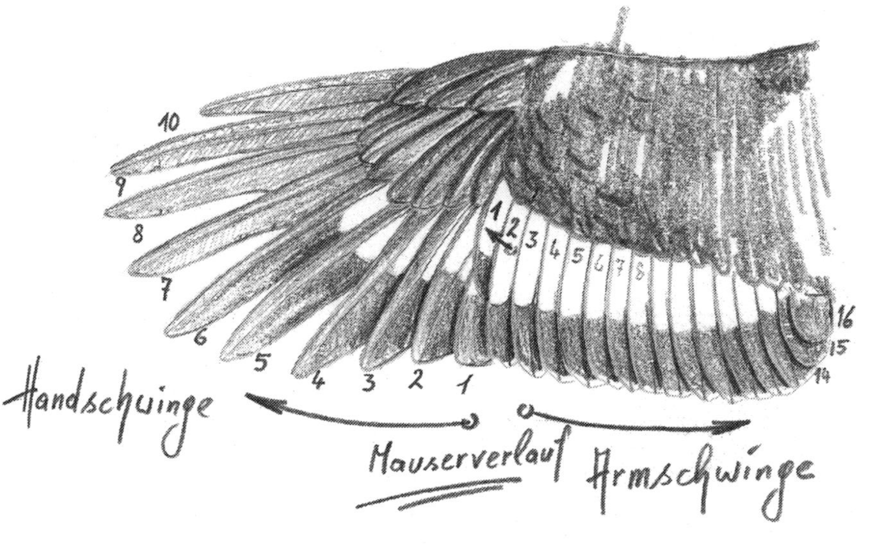

Die Mauserzeit wird dadurch verkürzt. Für die relativ großen Vögel, die in kalten Klimazonen leben oder wo nach Ausfall des ersten Geleges Zweitbruten häufig der Fall sind, ist damit besser gewährleistet, dass die Zeit für den Gefiederwechsel bis zum Wintereinbruch nicht zu knapp wird.

Der Gefiederwechsel ist bei den Vögeln nicht immer leicht zu durchschauen, wir kommen beim Schneehuhn noch ausführlicher darauf zurück. Bei erwachsenen Birkhühnern erfolgt von Juni bis etwa Oktober eine Vollmauser, das heißt: Alle Federn werden gewechselt. Gleich wenn es losgeht – Ende Mai, Anfang Juni –, gibt es parallel dazu aber auch eine so genannte Brutmauser. Dabei werden vor allem die Federn im Kopf-, Hals-, und Vorderrückenbereich gewechselt. Man bringt dies mit einem besseren Tarneffekt des Gefieders in Zusammenhang. Die Federn, die im Zuge der Brutmauser neu gebildet werden, bleiben aber nicht lange erhalten, sie werden nach einem Monat schon wieder abgeworfen und ersetzt. Wie gesagt, daneben läuft die Jahresmauser, im Zuge welcher auch Schwungfedern und Steuerfedern gewechselt werden. Bei führenden Hennen fällt die Schwingenmauser in die Zeit der Jungenaufzucht. Die Stoßfedern werden bei Hahn und Henne fast alle auf einmal gewechselt. Der Wechsel verläuft von außen zur Mitte. Die Vögel fliegen in dieser Zeit nur äußerst ungern, da sie nicht gut steuern können. Die Balzstifte werden gleich zu Beginn der Jahresmauser abgeworfen und erst im Herbst wieder ersetzt. Die Schnabelmauser verläuft viel weniger auffällig wie beim Auerhahn, die Hornschicht des Schnabels wird nur nach und nach ersetzt. Die Schreckmauser kommt ebenso wie bei anderen Hühnervögeln vor, sie ist jedoch beispielsweise beim Fang wildlebender Vögel keineswegs die Regel. Meist werden die Stoßfedern abgeworfen.

Beim Birkhahn fällt zwar der Blick fast immer auf die Sicheln, insgesamt hat der Kleine Hahn aber ebenso wie der Auerhahn 18 Steuerfedern. Davon sind nur die äußersten drei stark gekrümmt, ganz selten einmal vier.

Die Sicheln eignen sich nicht gut für die Altersbestimmung. Sie taugen in der Regel nur, um Hahnen im ersten und zweiten Lebensjahr von älteren zu unterscheiden. Darüber hinaus ist keine sichere Unterscheidung mehr möglich. Wenn die jungen Hahnen im Herbst fertig ausgemausert sind, dann tragen sie im Winter und in der nächsten Balz ihr erstes Alterskleid. Auch ohne große Erfahrung ist ein Schneider, also ein Hahn im ersten Jahr, von erwachsenen Vögeln zu unterscheiden. Sein erstes

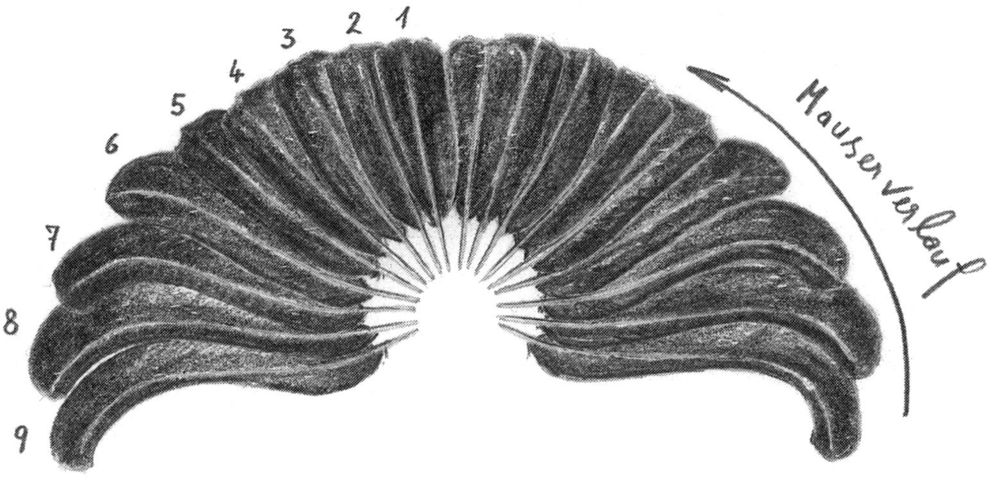

Alterskleid hat noch keinen Glanz, es ist stumpf, ohne viel Blautöne, und es tendiert insgesamt ins Bräunliche. Vor allem die Deckfedern der Schwingen sowie die oberen Schwanzdecken sind noch deutlich braun gesprenkelt. Diese Zeichnung verschwindet im zweiten Jahr. Die Stoßfedern der Junghahnen sind deutlich kürzer und nur andeutungsweise gebogen. Hinzu kommt, dass diese Vögel noch nicht aktiv am Balzgeschehen teilnehmen, sondern sich eher unauffällig am Rand des Balzplatzes aufhalten. Schneider balzen erst gegen Ende der Balzzeit, und sie beteiligen sich auch bei der Sonnenbalz. Birkhühner sind im Alter von 1 Jahr geschlechtsreif, und in Volieren werden sie auch bereits in diesem Alter zur Zucht eingesetzt. In der Fruchtbarkeit von ein- und mehrjährigen Hahnen besteht nach den Angaben von Züchtern kein Unterschied. In freier Natur kommen einjährige Hahnen in der Regel nicht zum Zug. Zweijährige nehmen aktiv am Balzgeschehen teil und sind anhand ihrer noch nicht voll ausgebildeten Stoßfedern von älteren zu unterscheiden. Gewichte und Flügellängen sind keine zuverlässigen Altersmerkmale, obwohl die Hühner bis zum Alter von 2½ Jahren, die Hahnen sogar bis zu 4½ Jahren an Gewicht zunehmen. Der älteste beringte Vogel war in Finnland über 12 Jahre alt, in der Schweiz zwischen 8 und 9 Jahre. Die Länge einer Generation wird mit 4 Jahren angegeben.

Weiße, Schecken und Rackelhahnen

Die älteste mir bekannte Aufzeichnung über einen abnorm gefärbten Birkhahn stammt von Martin Strasser von Kollnitz. Er berichtet um 1630, dass er einen Spielhahn gefangen habe, der weiß, grau und schwarz gescheckt sei. Insgesamt hatte dieser Hahn viel Weiß im Gefieder, auch die Sicheln waren schneeweiß. Albinismus oder Teilalbinismus kommt beim Birkhuhn vereinzelt vor. Diese seltene abnorme Gefiederfärbung wird als Hinweis auf eine nähere Verwandtschaft zwischen Birk- und Schneehühnern gedeutet. Nicht zu verwechseln sind diese Vögel mit tatsächlichen Kreuzungen zwischen Schneehuhn und Birkhuhn. Bastarde zwischen diesen beiden Arten sind aber viel seltener als jene zwischen Birkhuhn und Auerhuhn. Die häufigste Kreuzung erfolgt dabei zwischen Birkhahn und Auerhenne. Rackelhahnen sind mit Auerhennen wiederum eingeschränkt fortpflanzungsfähig. So kann es sogar zu Rückkreuzungen kommen aus denen wieder auerhahn-ähnliche Rackelhahnen entstehen. Neben Birk- und Auerhuhn gibt es Belege für Kreuzungen von Birkhühnern mit Alpenschneehühnern, Moorschneehühnern und sogar mit Haselhühnern. Selbst mit Fasanen sind Bastarde nachgewiesen. Über die Fruchtbarkeit dieser Bastarde ist sehr wenig bekannt, man weiß nur, dass Auerhuhn-Birkhuhn-Mischlinge fruchtbar sein können.

Symphonie in Schwarz und Rot – und auf jeder Sichel ein Auge …

Birkhahn – sein Federkleid leuchtet.

Rote Rosen, weißer Unterstoß, stahlblaues Halsgefieder – es sind nur drei Farben, die den Birkhahn zu einem prächtigen Vogel machen.

Birkhenne – durch das Gefieder bestens getarnt.

Es gab Zeiten, da war man sich nicht sicher, ob Birkhenne und Birkhahn überhaupt zu derselben Vogelart gehören, weil sie so unterschiedlich aussehen.

Weißer Birkhahn – eine Farbabnormität.

Gar so seltsam mutet die weiße Abart nicht einmal an, wenn man daran denkt, dass Birkhuhn und Schneehuhn recht nahe verwandt sind.

Der hier abgebildete weiße Birkhahn stammt aus dem Tiroler Karwendelgebirge, balzte ganz normal in der Gruppe und wurde am 30. Mai 1991 von Wildmeister Pepi Stock erlegt. Anders als Erzherzog Franz Ferdinand hat Pepi Stock die Sage widerlegt, wonach ein Jäger, der ein weißes Wild erlegt, selbst binnen Jahresfrist ins Gras beißt.

Schneider – einjähriger Hahn.

Der Anteil an braunen Federn im Schulter- und Schwingenbereich ist noch ziemlich hoch, die Rosen sind eher klein, die Sicheln kaum gebogen.

Birkhuhn-Küken – 1 Tag alt.

Typisch ist die dunkle, kastanienbraune Kopfplatte. Geschlüpft Anfang Juli.

Dasselbe Küken, 7 Wochen später, also gegen Ende August.

Allmählich verliert der Hahn das Jugendkleid, die Federn des ersten Alterskleides kommen nun durch.

Birkhahntrupp im Winter.

Den Winter verbringt Birkwild gern in Gruppen – meist nach Geschlechtern getrennt. Auf diese Weise lernen etwa die jungen Hahnen in Gemeinschaft den Lebensraum und den Balzplatz kennen.

Nebelsänger.

Bei Nebel singen Birkhahnen oft ausdauernd. Mit Ausnahme der Mauserzeit Juli/August kann man die Kleinen Hahnen fast das ganze Jahr rodeln hören.

Arenabalz.

Die Hahnen treffen sich auf Balzarenen. Jeder erwachsene Hahn besetzt dort ein kleines Territorium. Hier messen sie ihre Kräfte, hier werden Rangordnungen hergestellt.

Beim Treten.

Die Hennen wählen auf den Arenen den Hahn. Der Großteil der Tretakte wird von nur ein oder zwei Hahnen durchgeführt. Diese Platzhahnen sollten unbedingt am Leben bleiben!

Rodelnder Birkhahn in Vorwärtspose.

Was die Jäger „Balz“ nennen, bezeichnet im Grunde genommen ein breites Verhaltensspektrum: Imponieren, Drohen und um Hennen werben.

Flattersprung.

Beim Flattersprung werden die weißen Flügelunterseiten sichtbar. Dieses optische Signal wirkt auf große Entfernung.

Auf großen Schneefeldern oder zugrfrorenen Seen kommt es häufiger zu Kämpfen, weil kaum markante Grenzzeichen vorhanden sind. Selbst ohne markante Grenzzeichen sind Grenzlinien auch auf Schneefeldern aber unverrückbar festgelegt. Wer sie nicht beachtet, der hat mit ernsten Konsequenzen zu rechnen. Wenn sich zwei Hahnen einmal frontal gegenüberstehen, dann ist der Schritt zum Kampf nicht mehr weit.

Biologie und Verhalten

Balz und Fortpflanzung

Birkhahnen treffen sich an bestimmten Plätzen, um dort gemeinsam zu balzen. Nur wenige von ihnen paaren sich erfolgreich. Die Weibchen kommen zu diesen Balzplätzen und suchen sich die „besten" Hahnen aus. Wer aber ist der Beste? Wonach wählen die Hennen die Hahnen? Welche Rolle spielen Federkleid und rote Rosen? Wie wird Inzucht vermieden? – Das ist nur eine Auswahl an Fragen, um die es jetzt gehen wird. Vorerst wollen wir jedoch noch ein paar grundlegende Überlegungen rund um das Balzgeschehen anstellen.

Balzplätze

Es gibt Tierarten, die sich auf einer so genannten „Arena" paaren. Dazu zählen Raufußhuhnarten genauso wie etwa Rot- und Damwild oder einige afrikanische Antilopen, wie beispielsweise der Uganda Kob oder das Topi. All diese Arten haben eines gemeinsam: Die Männchen finden sich auf einer Balz- oder Brunftarena zusammen und werben dort in geringem Abstand zueinander um die Weibchen. Englischsprachige Forscher nennen solche Plätze „lek sites".

Ein „Lek" ist also ein Platz, wo sich Männchen versammeln. Sie verteidigen gegeneinander kleine Territorien, bieten aber den Weibchen, die den Platz besuchen, nichts an – außer sich selbst! In der Tat gibt der Birkhahn nur sein Erbgut weiter, sonst kümmert er sich weder um Henne noch Nachwuchs. Hennen besuchen diese Männergruppen und paaren sich mit dem besten Vater für ihre Jungen. Aus der Sicht der Weibchen ist ein Balzplatz also nur: ein Angebot an Männern; oder, noch einfacher: an Erbgut. Es wird sich zeigen, dass die Hennen nicht irgendeinen Hahn wählen. Sie sind eindeutig in der Lage, die besten Väter ausfindig zu machen. Eine Besonderheit dieses Fortpflanzungssystems ist, dass es offensichtlich zu einer sehr starken sexuellen Selektion führt, und zwar auf zweierlei Weise: einmal zwischen den Männchen (intrasexuell), und dann zwischen Weibchen und Männchen (intersexuell). Was heißt das?

Wie am Anfang des Buches erwähnt, dürften die ersten Raufußhühner große Ähnlichkeit mit unseren Haselhühnern gehabt haben. Der Unterschied zwischen Hahn und Henne war also nur sehr gering. Zudem dürften sie paarweise gelebt haben. Bei Vögeln, die paarweise leben und sich gemeinsam um den Nachwuchs kümmern, sehen sich Männchen und Weibchen recht ähnlich. Man braucht nur in den Garten zu gehen und ein Paar Kohlmeisen zu beobachten. Wer nicht geübt ist, wird „ihn" und „sie" nicht auseinander kennen. „Er" ist im Hochzeitskleid intensiver gelb gefärbt und hat einen breiteren schwarzen Bruststreifen sowie mehr schwarze Federn im Kopfbereich. In der Regel sind die Männchen zur Paarungszeit auffälliger gefärbt, Unterschiede in der Körpergröße treten aber kaum zutage. Bei Vogelarten, die paarweise leben, gibt es zwar oft einen Männchenüberschuss, und es kommt auch immer wieder vor, dass Weibchen zu Seitensprüngen neigen, aber der überwiegende Teil der Männchen beteiligt sich an der Fortpflanzung. Bei Vogelarten, die sich auf einer Arena paaren, ist das nicht so. Dort kommen nur wenige Männchen zum Zug. Deshalb wirkt sich die Selektion viel schneller aus – nur das Erbgut von wenigen Birkhahnen wird weitergegeben. Es sind diejenigen, die sich gegen Konkurrenten am besten durchsetzen und die von den Hennen bevorzugt werden. Bei Raufußhühnern konnte sich ein Arenasystem allmählich entwickeln, weil die Väter bei der Jungenaufzucht eigentlich überflüssig sind. Wichtig ist nur deren Erbgut. Wie wir in der Folge sehen werden, sind die auffällige Gefiederfärbung sowie das ganze Geschehen am Balzplatz eigentlich nur Botschaften an die Frauen, anhand derer sie die Qualität eines Partners einschätzen können. Im Laufe der Entwicklungsgeschichte haben Männchen immer mehr in diese Signale investiert; durch Konkurrenz und Weibchenwahl haben sich auffällige Formen und Farben entwickelt.

Werbung und Paarung

Die Jäger verwenden den Ausdruck „Balz" für das ganze Geschehen rund um die Fortpflanzung. Das ist nicht sehr präzise. Denn wenn Birkhahnen „balzen", treten ganz verschiedene Verhaltensweisen zutage. Vereinfacht gesagt: Es sollen dabei Rivalen abgehalten und Hennen angelockt werden. Um dies zu erreichen, muss der Hahn auf sich aufmerksam machen – durch Reviergesang, Revierflüge oder Flattersprünge. Bei manchen Raufußhuhnarten kommt auch noch Bodentrommeln mit den Füßen oder

Flügelschlagen dazu, mit Letzterem werden burrende oder klatschende Geräusche erzeugt.

Birkhahnen besetzen auf den Balzplätzen kleine Territorien. Dort singt der Hahn und demonstriert gleichzeitig seine Souveränität. Er plustert sein Gefieder auf, spreizt Stoßfedern und Schwingen, lässt die intensiv gefärbten Rosen anschwellen und macht Flattersprünge, bei denen die weißen Flügelunterseiten kurz aufblitzen. Birkhühner haben von allen Raufußhühnern die hellsten Flügelunterseiten. All dies dient dem „Imponieren". Es gilt sowohl den Konkurrenten als auch den Hennen.

Wenn ein Birkhuhn, gleich ob Hahn oder Henne, in die Nähe des imponierenden Hahnes kommt, wird das Imponierverhalten noch gesteigert. Hier liegen dann „Werbung" und „Drohung" sehr nahe beieinander – abhängig vom Geschlecht beziehungsweise vom Verhalten des Gegenübers. In Gehegen, wenn Birkhühner paarweise untergebracht sind, kann das gefährlich werden, weil die Hahnen oft das Geschlecht des zweiten Vogels nicht erkennen. Dies geschieht besonders zu Beginn der Fortpflanzungszeit, wenn die Henne noch nicht paarungsbereit ist und der Hahn verfrüht sehr starkes Imponierverhalten zeigt. Die Henne kann im Gehege nicht ausweichen, und es kommt vor, dass sie durch Schnabelhiebe verletzt oder sogar getötet wird. – Der intensiven Werbung folgt die „Kopulation", wenn die Henne paarungsbereit ist und den Hahn zum Treten auffordert.

Stehen sich zwei Hahnen an ihren Reviergrenzen gegenüber, dann kann aus dem Imponieren und Drohen auch in die gesteigerte Droh- oder Angriffshaltung und schließlich zum „Kampf" übergegangen werden.

„Imponieren", „Werben", „Drohen", „Kopulieren" und „Kämpfen" – all das umreißt im Groben unterschiedliche Verhaltensformen im Zuge der Balz. Um tatsächlich ein wenig in die Sprache und in die Welt der Birkhühner einzutauchen, ist es notwendig, sich Gesang und Verhalten genauer anzusehen. Was läuft also ab an einem Balzmorgen? Wie tauschen Birkhühner Signale der Verständigung aus? Und was bedeuten diese?

Blasen, Kullern und – Speiben

Schon im Jagdbuch des Martin Strasser von Kollnitz konnte man zu Beginn des 17. Jahrhunderts nachlesen, dass der Spielhahn auch vor und nach der Falz melde – zuzeiten auch im Herbst. Der Birkhahn ist unter den Raufußhühnern besonders ruffreudig. Mit Ausnahme der Mauserzeit von

Juli bis Anfang August kann man Kleine Hahnen eigentlich das ganze Jahr über hören, das Rodeln und Kullern ist also keineswegs nur auf die Balzzeit beschränkt. Welche Lautäußerungen sind aber nun überhaupt beim Birkhuhn zu unterscheiden?

In der Jägersprache gibt es beim Kleinen Hahn nur Ausdrücke für zwei Lautäußerungen: das *Blasen* oder *Rauschen*, auch *Zuschen* oder *Fauchen* genannt; und das typische, weit hörbare *Kullern* oder *Rodeln*, auch *Kollern* oder *Grugeln* genannt. Vor allem das Blasen kann man leicht nachahmen, es ist ein zweigeteiltes Zischen mit Betonung auf dem ersten Teil und einem etwas länger gezogenen zweiten Teil: *„tschu-iich"*. Der Laut ist auch über größere Entfernung gut zu hören, bei günstigem Wind bis zu einem Kilometer weit. Man kann sich gut daran orientieren, wenn man einen Hahn sucht oder anbirscht. Häufig hat man dabei zunächst den Eindruck, der zuschende Birkhahn sei näher da, als dies tatsächlich der Fall ist. In der Regel ist das Rauschen verbunden mit einem Flattersprung. Oft bleibt der Hahn aber auch am Stand und hebt kaum vom Boden ab. Dabei öffnet er mit lang gestrecktem Stingel blitzschnell die Schwingen, sodass die weißen Unterseiten aufblitzen.

Zu hören ist das Blasen zunächst am frühen Morgen, wenn die Hahnen in der Dämmerung auf dem Balzplatz einfallen. Man sitzt im Schirm, allmählich, kaum merkbar, nimmt das Tageslicht zu. Noch ist es so düster, dass man kaum Konturen erkennt. Gerade hat man sich vom Aufstieg ein wenig erholt, eingehüllt in den vor der kühlen, frischen Morgenluft schützenden Wetterfleck könnte man soeben noch einmal kurz einnicken – da reißt dich der erste Zuscher aus der schläfrigen Ruhe. Das Rauschen ist ein guter Weiser, wie intensiv oder hitzig die Balz abläuft; es stimuliert die Hahnen richtiggehend und nimmt zu, wenn es am Balzplatz sehr lebendig ist. An einem guten Morgen in der Hochbalz können territoriale Hahnen zwei bis drei Mal pro Minute rauschen. Mit diesem Laut kann man einen Hahn auch gut heranlocken. Er reagiert in der Regel sofort darauf, und nicht selten streicht der Hahn dem vermeintlichen Rivalen auch zu und fällt dann vielleicht sogar noch genau beim Schirm ein.

Das Rodeln trägt der Birkhahn mit vorgestrecktem Hals, leicht hängenden Schwingen und gefächertem Stoß vor. Wenn viele Hahnen auf dem Balzplatz gleichzeitig kullern, dann ist die ganze Luft erfüllt von diesem Grugeln und Kollern. Ein einzelner Hahn kann minutenlang ohne Unterbrechung rodeln. Dabei wird der Hals aufgebläht, weil sich dort Taschen mit Luft füllen. Die Luft dafür kommt aus den Luftsäcken der Vögel, nicht

"Flattersprung", am Höhepunkt dreht der Vogel damit die weiße Flügelunterseite nach allen Seiten sichtbar wird

"Flatterstand"

reduzierte Form des Revierfluges

HZ. 08

aus der Lunge. Vögel atmen vollkommen anders als Säugetiere, ihre vergleichsweise kleinen Lungen sind unbeweglich im Brustkorb eingewachsen. Es gibt zwar auch Muskeln, die für das Ein- und Ausatmen wichtig sind, aber sie wirken auf die Rippen und den Brustkorb. Vögel haben auch kein Zwerchfell. Wird das Brustbein abwärts bewegt, dann wird dadurch der Brustkorb erweitert, gleichzeitig entsteht Unterdruck in der Leibeshöhle, wodurch die Luftsäcke erweitert werden – Luft wird angesaugt. Möglicherweise nimmt deshalb der rodelnde Birkhahn eine Stellung mit gesenkter Brust und vorgestrecktem Hals ein. Die wichtigsten Muskeln für die Atmung sind die Bauchmuskeln – durch sie kann die Leibeshöhle wieder verengt werden, womit Luft aus den Luftsäcken ausgestoßen wird. Die Luftsäcke selbst sind Anhänge der Lunge, sie hängen mit den Bronchien zusammen und wirken wie Blasebälge, welche die Atemluft bewegen. In diesen Luftsäcken findet aber kein Gasaustausch statt, neben der Atmung sind sie auch für die Thermoregulation und eben für den Vogelgesang wichtig. Hühnervögel haben in der Regel acht Luftsäcke, die an ganz unterschiedlichen Orten im Körper verteilt sind. Beim Singen stoßen Vögel die Luft hochfrequent aus und modulieren sie im Stimmkopf.

Den lang anhaltenden Gesang vieler Vogelarten erlaubt nur deren spezielle Atemtechnik. Vereinfacht gesagt: Durch die Luftreserven in den Luftsäcken sind bei einem Vogel gleichzeitig zwei Atemzüge möglich, weshalb es einen ständigen Luftstrom gibt – dieser ermöglicht das andauernde Rodeln des Kleinen Hahnes. Dabei hält der Hahn am Beginn jeder Strophe den Schnabel geschlossen, danach blähen sich Hals und Halsgefieder mehr und mehr, und schließlich wird am Ende der Strophe der Schnabel ganz kurz geöffnet – erkennbar ist dies an kalten Tagen an einer kleinen Atemwolke. Birkhennen bevorzugen offensichtlich Hahnen, die weniger und kürzere Pausen beim Rodeln einlegen.

Für eine dritte Lautäußerung des Birkhahns gibt es in der Jägersprache keinen Begriff – sie ist auch schwer zu beschreiben. Hier hilft uns aber wieder einmal der gute alte Strasser von Kollnitz weiter. Seine Gesangsbeschreibung aus der Zeit um 1630 ist zwar recht zutreffend, dennoch wird sie vermutlich nicht in die heutige Jägersprache eingehen. Strasser meint, dass der Spielhahn „laut pludert, bisweilen keucht und wunderbarlich speibt“. Für dieses „Speiben“ (Sich-Übergeben) wird in Fachkreisen der Ausdruck „Krokraio“ verwendet. Meines Erachtens ist auch dies keine wirklich glückliche Beschreibung. Das Krokraio ist ein zwei- bis dreisilbiger Ruf, mit dem häufig das Rodeln unterbrochen wird. Oft ist es mit gesteigerter Aggressivität oder einer Herausforderung an Nebenbuhler verbunden. – Lassen wir es dabei bewenden. Wer es genauer wissen will, der möge sich ein wenig Zeit nehmen, beobachten und die Birkhahnen selbst zu Wort kommen lassen.

Skandinavische Raufußhuhnforscher geben an, dass das Rodeln der Kleinen Hahnen bis zu 3 Kilometer weit zu hören sei. Im Gebirge kann die Entfernung bei guten Wind- und Witterungsverhältnissen noch größer sein. Aus eigener Erfahrung kann ich Entfernungen bis zu knapp über 4 Kilometer bestätigen – 1,5 bis 2 Kilometer sind keine Seltenheit. Die akustische Mitteilung reicht in diesem Fall viel weiter als die optische, dies gilt zumindest für uns Menschen. Auf rund 1 Kilometer ist ein Birkhahn mit dem Fernglas aber auch noch zu sehen. Als große Hilfe für das Auffinden dient dabei der weiße Unterstoß. Während der Hahn ruft, bewegt er sich. Wenn er sich dreht, leuchten die Unterstoßfedern wie ein Spiegel, der in der Sonne blinkt. Gerne und lang anhaltend melden Kleine Hahnen oft bei Nebel.

Birkhennen sind nach meiner Auffassung ruffreudiger als Auerhennen. Auf dem Balzplatz ist dies weniger offensichtlich, als wenn sie gestört und abgetreten werden; dann geben sie, im Gegensatz zur Auerhenne, ihr nasales Gackern von sich. Birkhennen streichen, ebenso wie Auerhennen, gerne gockend zur Arena. Dabei hat die Birkhenne eine deutlich höhere Stimmlage als die Auerhenne, das Gocken wird auch schneller vorgetragen. Auch Locklaute kennt die Birkhenne, mit ihnen hält sie das Gesperre zusammen oder ruft es nach einer Flucht wieder zusammen. In Russland wurde früher sogar der Lockruf verwendet, um Henne samt Gesperre zu bejagen. Einfache Jäger hatten keine Hühnerhunde und waren auch keine geübten Flugwildschützen; also zersprengten sie absichtlich das Gesperre, um danach die Vögel durch den Lockruf einzeln wieder herbeizurufen und zu erlegen.

Der Balzplatz – ganzjährig ein Thema

Mit Ausnahme der Mauserzeit und des Hochwinters besuchen Birkhahnen ihren Balzplatz fast das ganze Jahr über – natürlich aber mit unterschiedlicher Intensität. Schon im August nach der Mauser schauen sie dort immer wieder einmal vorbei. Von Oktober bis in den frühen Dezember versammeln sich Balzgruppen fast regelmäßig auf den Arenen, doch auf die Herbstbalz werden wir gleich noch näher eingehen. Die Winterpause

Neuschnee.
Im lockeren Schnee ist die Fortbewegung für die Vögel mühsam. Sie bewegen sich dann gern hangparallel oder abwärts.

hängt vor allem mit dem Wetter zusammen. Schlechtwetter und lockerer Neuschnee, auf welchem die Vögel nur schwer gehen können, halten die Hahnen vom Besuch des Balzplatzes ab. Wenn die Balzgemeinschaft im Jänner und Februar bei ihrem Balzplatz vorbeischaut, sitzen die Hahnen oft dort einfach nur eine Weile da. Wir konnten aber auch im Hochwinter Balzverhalten beobachten. Der schwedische Raufußhuhnforscher Ingemar Hjorth gibt an, dass ab einer Schneetiefe von mehr als 6 Zentimeter die Hahnen dem Balzplatz fern bleiben. Dann melden sie lieber von Bäumen aus. Auch der Kärntner Naturforscher Ingolf Natmessnig konnte zeigen, dass das Gehen im lockeren Schnee für die Vögel mühsam ist. Sie bewegen sich dann vor allem hangparallel oder abwärts und benutzen bereits vorhandene Spuren oder „schwimmen" regelrecht im lockeren Schnee hangabwärts. Verharschter Schnee ist hingegen für die Fortbewegung günstig. – Wer die spannenden Forschungsergebnisse von Ingolf Natmessnig nachlesen will, dem sei das entsprechende Kapitel in dessen Buch „Grenzgänge" empfohlen.

Im März werden die Arenen noch immer nicht regelmäßig besucht, und sogar im frühen April sind die Hahnen noch überraschend wenig aktiv. Nach dem 15. April nimmt aber die Aktivität schnell zu, und der Höhepunkt wird Anfang Mai erreicht. Dabei gibt es keinen Zusammenhang mit der Schneeschmelze. Nach dem Höhepunkt Anfang Mai balzen die Hahnen noch etwa zwei Wochen lang gut, gegen Ende Mai halten sie sich aber nur mehr kurz am Platz auf und melden nicht mehr sehr intensiv.

Im Winter ist die Morgenaktivität mit dem Sonnenaufgang verbunden, an sehr kalten Tagen lassen sich die Vögel überhaupt Zeit, bis die Lufttemperatur ein wenig steigt. Gegen Ende April hin erfolgt aber dann ein Wechsel, und sie erscheinen schon in der ersten Dämmerung auf dem Balzplatz. Vielen Jägern ist unbekannt, dass sich die Kleinen Hahnen auch am späten Abend auf dem Balzplatz zusammenfinden. Nach meinen Beobachtungen kommt es vor, dass sie dort sogar übernachten. Besonders interessant und manchmal fast gespenstisch mutet es dann an, wenn sie noch in der Nacht bei Mondlicht auf den offenen Tanzplätzen zu balzen beginnen. Ich habe selbst solche Nächte erlebt, wenn ich oben am Berg beim Balzplatz übernachtet habe. Wenn nach dem ersten Rauschen im milchigen Mondlicht die Kleinen Hahnen zu rodeln beginnen und unter Sternenhimmel ihre Flattersprünge ausführen, dann kann man sehr gut verstehen, warum in früheren Tagen solche Tanzstätten mit Aberglauben und Hexen in Verbindung gebracht worden sind.

Hier ist hinzuzufügen, dass die erfolgreichen Hahnen sehr früh am Morgen und auch früher im Jahr zu melden beginnen. Für die Frühjahrsjagd bedeutet dies: Jene Hahnen, die am meisten aktiv sind und die auch von den meisten Hennen bevorzugt werden, sind am längsten auf dem Balzplatz. Damit steigt natürlich die Gefahr, dass gerade diese Hahnen erlegt werden.

Das Wetter beeinflusst die Balzaktivität wesentlich – ausgenommen zur Zeit der Hochbalz. Wenn der Luftdruck steigt, melden die Hahnen besser, beobachtete Ingemar Hjorth. Er meint auch, dass niedrige Morgentemperaturen günstiger seien als Temperaturen über 2 Grad Celsius. Jeder Birkhuhnjäger wird dies bestätigen können – kühle aber schöne, windstille Morgen versprechen eine gute Balz. Wenn die Temperaturen im späten Mai steigen, dann sind die Hahnen oft weiter um die Arena zerstreut. Eine zufällig frostige Nacht bringt sie wieder zusammen. Fallende Temperaturen während milder Wetterphasen beeinflussen die Balzaktivität positiv, ebenso klarer Himmel und wenig Wind.

Warum Herbstbalz?

Nach der Sommerpause besuchen die Hahnen die Balzplätze zunächst nur kurz und sporadisch. Später werden die Besuche häufiger und erreichen von Oktober bis zum frühen Dezember ihren Höhepunkt. Auch Jährlinge und Hennen kommen zu diesen Herbstversammlungen. Untersuchungen auf finnischen Balzplätzen haben gezeigt, dass dort all jene Hahnen im Herbst zusammenkamen, die auch schon im Frühling da gewesen waren. Dabei spielte es keine Rolle, ob der Hahn im Frühjahr erfolgreich Hennen getreten hatte oder nicht. Die Hahnen verteidigten ihre Territorien auf dem Balzplatz im Herbst genauso vehement wie während der Hauptbalz. Überdies fanden die Finnen heraus, dass jene Hahnen, die ihre Territorien bereits im Herbst im Zentrum des Balzplatzes behauptet hatten, auch bei der darauf folgenden Frühjahrsbalz mehr Hennen traten, vermutlich, weil die Hennen im Herbst und im Frühjahr dieselben Hahnenreviere besuchten. Die Hahnen dürften im Herbst also balzen, um ihren Treterfolg im kommenden Frühjahr zu erhöhen. Auch bietet die Herbstbalz den Hennen die Möglichkeit, die Hahnen schon vor der eigentlichen Fortpflanzungsperiode kennen zu lernen.

Der Herbstbalz wird im Alpenraum nur dort Beachtung geschenkt, wo der Birkhahn im Herbst bejagt wird; wobei einzuschränken ist, dass es dann vor allem die Jäger ohne Vorstehhunde sind, die im Herbst auf den Balzplätzen jagen. Aus eigenen Beobachtungen kann ich bestätigen, dass die Herbstbalz mindestens genauso intensiv sein kann wie die Frühjahrsbalz. Trotzdem: Es fehlt der besondere Reiz eines Frühlingsmorgens!

Vom Morgengebet zur Sonnenbalz

Im Gegensatz zum Auerwild fängt der Birkhahn seine Morgenbalz auf dem Boden an. Entweder die Hahnen fliegen in der ersten Morgendämmerung zum Balzplatz, oder sie marschieren zu Fuß dorthin, oder sie haben bereits dort übernachtet. Das kann vollkommen leise oder auch mit lautem Flügelschlag und Rauschen geschehen. Daraufhin wird zuerst gesichert und, wenn alles in Ordnung ist, folgt einmal ein Zuscher. Daraufhin wartet der Hahn auf Antwort. Dieses Zuschen oder Rauschen wird mehrfach wiederholt und dient der Kontaktaufnahme mit anderen Hahnen. Wenn alles ruhig bleibt oder man sich orientiert hat, wo wer sitzt, dann beginnt der Kleine Hahn zu rodeln. Er lässt die Schwingen hängen und marschiert

mit voll aufgerichtetem Stoß auf seinem Platz. Liegt dort noch Schnee, sieht man die Schleifspuren der Schwingen, ähnlich einer Schlittenspur. Das Rodeln wird immer wieder von einem Zuscher mit Flattersprung unterbrochen. Danach bleibt der Hahn kurz still, um auf Antwort zu lauschen. Ist er allein und bekommt von irgendwo immer wieder Antwort auf sein Rauschen, dann vollführt er in steigender Erregung zunächst kurze Flatterflüge, oder er steht dem Rivalen zu.

Die Bodenbalz dauert an, bis das volle Tageslicht da ist. Noch vor dem Sonnenaufgang wird dann eine kurze Ruhepause eingelegt, während der mit langem Stingel gesichert wird – der Jäger nennt dies „Morgengebet". Oft streichen die Hahnen auch ohne Rast und Pause direkt zur Baumbalz ab. Gegen Ende der Balz kann man öfter beobachten, wie sie nach der ersten Balzphase am Morgen ihr Gefieder pflegen, sich putzen, die Stoßfedern durch den Schnabel ziehen und alles wieder schön einrichten – die Morgentoilette!

Der zweite Teil der morgendlichen Darbietung ist die Sonnenbalz. Dabei muss aber nicht unbedingt die Sonne scheinen, Kleine Hahnen rodeln oft ausgiebig und besonders lange bei nebligem Wetter. Die Sonnenbalz muss auch nicht auf dem Baum stattfinden, der eine oder andere Hahn meldet weit in den Vormittag hinein auf seinem Platzl am Boden. Für die Baumbalz werden immer wieder dieselben alten Lärchen, Zirben oder auch Fichten aufgesucht. Sie kann mit Unterbrechungen einige Stunden dauern, der Hahn setzt dazwischen aber oft aus, weil er junge Lärchennadeln brockt. Bei der Baumbalz beteiligen sich auch die Schneider, hier haben sie weniger Konkurrenz durch erwachsene Hahnen zu befürchten und fühlen sich sicherer. Trotzdem kann es aber auch vorkommen, dass sich zwei Hahnen auf den Ästen einer Lärche in die Federn kommen. Wer in der nun bereits wärmenden Vormittagssonne das Treiben der Kleinen Hahnen hoch oben an der Waldgrenze beobachtet, der hört daneben Ringdrosseln, den Kuckuck, den Grauspecht; er sieht den Baumpieper zum Himmel aufsteigen und vernimmt vielleicht irgendwo hoch oben ein Steinhuhn oder das Knarren des Schneehahns. Kurz, es wird ihm von allen Seiten mitgeteilt: Der Berg ist wieder erwacht – es ist Frühling!

Balz und Tanz

Wie schon an anderer Stelle dieses Buches erwähnt: Auch in Nordamerika gibt es Raufußhühner, etwa Kragenhühner, Schneehühner, Fichtenwaldhühner und Felsengebirgshühner. In offenen Prärielandschaften kommen die Balzvorführungen der Hühnervögel besonders gut zur Geltung. In offenem Gelände leben das Spitzschwanzhuhn, das Präriehuhn und das Beifußhuhn. Die Arenabalzplätze der Spitzschwanzhühner nennt man auch „dancing grounds", Tanzplätze. Die Balzbewegungen dieser Vögel wurden zum Teil von nordamerikanischen Indianerstämmen für ihre Tänze übernommen. Wer nun aber glaubt, dies sei nur Teil der Kultur der amerikanischen Ureinwohner, der täuscht sich: Auch im Alpenraum finden wir Tänze, deren Ursprung fraglos auf dem Birkhuhnbalzplatz liegt, und umgekehrt: Geländebezeichnungen wie „Tanzplatz" oder „Tanzstatt" weisen auf traditionelle Balzplätze des schwarzblauroten Ritters hin.

Hennen mögen große Tanzstätten

Seit der steirische Forstrat Hans Fuschlberger im Jahre 1940 seinen Klassiker „Das Hahnenbuch" schrieb, hat sich in der Raufußhuhnforschung unglaublich viel getan. Besonders über Paarungsverhalten und Weibchenwahl ist intensiv geforscht worden. Das Birkhuhn zählt dabei zu den außergewöhnlich gründlich untersuchten Arten. Was hat sich also seit Fuschlberger Neues ergeben? – Vor allem die Schweden Jacob Höglund und Arne Lundberg sowie die Finnen Pekka Rintamäki, Harto Lindén, Rauno Alatalo und eine ganze Reihe anderer Raufußhuhnforscher haben unsere Kenntnisse rund um die Birkhuhnbalz erheblich erweitert.

Die Hahnen legen untereinander
die Hierarchie fest.

die Hennen wählen den Hahn aus,
dabei werden dominante Hahnen
bevorzugt!

Bei verschiedenen paarweise lebenden Vogelarten paaren sich Weibchen nicht nur mit ihrem Partner, sondern auch mit anderen Männchen. Das gibt ihnen die Chance auf zusätzliches ausgezeichnetes Erbgut von besonders herausragenden Männchen. Für Weibchen, die sich auf einem Balzplatz den Besten aussuchen können, sind Mehrfachpaarungen nicht notwendig, obwohl auch dies manchmal vorkommt. Festzustellen ist ein „Seitensprung“ bei Vögeln recht leicht: Waren zwei Väter beteiligt, sind die Küken aus einer Brut nur Halbgeschwister. – In Finnland wurden 135 Birkhuhngesperre untersucht. Ergebnis: Nur etwa 10 Prozent der Hennen paarten sich mit einzeln balzenden Hahnen. Mehrfachpaarungen der Hennen waren sehr selten, es zeigte sich, dass sich Birkhennen in der Regel nur einmal mit einem Hahn paaren; dass also ein Tretakt reicht, um das gesamte Gelege zu befruchten. Doch nicht jede Kopulation ist erfolgreich. Die Henne weiß aber recht genau, ob die Befruchtung stattgefunden hat, selbst wenn der Tretakt gestört worden ist, etwa durch einen Nachbarhahn.

Birkhennen bevorzugen Balzplätze mit möglichst vielen Hahnen. Ein großer, zentraler Gruppenbalzplatz spielt also eine wichtige Rolle. Einzeln balzende Hahnen sind nicht nur weniger beliebt, es steigen dabei auch die Kosten für die Suche nach dem Richtigen enorm an. Die Gefährdung, der sich die Henne dabei aussetzt, nimmt natürlich ebenfalls zu. Große Balzplätze bieten aber nicht nur Vorteile für die Hennen, auch für die Hahnen steigt der Nutzen, weil je Hahn durchschnittlich mehr Tretakte anfallen. Man sollte also auf jeden Fall versuchen, große Gemeinschaftsbalzplätze zu erhalten. Das gelingt in der Regel nur bei guten Lebensbedingungen.

Ein Blick in verschiedene Birkhuhn-Vorkommen zeigt, dass es überall einzeln balzende Hahnen gibt. In weiten Teilen der Alpen dürfte der Anteil bei rund einem Drittel der meldenden Hahnen liegen. Der Anteil schwankt generell mit der Bestandesdichte. Bei geringen Dichten treten mehr einzeln balzende Hahnen auf, Siedlungsdichte und Balzgruppengröße hängen also zusammen. Vermutet wird auch ein Zusammenhang mit dem Anteil an einjährigen Hahnen: Gibt es viele Schneider, dann balzen diese häufig einzeln, behauptet man. Nach meinen Erfahrungen ist dies aber eher die Ausnahme. Neben der Bestandessdichte kann also auch die Altersstruktur eine Rolle spielen, dazu kommt noch die Geländestruktur. Wieder andere stellen eine Verbindung zwischen einzeln balzenden Hahnen mit häufiger Störung am offenen, freien Balzplatz her. Jedenfalls: Von einem Gebiet zum anderen kann die Größe der Balzgruppen deutlich schwanken –

Vergleiche zwischen verschiedenen Gebieten sind demnach problematisch; innerhalb eines Reviers kann aber der Anteil der einzeln balzenden Hahnen für die Entwicklung und Beurteilung der Bestandessituation herangezogen werden.

Um ein wenig zusammenzufassen: Große Gruppenbalzplätze sind ein guter Weiser für einen stabilen Bestand. Neuere Untersuchungen zeigen zudem, dass auf dem Balzplatz auch den Schneidern eine bedeutende Rolle zukommt. Einjährige Hahnen pflanzen sich nur ausnahmsweise fort. Den Hennen geht es aber zunächst einmal um die Anzahl der Hahnen – je mehr auf dem Balzplatz sind, desto lieber besuchen sie ihn. Eine größere Anzahl von Schneidern lockt also auch mehr Hennen an und bringt damit wieder Vorteile für die erwachsenen Hahnen.

In Dänemark führten Biologen an 21 Morgen ein Experiment mit zwei verschiedenen Gruppen von Stopfpräparaten durch. Dabei wurden im Abstand von fünfzig Metern eine Gruppe mit drei und eine Gruppe mit fünf präparierten Hahnen täglich abwechselnd aufgestellt. Es zeigte sich, dass in 16 von 21 Fällen Hennen die größere Gruppe bevorzugten. Das Ergebnis verwundert nicht, wenn man bedenkt, dass die Hennen in einer größeren Gruppe eben mehr Auswahl haben, der Vergleich in der Gruppe auch leichter fällt und sich Platzhahnen in einer größeren Gruppe stärker durchsetzen müssen als gegen ein oder zwei jüngere Konkurrenten. Wenn man sich überlegt, wie viele große Gruppenbalzplätze bei Birk- und Auerwild es heute noch gibt, dann stimmen die Ergebnisse bedenklich. Einen mittleren Balzplatz von etwa 5 bis 6 Hahnen suchen nur 1 bis 4 Hennen gleichzeitig auf, aber selbst in der Hochbalz kommen die Hennen nicht täglich.

Bei der Auswahl der Männchen kommt es immer wieder vor, dass junge Hennen sich an älteren Hennen orientieren – sie kopieren ganz einfach das Verhalten der erfahrenen Weibchen und können damit rechnen, dass ihre Wahl nicht die schlechteste sein wird. Hennen mit hohem Körpergewicht und guter Verfassung besuchen mehr Hahnen als geringe beziehungsweise leichtere Hennen. Hennen, die mehr Hahnen besuchen, finden bessere Väter und haben deshalb auch größere Gelege. Es kommt also nicht nur auf die Kondition der Hennen, sondern auch auf das Erbgut des Hahnes an. Grundsätzlich legen erfahrene, alte Hennen die größten Gelege. Besonders interessant ist auch der folgende Zusammenhang: Ist jener Hahn, mit dem sich die Henne im Vorjahr gepaart hat, auch im Folgejahr auf dem Balzplatz, so wählt die Henne fast sicher wieder genau diesen einen. Sie spart sich damit eine lange Suche nach dem Richtigen. Dieses Verhalten kann aber auch dahingehend gedeutet werden, dass so Inzucht vermieden wird. Junge Hahnen wandern in der Regel nicht weit von ihrem Geburtsort ab, das heißt: Die Wahrscheinlichkeit ist sehr hoch, dass eine Henne auf dem Balzplatz mit ihrem eigenen Sohn zusammentrifft. Tatsächlich sind die Hahnen auf einem Balzplatz in der Regel auch näher miteinander verwandt als die Hennen. Jene, die von den Hennen aber bevorzugt werden, sind mischerbig (heterozygot). Eine vierjährige finnische Untersuchung mit markierten Vögeln zeigte, dass diese bevorzugten Hahnen über die Jahre auch tatsächlich besser überlebten. Die Studie wurde in einem Gebiet durchgeführt, in dem nicht der Mensch, wohl aber hauptsächlich der Habicht Birkhühner jagt. Sie ergab, dass jene Hahnen, die von den Hennen bevorzugt wurden, die besten Voraussetzungen hatten, um ein höheres Alter zu erreichen.

Die meisten Hennen lassen sich nur ein Mal treten – nach finnischen Studien sind dies ungefähr 80 Prozent. Dabei will natürlich keine gestört werden. Störungen der Tretakte kommen auf Birkhuhnarenen aber immer wieder vor. In diesem Zusammenhang spielt die Größe des Balzplatzes eine Rolle. Auf großen Balzplätzen kann bis zu ein Fünftel der Paarungen unterbrochen werden. Auf kleinen Balzplätzen mit wenig Hahnen ist dies selten der Fall. Die gestörten Hennen lassen in der Regel von dem Hahn ab und verlassen den Platz. Nur äußerst selten versucht eine Henne sich nochmals mit diesem Hahn zu paaren. Mit hochrangigen Konkurrenten legen sich Nebenbuhler weniger gern an – deshalb gewährleisten dominante Hahnen meist auch eine ungestörte Kopulation. Aber auch dabei muss die Entfernung zum Nachbarn mindestens 5 Meter betragen, wenn der Tretakt erfolgreich sein soll. Aus diesem Abstand ergibt sich, dass ein Revier auf dem Gruppenbalzplatz wenigstens 10 Meter Durchmesser haben muss.

Idealer Birkhuhn-Lebensraum in den Niederen Tauern.

Auf den flach geneigten Bergrücken löst sich der Wald allmählich auf und bietet im Waldgrenzbereich vielfältige Struktur und einzelne Baumgruppen. Die Balzplätze liegen auf dem baumfreien Kamm.

Zweijähriger Hahn auf dem Balzplatz.

Bevorzugt werden kurzgrasige, gering geneigte offene Geländeteile mit guter Übersicht.

Das Dachsteinplateau im Ausseer Land –
idealer Lebensraum für drei Raufußhuhnarten.

Im lockeren Fichten-Lärchenwald lebt das Auerhuhn, an der Waldgrenze darüber das Birkhuhn, auf den baumlosen Karstflächen das Schneehuhn.

Hochmoore und Almwiesen sind bester Birkhuhn-Lebensraum.
Besonders in den Mooren halten sich Hennen und Gesperre gerne auf.

Kalkgebirge.

Im Kalkgebirge fehlen oft die alpinen Matten. Der Übergang von Wald zum Fels ist oft abrupt. Der Balzplatz liegt hier genau in der Bildmitte auf dem Schneefeld im Wald knapp unter der Kuppe.

Balzplatz im Urgestein.

Im Urgestein gibt es häufig eine breite Übergangszone zwischen Wald und alpinen Matten. Als Balzplätze werden gern kurzgrasige Hangverebnungen gewählt.

Lawinenstreifen mit Grünerle.

Die Grünerle ist eine wichtige Winteräsung. Als Pionierpflanze besiedelt sie Lawinengassen, auf Almen ist sie bei den Landwirten wenig beliebt.

Windwurf.

Auch Windwürfe und Waldbrandflächen stellen von Natur aus Birkhuhn-Lebensraum dar – allerdings nur so lange, bis der Wald wieder geschlossen ist.

Alm – von Menschenhand geschaffener Birkhuhn-Lebensraum.

Im Alpenraum hat der Mensch die Waldgrenze um etwa zweihundert Meter abgesenkt. Wird die Almwirtschaft aufgegeben, verschwinden viele Birkhuhn-Lebensräume.

Finnischer Birkhuhn-Lebensraum.

Wo sich im Norden der Wald allmählich auflöst und nur mehr Pionierpflanzen wie Birke, Weide oder Kiefer aufkommen, ist das Birkhuhn von Natur aus zu Hause.

Heidelandschaft.

In Mitteleuropa hat der Mensch durch Brandwirtschaft und Weide künstlich ähnliche Lebensräume geschaffen, wie sie im Hohen Norden natürlich zu finden sind.

Hahnentrupp im Herbst.

Wo Lebensräume noch in Ordnung sind, sind auch heute noch hohe Birkhuhndichten möglich. Der Schlüsselfaktor ist und bleibt der Lebensraum!

Moor – ehemals bedeutender Birkhuhn-Lebensraum.

Während es in Mitteleuropa kaum noch größere Moorgebiete gibt, sind die Randzonen von Mooren anderweitig noch heute besonders gute Lebensräume.

Morgenbalz im Moor.
Das Birkhuhn ist heute eines der best-erforschten Raufußhühner. Auch die Frage, nach welchen Merkmalen die Hennen ihre Hahnen wählen, ist gut ausgeleuchtet.

Brütende Henne.
Als Brutplätze werden oft frühzeitig ausapernde Stellen auserkoren. Der Hahn kümmert sich nicht um den Nachwuchs. Den Vater für ihre Küken wählt die Henne aber – gerade deshalb! – sehr sorgfältig aus.

Hennen wählen „ihre“ Hahnen nach …

… Lage und Größe der Hahnenreviere

Beim Birkwild kommen nur rund die Hälfte der Hahnen erfolgreich zum Treten, der weit überwiegende Teil aller Verpaarungen entfällt überhaupt nur auf ein Fünftel der Hahnen. Bei kleinen Balzplätzen ist die Hierarchie eindeutig, der dominante Hahn kontrolliert seinen Anspruch auf die Weibchen. Auf kleinen Balzplätzen mit 3 bis 4 Hahnen sind deshalb aber auch die Territoriumsgrenzen weniger klar. Auf wirklich großen Balzplätzen gibt es dagegen sogar mehrere Zentren. Einzeln balzende Hahnen sind oft mit einer bestimmten Örtlichkeit eng verbunden. Meist ist dies im Gebirge ein ebener, gut übersichtlicher Platz. Auf einzeln balzende Hahnen entfällt aber nur ein geringer Teil der Tretakte.

Will man den Fortpflanzungserfolg oder auch die Stellung eines Birkhahnes vorhersagen, so stelle man sich zwei Fragen:

1. Wie weit ist er vom Balzplatzzentrum entfernt?
2. Wie viele Nachbarn hat er?

Der Fortpflanzungserfolg des Hahnes wird umso größer sein, je weiter er im Zentrum balzt und je mehr Nachbarn ihn umringen. Wenn er diesen gegenüber dann auch noch ein möglichst großes Territorium behaupten kann, so ist er einer der Platzhahnen. Auf einem guten Balzplatz mit rund zehn Hahnen gibt es meist zwei davon. Die Reviergröße allein sagt wenig, weil natürlich außen am Rand viel mehr Platz ist. Hahnen, die öfter von Hennen besucht werden, bleiben ganz einfach in ihrem Revier, während solche, die nicht zum Zug kommen, viel öfter ihr Territorium verlassen, um die erfolgreichen Konkurrenten zu attackieren. Weil aber territoriale Hahnen daheim in ihrem Revier besonders selbstbewusst und dominant sind, gewinnen sie fast alle Kämpfe gegen Eindringlinge. Über die Jahre versucht jeder Hahn, ins Zentrum vorzurücken, sodass die zentralen Reviere über die Zeit immer wieder vom Rand her aufgefüllt werden. Auf jeden Fall trachtet jeder, so nahe wie möglich an die von den Hennen bevorzugten Männchen heranzukommen.

Von Jahr zu Jahr gibt es auch immer wieder Verschiebungen der Arena und der Territorien. Das hängt mit der Anzahl der Hahnen zusammen, mit der Verschiebung von Grenzzeichen, Schneefeldern oder auch damit, dass ein ehemals erfolgreicher Hahn sein Territorium beibehält, während ein neues Zentrum um ein anderes erfolgreiches Männchen entsteht. Auch nach dem Ausfall eines von den Hennen bevorzugten Hahnes kann sich die ganze Gesellschaft rund um einen neuen Platzhahn wo anders neu gruppieren. Wer im Zuge der Frühjahrsjagd immer wieder die zentralen Hahnen erlegt, der trägt ebenfalls dazu bei, dass sich Balzgruppen alljährlich neu formieren und verschieben. Dadurch wird das ganze Gefüge auf der Arena instabil. Am Ende der Balz kann es aber auch vorkommen, dass alle Hahnen einer Henne nachlaufen, die in der Nähe des Balzplatzes eingefallen ist. Die Henne will eigentlich nur in Ruhe ein wenig Äsung brocken. Es ist dann ein amüsanter Anblick, wenn vier oder fünf Hahnen in voller Balzhaltung hinter einer völlig desinteressierten Dame über den Almboden wandern. Zwischendurch versucht jeder, den anderen zu vertreiben. Dabei können sie sich weit vom ursprünglichen Balzplatzzentrum entfernen. Am Ende wird es der Henne meist zu blöd, und sie streicht ab – zurück bleiben die verdutzten Mannsbilder.

... Stoß und Sicheln

Die Länge der Stoßfedern auf dem Hut sowie deren Krümmung war bei den Burschen im Alpenraum immer ein Zeichen für besonderen Mut und Rauflust. Der Kärntner Naturforscher Ingolf Natmessnig hat in seinem Buch „Grenzgänge“ auch ein interessantes Kapitel über die Bedeutung und Geschichte dieser Vogelfedern verfasst. Das Federspiel eines einjährigen Hahnes hätte sich keiner der Burschen auf den Hut gesteckt. Stoßfedern der Birkhahnen waren Statussymbol, noch heute wird ihnen besondere Aussagekraft zugeschrieben. Haben Länge und Symmetrie der Stoßfedern aber auch Bedeutung für den Kleinen Hahn selbst? Wenn man Jägern im Alpenraum diese Frage stellt, dann fällt die Antwort klar aus: Mindestens drei Krumme, und diese möglichst breit und lang – dann ist es ein „guter, starker“ Hahn. Häufig wird davon dann auch noch auf die Qualität des Erlegers geschlossen.

Die Fachliteratur äußert sich hinsichtlich der Länge der Sicheln weit widersprüchlicher. Ich kürze die Diskussion ab und halte mich hier einfach an die neueren Forschungsergebnisse. Eine Antwort gleich vornweg: Die Jäger und Bauernburschen, die ihre Hüte mit den Krummen der Birkhahnen zierten, haben im Grunde recht gehabt! Das Federspiel hat Aussagekraft für die Birkhühner – allerdings mit Einschränkungen.

In Finnland und Schweden haben Rauno Alatalo, Jacob Höglund, Arne Lundberg und Pekka Rintamäki acht Jahre lang auf zehn verschiedenen

Balzplätzen das Fortpflanzungsverhalten von Birkhahnen untersucht. Im Laufe dieser Zeit wurden über 200 Birkhahnen gefangen, vermessen und beringt, um sie wiederzuerkennen. Danach wurden die Vögel auf den Balzplätzen beobachtet und die Tretakte notiert. Jeder, der sich ein wenig mit Birkhühnern auskennt, weiß, dass die Schneider deutlich kürzere Stoßfedern haben als ältere Hahnen. Die Messungen der Fennoskandier ergaben, dass die Sicheln der Hahnen im ersten Jahr knapp 4 Zentimeter kürzer waren, als die älterer Hahnen. Würde man die Schneider in die Betrachtungen über die Stoßlänge mit einbeziehen, dann würde offensichtlich, dass es einen Zusammenhang mit dem Fortpflanzungserfolg gibt. Schneider kommen während der Balz nur ausnahmsweise zum Zug. Das wäre aber keine große Neuigkeit, dafür hätte man keine 200 Hahnen fangen müssen. Die Studie belegte, dass die Krummen mit 4 Jahren durchschnittlich am längsten waren; in diesem Alter tritt aber auch die größte Streuung in der Länge auf. Zur Erinnerung: Auch das Körpergewicht ist in diesem Alter am höchsten. Sowohl die Länge der Stoßfedern, als auch das Gewicht nehmen danach wieder leicht ab. Auch im 5. Lebensjahr war der Fortpflanzungserfolg vieler Hahnen noch sehr gut, danach fiel er aber zum 6. Lebensjahr hin steil ab.

Innerhalb der Alters- und Größenklassen zeigte sich jedenfalls ein Zusammenhang zwischen der Länge der Sicheln und dem Fortpflanzungserfolg. Wenn man auf die Symmetrie der Leier achtet, ergeben sich kaum Zusammenhänge. Hahnen mit beschädigtem Stoß haben jedoch wenig Chancen auf Erfolg bei den Hennen. Hier muss man allerdings differenzieren: Für Hahnen, die sich am Rande des Balzplatzes aufhalten, stellt ein beschädigter Stoß tatsächlich eine Benachteiligung dar. Sie haben jedoch ohnehin kaum Erfolg bei den Hennen – mit ramponiertem Federspiel sinken ihre Chancen aber nochmals beträchtlich. Nachdem man allerdings auch im Zentrum stehenden Hahnen im Zuge von Freilandversuchen Teile der Sicheln abgeschnitten hatte, zeigte es sich, dass die Hennen auch noch nach anderen Kriterien wählen: Zentrums-Hahnen, die sich gegen ihre Nachbarn durchsetzten, wurden nämlich auch mit künstlich gekürztem Stoß von den Hennen ausgewählt. Dem Federspiel kommt also durchaus eine gewisse Aussagekraft zu, aber das Entscheidende für einen Hahn auf einem größeren Balzplatz ist ein im Zentrum liegendes Territorium, das noch dazu an möglichst viele Nachbarn angrenzt; wichtig sind also die Dominanz und Durchsetzungskraft der Hahnen sowie die Balzintensität. Vor allem die zentrale Position am Balzplatz ist ein wichtiger Weiser für einen hochrangigen Hahn. Zusätzlich kommen hier auch noch andere Faktoren ins Spiel, die für uns Menschen nicht immer leicht zu erkennen sind. Einer davon wäre zum Beispiel die Parasitenbelastung der Vögel. Eine stärkere Parasitenbelastung hat auch Auswirkungen auf das Federkleid.

An dieser Stelle noch eine abschließende Randnotiz zum Thema „Birkhahnfeder". Birkhahnfedern sind heute noch ein begehrter Hutschmuck für Schützenkompanien und für Trachtenkapellen im Alpenraum. In der Österreich-Ungarischen Monarchie trugen die k.u.k. Kaiserschützen die Sicheln des Birkhahnes mit weißem Unterstoß auf ihren Kappen. Als die Habsburger 1914 Serbien den Krieg erklärten und damit der Erste Weltkrieg begann, kamen diese Schützenregimenter, welche ursprünglich nur zur Landesverteidigung von Tirol und Vorarlberg aufgestellt wurden, an den Kriegsfronten zum Einsatz. Ingolf Natmessnig berichtet in seinen „Grenzgängen" ausführlich darüber. Die im Alpenraum hochgeschätzten Birkhahnfedern wurden den Kaiserschützen jedoch zum tödlichen Verhängnis, weil sie ein ausgezeichnetes Ziel abgaben. Die natürliche Signalwirkung der weißen Unterdeckfedern vor den schwarzen Stoßfedern war gegeben; für die Soldaten aber war es ein falsches Signal, das 5.000 Mann das Leben kostete. Sie gehörten als Hochgebirgstruppe zur Elite im k.u.k. Heer und wurden Opfer ihres Standeszeichens und unfähiger Offiziere. Natmessnig meint dazu: *„Überleben bedeutet eben nicht immer survival of the fittest, sondern rasche Anpassung an die Umweltbedingungen."* – Die alte k.u.k. Monarchie hat es offensichtlich nicht mehr geschafft, sich an die Umwelt anzupassen und ist untergegangen.

... Farben und Rosen

In den vergangenen Jahren wurde sehr viel Neues über die Bedeutung von Farben in der Vogelwelt entdeckt. Die Vögel können UV-Licht sehen. UV-Strahlen sind kurzwellig und schließen an das blaue Farbspektrum an. Diese Farben kommen vor allem im Federkleid vor. Der Birkhahn ist ein typisches Beispiel dafür. Die Farben im Bereich von Hals und Brust entstehen zudem weniger durch Farbpigmente, sondern vielmehr durch Lichtbrechung. Daneben kommen Farben im langwelligen Bereich besonders häufig vor – Rot oder Orange. Diese Farben befinden sich genau am anderen Ende des Farbspektrums und entstehen durch die Einlagerung von Karotinoiden – also gelben und roten Farbstoffen. Birkhahnen haben von allen Raufußhuhnarten die relativ größten Rosen. Während also einerseits bei den Hahnen der Wettbewerb über direkte Auseinandersetzungen erfolgt, locken sie anderseits Weibchen durch besondere auffällige Signale und Verzierungen. Dass sich die Weibchen tatsächlich von den roten Rosen beeindrucken lassen und dass diese wiederum weit mehr als nur schön sind, davon in den folgenden Zeilen.

Die roten Rosen von Raufußhühnern sind auffällig und bemerkenswert. Birkhennen bevorzugen eindeutig Hahnen mit großen Rosen. Während der Balz kann deren Volumen in Sekunden verändert werden – ganz einfach durch Kontrolle der Blutzirkulation im Gewebe. Die Rosen sind jedoch nicht nur ein Signal an die Weibchen, sondern auch gegenüber Rivalen. Ihre Größe schwankt klar mit dem Verhalten. Sie sind kleiner, wenn der Hahn inaktiv ist; wenn er kämpft, sind sie mittelgroß; wenn er imponiert und wirbt, sind sie am größten. Beim Kämpfen versuchen die Hahnen immer wieder, die Rosen des Gegners zu verletzen. Möglich, dass die Hahnen ihre Rosen während Auseinandersetzungen deshalb verkleinern, um Beschädigungen zu vermeiden.

Auf großen Balzplätzen gibt es in der Regel mehr Hahnen mit auffällig großen Rosen als bei kleinen Gruppen oder bei einzeln Balzenden. Der Grund dafür ist nicht, wie man vermuten möchte, dass sich viele Freier eben gegenseitig stärker anstacheln. Die Ursache liegt einfach darin, dass sich auf einem großen Platz mit vielen Konkurrenten nur vitalere Hahnen durchsetzen können.

Warum sollten sich Birkhennen nun aber von großen, roten Rosen besonders angezogen fühlen? Sie ahnen es vielleicht schon: Wir kommen wieder einmal auf das männliche Geschlechtshormon zu sprechen. Ein hoher Testosteronspiegel ist bei Birkhahnen in der Regel mit einem zentralen Territorium und mit mehr Durchsetzungskraft gegenüber Konkurrenten verbunden. Diese Hahnen haben eindeutig mehr Erfolg bei den Hennen. Der hohe Spiegel dieses männlichen Geschlechtshormons ist aber auch für die besonders auffällige Ausbildung der Rosen wichtig. Große Rosen sind also mit hohem Testosteronspiegel verbunden. Der Preis dafür ist: Dies geht auf Kosten des Immunsystems! Daraus folgt wiederum: Nur ein gesunder, vitaler Hahn kann sich große rote Rosen „leisten“. Die Henne kann also die Kondition des Hahnes auch an diesen Hautgebilden ablesen – es ist ein ehrliches Signal. Man könnte auch sagen: Rosen lügen nicht …

... Alter und Körpergröße

Birkhühner sind bereits mit einem Jahr geschlechtsreif, und zwar sowohl Hahnen als auch Hennen. Für die Zucht werden sogar bereits einjährige Hahnen eingesetzt, hinsichtlich der Fruchtbarkeit gibt es offenbar keinen Unterschied zwischen Ein- und Mehrjährigen. In der freien Natur haben Schneider aber kaum Chancen, sich fortzupflanzen. Wie erwähnt: Das für einen beringten freilebenden Vogel nachgewiesene Höchstalter betrug zwölf Jahre. Bis zum vierten Jahr können Hahnen an Gewicht zulegen, und bis zu diesem Alter nimmt auch der Fortpflanzungserfolg zu, danach kann er wieder abnehmen. Der Fortpflanzungserfolg ist aber, wie besprochen, nicht allein vom Alter abhängig. Mit dem Beginn der Mauser lässt die Befruchtungsfähigkeit der Männchen allgemein nach. Je länger die Balz dauert, umso mehr nimmt auch der Fortpflanzungserfolg der anfangs dominanten Hahnen ab. Auch wenn sie zu Beginn der Saison sehr erfolgreich waren, so sind sie gegen Ende immer weniger in der Lage, Hennen für sich zu gewinnen. In der Regel gibt es aber dann ohnehin kaum noch Hennenbesuch auf dem Balzplatz. Wenn, dann sind dies meist Hennen, die ihr erstes Gelege verloren haben. Aus eigener Beobachtung kann ich dazu sagen, dass diese Hennen sich nicht sehr lange mit der Auswahl eines Hahnes aufhalten. Es gibt meist kein langes Werben, sondern man hat den Eindruck, die Henne lässt sich vom Nächstbesten treten und ist dann wieder dahin.

Birkhahnen sind um rund ein Viertel schwerer als die Hennen, und man könnte annehmen, dass die Hennen größere, stärkere Hahnen bevorzugen. Finnische Forscher stellten hier aber nicht nur keinen Zusammenhang fest, sondern im Gegenteil, es zeigte sich eher, dass jene Hahnen erfolgreicher bei den Hennen waren, die größenmäßig etwa im Durchschnitt des Bestandes lagen. Bezogen auf den jeweiligen Jahrgang war es also vielmehr der Durchschnitt, der bevorzugt wurde. Hinzuzufügen ist, dass bei Birkhühnern die Witterungs- und Nahrungsbedingungen die Größe der Hahnen eines Geburtsjahrganges beeinflussen. Ein schöner warmer Frühsommer und ausreichend Heidel- und Preiselbeeren im Herbst wirken sich nicht nur auf die Überlebensrate der Jungvögel aus, sondern auch auf deren Kondition und Körpergröße. Die Körpergröße allein sagt also nicht wirklich etwas über jene Erbanlagen aus, die für das Überleben der Tierart wichtig sind.

Nicht alles ist neu

Zum Abschluss des Abschnittes über die Balz möchte ich noch einige Erfahrungen aus dem Hahnenbuch des steirischen Forstmannes Hans Fuschlberger zusammenfassen. Fuschlberger schrieb dieses Buch 1940. Er hat es verstanden, das Wissen seiner Zeit mit den eigenen Erfahrungen zu vereinen. Zu den Kämpfen am Balzplatz meint er, dass sie nicht sehr häufig zu beobachten seien, und er schließt richtig, dass sich die Hahnen ja bereits vom Winter sowie dem restlichen Jahr her genau kennen und sich daher gegenseitig einzuschätzen wissen. Er schreibt:

> Sie rauschen und zischen sich an, umkreisen sich bedrohlich und tun furchtbar zornig, aber fallen nicht mehr ernstlich übereinander her. Meist hält jeder genau seinen Platz ein. Im Gebirge sind selten mehr als fünf bis sechs Hahnen auf einem Platz. Ausnahmsweise können aber auch hier bis zu zwanzig und mehr zusammenkommen. Bei genauerer Beobachtung eines solchen Balzplatzes kann man feststellen, dass dort eine gewisse Ordnung herrscht. Jeder Hahn hat seinen bestimmten Weg und sein bestimmtes Plätzchen, auf dem er hin und her tanzt. Hier und da kreuzen sich die Wege, und an bestimmten Punkten schlagen die Hahnen drohend mit den Schwingen, um dann auf dem „vorgeschriebenen Weg“ grugelnd weiterzumarschieren.

Schon in den 1920er-Jahren gab es Beschreibungen zur Hierarchie der Birkhahnen auf dem Balzplatz. Der Deutsche A. Ludwig meint dazu, dass die soziale Rangordnung beim Birkhahn noch stärker als beim Auerhahn ausgeprägt sei. Er schreibt 1924:

> Die Größe der einzelnen Balzstände *(= Reviere)* ist von der Stärke und Schneidigkeit ihrer Besitzer abhängig. Meistens ist der Stand des Platzhahnes, der auf der höchsten Stufe der „Rangordnungsleiter“ steht, durch seine Größe und zentrale Lage von den Plätzen der Beihahnen leicht zu unterscheiden. Auf den größeren Balzplätzen findet man mehrere Konstellationen von dieser, dem Sonnensystem ähnlichen Struktur nebeneinander, wobei der Platzhahn jeweils in der Mitte und seine Trabanten um ihn herum ihre Stände beziehen.

A. Ludwig bezieht sich hier auf große Gruppenbalzplätze mit mehreren dominanten Hahnen. Zur damaligen Zeit war die Frühjahrsjagd noch gang und gäbe, und er meint, dass der Verlust eines Platzhahnes auf diesen großen Balzplätzen ohne größere Bedeutung sei, weil dieser sofort von dem Nächststärkeren oder einem gleichstarken Nachbarn ersetzt werde. Er fügt dann aber – vor bald hundert Jahren – hinzu:

> Ganz anders sieht es auf einem kleinen Balzplatz aus, wo nur ein starker Schildhahn als Vorsänger und Rangordnungsältester auftritt. Dort wirkt er wie ein Magnet, das andere schwächere Hahnen zum Balzplatz zieht und sie beisammen hält! Der Abschuss des Vorsängers, des Platzhahnes, kann die Balz sprengen, da seine Trabanten entweder zu „Einzelsängern" werden, oder sich anderswohin verziehen, wo sie sich dem Gefolge eines anderen Platzhahnes anschließen können.

Neue Balzplätze entstehen nicht selten in der Art und Weise, dass sich zuerst ein starker Platzhahn einfindet, dem sich danach einige jüngere Hahnen anschließen. Nach holländischen Untersuchungen geschieht dies gern dort, wo die Hennen im Frühling bevorzugte Nahrungsplätze haben. Dabei kann es auch vorkommen, dass sich Schneider um ein oder zwei etwas verträglichere Hahnen – früher nannte man sie „Vortänzer" – zusammenscharen.

Der schwedische Birkhuhnforscher Per Angelstam führt an, dass der Anteil an einzeln balzenden Hahnen mit guten Nachwuchsjahren und folglich einer Zunahme der Schneider verbunden ist. Angelstam meint, dass in Jahren mit hoher Dichte mehr Schneider einzeln balzten. Geht der Bestand zurück, verringert sich auch wieder die Zahl der einzeln balzenden Hahnen. Demnach würde die Altersstruktur der Birkhahnen den Anteil an einzeln balzenden Hahnen beeinflussen. Diese Beobachtungen stammen aus einer mehrjährigen Studie in Schweden, ich selbst kann sie nicht bestätigen. In den Gebieten der Alpen, die ich kenne, sind einzeln balzende Schneider eher eine Ausnahme, von einzeln balzenden Hahnen werden dort aber oft über Jahre exakt dieselben Orte aufgesucht. Meist sind dies nur kleine Hangverebnungen, wo mehrere Hahnen gar nicht ausreichend Platz finden würden.

Meine Erfahrung deckt sich hier mit jener der älteren Hahnenjäger: Schneider scharen sich demnach gerne um einen älteren Hahn. Gibt es viele Schneider, kann es auch sein, dass die älteren Hahnen es aufgeben, die Einjährigen zu vertreiben, womit neue Arenen entstehen. In der ersten Zeit kommt es aber natürlich häufiger zu Auseinandersetzungen und Kämpfen. Dass man die neuen Balzplätze besonders schonend behandeln scll, darauf wird schon in den 1920er-Jahren hingewiesen. Dieser Hinweis bezieht sich auf die Frühjahrsjagd! Was meine ich damit, warum das Rufzeichen? Die Frühjahrsjagd wird in Österreich – ich schreibe dies im Jahr 2008 – nach wie vor ausgeübt. Ich möchte sie hier nicht generell in Frage stellen, aber man sollte zumindest über gewisse Dinge nachdenken, damit man Fehler vermeiden kann. Immer wieder höre ich von Jägern in Österreich: Bei uns balzen die Kleinen Hahnen nur einzeln. Keine Frage, das Gelände und der Lebensraum spielen dabei *auch* eine Rolle. Jetzt, im Zusammenhang mit dem Verhalten, sollte man sich aber überlegen, ob die einzeln balzenden Hahnen nicht *auch* das Ergebnis einer unvernünftigen Jagd auf den stärksten Hahn sind. Der Hinweis, dies sei schon „immer" so gewesen, ist kein gutes Argument. Anderseits kenne ich aber auch Reviere, wo vernünftige Jäger mit der gezielten Schonung des Platzhahnes erreichen, dass ein Balzplatz und die dazugehörige Gruppe von Hahnen über viele Jahre sehr stabil bleibt. Sie haben im Gegensatz zu ihren Nachbarn jedes Jahr eine Gruppenbalz mit einer größeren Anzahl von Hahnen. – Wer jagt, ohne die Biologie der bejagten Wildart zu kennen, oder wer ganz einfach keine Rücksicht darauf nimmt, der sollte diese letzten Zeilen wenigstens aus Eigennutz im Gedächtnis behalten!

Nicht alles ist also neu, aber manches wird auch nach Jahrzehnten immer noch nicht erkannt – vielleicht aus Unwissen, vielleicht weil man sich zuwenig mit der Wildart auseinandersetzt, vielleicht auch weil einiges schon wieder in Vergessenheit geraten ist. Gerade dort, wo heute noch im Frühjahr gejagt wird, sollte man besonders achtsam sein und sich die Erfahrungen aus alten Zeiten zu Nutze machen – zum Wohl des Birkwildes und auch, um gute Balzplätze im eigenen Revier zu erhalten. Wer den im Zentrum stehenden, besonders starken Platzhahn erlegt, der tut mit Sicherheit nichts Gutes!

Brut und Jungenaufzucht

Birkhennen legen im Durchschnitt etwa 8 Eier. Die Gelegegröße schwankt zwischen 7 und 10 Eiern. In Zuchtvolieren, wo die Eier immer wieder entnommen werden, kann eine Henne sogar 20 bis 30 Eier legen. Ältere Hennen haben deutlich größere Gelege als einjährige. Die schwereren älteren Hennen beginnen meist auch früher mit dem Brüten als die jungen. Nach französischen Untersuchungen haben zwar ebenso viele einjährige wie ältere Hennen gebrütet, der Aufzuchterfolg der älteren Hennen war aber acht Mal höher. Einjährige Hennen legen nicht nur weniger Eier; wenn ihr Erstgelege ausfällt, dann gibt es in der Regel auch kein Zweitgelege mehr. Zudem sind die jungen Hennen viel weniger erfahren bei der Aufzucht und Führung der Küken, und sie haben deshalb weit größere Kükenverluste.

Mehr als 24 Stunden sind für die Produktion eines Eies notwendig. Laut Angaben des deutschen Raufußhuhnexperten Siegfried Klaus legt die Henne nach der Ablage von etwa 3 bis 4 Eiern eine Pause von rund eineinhalb Tagen ein, um danach das Gelege zu vervollständigen. Insgesamt braucht eine Birkhenne für 8 Eier also 12–13 Tage, bei größeren Gelegen kann sie sogar über 2 Wochen benötigen. Je nach Gelegegröße schwankt der Zeitraum zwischen 10 und 18 Tagen. Erst nachdem das Gelege vollständig ist, wird mit dem Brüten begonnen. Bis dahin müssen die Eier kühl bleiben, das heißt, es sollte eine Temperatur von 10–15 Grad Celsius nicht überschritten werden. Die im Mai noch kühlen Bodentemperaturen in den Hochlagen tragen dazu bei. Wichtig ist dies, damit die Küken trotz der langen Legeperiode auch alle gleichzeitig schlüpfen.

Die Brutzeit dauert 24–26 Tage. Bei Ausfall des ersten Geleges kann ein Zweitgelege mit deutlich weniger Eiern angelegt werden – meist nur 3 bis 6. Beginn und Ende der Brutzeit schwanken je nach Witterung und Höhenlage stark. In Tieflagen gibt es die ersten Gelege schon gegen Ende April, in Hochlagen etwa Mitte Mai, meist erst Anfang Juni. Zu berücksichtigen ist, wie gesagt, dass zwischen Legebeginn und Brutbeginn einige Zeit verstreicht. Die brütende Henne verlässt das Nest zwei- bis drei Mal täglich zur Nahrungssuche. Meist am frühen Morgen und am Abend, aber auch am späten Vormittag kann sie einen kurzen Ausflug unternehmen, in der Regel nicht weiter als 300–400 Meter. Länger als vierzig Minuten ist sie kaum weg. Vom Gelege aufgescheuchte Hühner kehren im Durchschnitt nach rund zweieinhalb Stunden wieder zurück, unter Umständen kann die Henne schon nach einer halben Stunde wieder bei den Eiern sein, im Extremfall aber auch erst nach fünf bis sechs Stunden. Dabei kehrt sie fast immer im Flug zurück und geht erst die letzten Meter zu Fuß. Am Anfang der Brutzeit geben Birkhennen ihre Nester leichter auf als Auerhennen, später sitzen sie sehr fest.

Die Bruttemperatur fällt und steigt mit dem Tag/Nacht-Wechsel, über Nacht ist sie deutlich geringer als bei Tag, morgens steigt sie schlagartig an. Die Eier sind also nicht immer gleichen konstanten Temperaturen ausgesetzt, auch wenn die Henne das Nest verlässt, kühlen sie ab. Diese Abkühlung regt offensichtlich ebenso wie das Wenden der Eier das Herz-Kreislaufsystem und den Stoffwechsel der Embryonen an. Rund 2–3 Tage vor dem Schlupf sind die ersten Stimmfühlungslaute der Küken aus den Eiern zu hören. Daraufhin erfolgt ein starker Temperaturanstieg, die Henne verlässt am letzten Tag das Nest nicht mehr. Wenn die Küken schlüpfen, bleiben sie noch rund einen Tag im Nest. Hier werden sie von der Henne gehudert, die Daunenfedern trocknen, die Gliedmaßen festigen sich, und die Reduktion des Dottersackes wird eingeleitet, sodass die normale Verdauung im Dünndarm nicht behindert wird. Wenn das Gesperre das Nest verlässt, sind alle Küken gleich gut vorbereitet, um der Henne zu folgen. In den ersten Tagen wandert sie mit ihren Jungen unter Umständen schon bis zu einigen hundert Metern. Erst nach etwa drei Wochen bleiben die Vögel in einem Kerngebiet.

Jugendentwicklung

In den ersten Tagen nimmt das Küken kaum an Gewicht zu, es ernährt sich noch von seinem vorhandenen Dottervorrat. Bis zur dritten Woche verläuft das Wachstum der Jungen eher langsam, erst danach legen sie stark an Gewicht zu und wachsen nun auffällig. Nach ungefähr sieben Wochen erkennt man auch bereits einen Größenunterschied zwischen Hahnen und Hennen. Die kleineren Hennen sind nach rund drei Monaten ausgewachsen, das ist in den Alpen ungefähr im Oktober. Junghahnen können noch im November wachsen. Die Hennen haben in günstigen Jahren zu dieser Zeit bereits das Gewicht der erwachsenen Vögel. Dabei ist zu beachten, dass das Körpergewicht von Birkhühnern im Jahreslauf schwankt, und zwar um etwa 5 bis 10 Prozent des Höchstgewichtes. Dieses erreichen die Vögel in Nordeuropa im Spätherbst; nach den Ergebnissen der Schweizer

Birkhuhnforscher Marti und Pauli können die Hühner in den Alpen noch bis Ende Dezember zunehmen und sind dann also erst im Jänner am schwersten. Interessant ist dabei, dass das Herbstgewicht in Zusammenhang mit den Temperaturen steht: Je kälter, desto schwerer sind die Vögel – offenbar eine Anpassung an die strenge Witterung.

Bereits nach einer Woche nehmen die Küken Sand-, Staub- und Sonnenbäder. Wichtig für die Entwicklung sind die Temperatur und das Insektenangebot in den ersten Wochen. Die Henne unterstützt durch Hudern die Temperaturregelung der Küken besonders in den ersten zwei Wochen bis ins Alter von etwa drei Wochen. Je wärmer es ist, umso weniger ist das Hudern notwendig, und die Jungen können mehr Zeit mit der Nahrungsaufnahme verbringen. Gehege-Beobachtungen zeigen auch, dass hennenaufgezogene Jungvögel bereits ab dem zwölften Tag eigenständig sichern. Dagegen sind handaufgezogene Küken deutlich weniger aktiv und reagieren auch weniger auf Störungen.

Nachwuchs – Überleben – Sterblichkeit

Die Ausfallsrate ist bei allen Hühnervögeln in den ersten zwei Wochen nach dem Schlüpfen am höchsten. Die Hauptgründe: Raubfeinde und Witterung. Dazu kommt, dass auch noch im ersten Herbst und Winter die Überlebensraten der Jungvögel geringer sind als jene der erwachsenen. Besonders im Herbst, wenn ein Teil des Nachwuchses abwandert, erleiden sie deutlich höhere Verluste als erwachsene Vögel. Die Nachwuchsrate ist ein wichtiger Weiser für die Bestandesentwicklung. Ein Sprichwort sagt: „Die Küken zählt man im Herbst."

Bei Bodenbrütern geht noch vor dem Ausschlüpfen der Jungvögel ein beträchtlicher Teil der Gelege verloren. Die Ausfallsrate schwankt bei Birkhühnern zwischen 30 und 60 Prozent. In diesem Bereich liegt auch der Anteil der Hennen mit Gesperre im Spätsommer. Vergleicht man verschiedene Untersuchungen, dann führten im Tessin 60 Prozent der Hennen ein Gesperre, in der Trenta waren es in einem guten Jahr 65 Prozent, in der Region Friuli-Venezia-Giulia in Italien lag der Anteil zwischen 29 und 62 Prozent, in den französischen Alpen waren es ganz ähnlich zwischen 28 und 63 Prozent, in Estland schwankte der Anteil zwischen 29 und 76 Prozent, im Mittel lag er bei 45 Prozent, in Finnland waren es Anfang August noch 60 Prozent, Ende August nur mehr 52 Prozent. Nur in Ausnahmefällen gibt die Henne ihr Nest auf, in der Regel zerstören Raubfeinde wie Krähenvögel, Füchse, Marder oder Wildschweine die Nester; auch aufgrund menschlicher Störung können Gelege verlassen oder zerstört werden. Verluste beim Schlupf sind in der Regel nur gering. Nach einer finnischen Studie betragen die Schlupfverluste 7 Prozent der Küken, in Mittelschweden war es gar nur 1 Prozent. Zu den höchsten Ausfällen bei den Küken kommt es, wie erwähnt, in den ersten Lebenswochen. Der Bruterfolg schwankt von Jahr zu Jahr stark, wobei in den Alpen vor allem das Wetter eine entscheidende Rolle spielt, in Nordeuropa dürfte den Raubfeinden eine Schlüsselrolle zukommen. Dadurch werden kurzfristige Schwankungen ausgelöst, langfristig wirkt sich die Qualität des Lebensraumes auf die Bestandesentwicklung aus.

Der Aufzuchterfolg im Herbst ergibt sich aus der Anzahl der Küken im Verhältnis zu allen Hennen. Der italienische Birkhuhnforscher Luca Rotelli hat über fünf Jahre 212 Birkhennen beobachtet – 137 davon brüteten erfolgreich, das sind knapp 65 Prozent, oder anders ausgedrückt: zwei Drittel. Die durchschnittliche Gesperregröße im August betrug 3,4 Küken – bezieht man dies auf alle Hennen, dann ergibt sich ein Bruterfolg von 2,2 Küken je Henne. In der Trenta hat Ivano Artuso in einem sehr guten Aufzuchtjahr im Spätsommer 3,9 Küken je Gesperre gezählt – auf den Gesamtbestand bezogen waren das 2,6 Küken je Henne. Der Schweizer Raufußhuhnexperte Niklaus Zbinden hat für den Tessin Nachwuchsraten von 1,9 – 2 Küken je Henne ermittelt. In langjährigen Untersuchungen zeichnen sich für den Alpenraum Nachwuchsraten von 1,5 – 2 Vögeln je Henne ab. In Nordeuropa wie auch in Großbritannien dürften diese Werte etwas höher liegen, und zwar zwischen 2,4 und 2,7. Dort ist aber auch die Sterblichkeit erwachsener Birkhühner höher. Im Mittel dürften Nachwuchsraten von durchschnittlich 1,5 Küken je Henne ausreichen, um einen Birkhuhnbestand stabil zu halten.

Untersuchungen aus Fennoskandien belegen für Birkhühner sehr hohe Verluste im ersten Lebensjahr. Hier muss man allerdings auf die Bezugsgrößen achten. Lindén hat in einer finnischen Studie eine Gesamtsterblichkeit von 89 Prozent im ersten Lebensjahr ermittelt. Das heißt, dass von 12 Gelegen mit rund 100 Eiern nur 11 Vögel das Alter von einem Jahr erreichen. Bezieht man den Ausfall nur auf die geschlüpften Küken, so haben 17 Prozent davon überlebt. Per Angelstam hat während einer sechsjährigen Studie in Schweden eine mittlere Sterblichkeit von 94 Prozent erhoben – die Werte schwankten in den einzelnen Jahren zwischen 86 und 98 Prozent.

Verlustraten errechnen sich aus der jährlichen Sterblichkeit plus der Zuwanderung und minus der Abwanderung. Für erwachsene Birkhühner nimmt man eine jährliche Sterblichkeit von 40 – 60 Prozent des Bestandes an. Bestände bleiben nicht andauernd auf gleicher Höhe, sondern schwanken, in Nordeuropa treten zyklische, mehrjährige Schwankungen in einem Rhythmus von etwa 4 bis 6 Jahren auf. Wichtig ist dabei aber der langjährige Entwicklungstrend. Verschiedene Untersuchungen zeigen, dass die Sterblichkeitsraten in den Alpen niedriger sein dürften; für den Aletsch-Wald in der Schweiz hat Niklaus Zbinden Anteile von 31 – 44 Prozent angegeben. Die Sterblichkeit schwankt aber wahrscheinlich stark je nach Lebensraum, Witterung, Raubfeinddruck, Störeinfluss und touristischer Erschließung.

Ein einfaches Rechenbeispiel soll verdeutlichen, wie der Zuwachs den Abgang an Altvögeln wieder ausgleicht:

- Nehmen wir den oben erwähnten Nachwuchs von 11 Vögeln, die das Alter von 1 Jahr erreichen. Sie sind am Ende von 100 Eiern aus 12 Gelegen übrig geblieben.
- 12 Gelege sind von ebenso vielen Hennen angelegt worden.
- Bei einem Geschlechterverhältnis von 1:1 kommen 12 Hahnen dazu, das heißt, wir haben 24 erwachsene Vögel.
- Von diesen 24 Vögeln fallen 40 Prozent aus, das sind 10 Birkhühner.
- 11 Jungvögel kommen nach – also ist der Ausfall ausgeglichen.

Überlebensraten sind wichtig, um die nachhaltig mögliche Jagdstrecke zu errechnen, und auch, um Bestandesentwicklungen zu erkennen. In zwei Gebieten der Südfranzösischen Alpen haben die Raufußhuhnexperten Alain Caizergues und Laurence N. Ellison die Überlebensraten von 93 Birkhühnern mit Hilfe von Sendern ermittelt. Die jährlichen Überlebensraten der Hennen lagen je nach Gebiet bei 68 und 84 Prozent, bei den Hahnen waren sie mit 56 und 66 Prozent deutlich geringer. Für Jungvögel beiderlei Geschlechts lag die Überlebensrate bei 52 Prozent. Die höhere Sterblichkeit der Jungvögel ist auf einen stärkeren Einfluss durch Raubfeinde, besonders durch Greifvögel zurückzuführen. Die meisten Ausfälle gab es sowohl bei erwachsenen Hahnen und Hennen im Frühjahr, bei den Hahnen war ein zweiter Gipfel im Frühsommer zu verzeichnen.

Streifgebiete und Siedlungsdichte

Luca Rotelli hat im Piemont an der Grenze zum Wallis die Streifgebiete von Birkhühnern erhoben. Seine Ergebnisse:

Die Streifgebiete der Hahnen sind sowohl im Sommer als auch im Winter größer als jene der Hennen. Einjährige Hennen nutzen während der Kükenaufzucht deutlich kleinere Streifgebiete als ältere. Die meisten Hahnen verbringen nach der Balzzeit den Rest des Jahres innerhalb eines Radius von 1 Kilometer rund um den Balzplatz, das sind rund 300 Hektar. Hennen wandern weiter ab als Hahnen – gleich im Anschluss dazu mehr –, sie nutzen aber dann kleinere Streifgebiete.

Die Birkwildforscherin Natalina Signorell aus der Schweiz konnte in Sommerlebensräumen des Wallis und des Piemont für Hennen mit Gesperre Streifgebiete von rund 10 bis etwa 18 Hektar ermitteln. Hennen, die ihr Gelege verloren hatten, nutzten deutlich größere Gebiete von etwa 10 bis 50 Hektar. Die Hahnen durchstreiften Sommergebiete von 4 bis 80 Hektar.

Vergleiche sind immer dann schwierig, wenn sich die Flächenangaben nicht genau auf denselben Zeitraum beziehen. Luca Rotelli hat in Italien etwas größere Gebiete erhoben, er hat aber den Frühling und den Sommer zusammengefasst; in den Grundzügen decken sich aber die Ergebnisse: Hahnen hatten auch bei dieser Untersuchung deutlich größere Sommerstreifgebiete als Hennen.

Birkhuhnstreifgebiete
im Naturpark Veglia-Devero West Piemont

ROTELLI 2002

	Frühling/Sommer	Mittelwert	**Herbst/Winter**	Mittelwert
Hahnen (n= 14/11)	50 - 370 ha	190 ha	125 - 1.200 ha	560 ha
Hennen 1jährig (n= 5)	5 - 50 ha	30 ha		
Hennen älter (n=4)	60 - 130 ha	95 ha		

(Flächenangaben gerundet)

Ellison hat in den Französischen Alpen ebenso wie Rotelli bei den Hennen deutlich kleinere Herbst- und Winterstreifgebiete festgestellt. Im Herbst nutzten verschiedene Hennen Streifgebiete zwischen 15 und 200 Hektar (Mittel 70 Hektar), im Winter dagegen nur noch zwischen 2 und 10 Hektar. Die Hahnen bewohnten im Herbst Gebiete von 15 bis über 300 Hektar (Mittel 110 Hektar), im Winter zwischen 4 und 18 Hektar. Ellison führt die größeren Herbst- und Winterstreifgebiete der Hahnen darauf zurück, dass diese zwischendurch immer wieder einmal bei den Balzplätzen vorbeischauen. Sie wechseln also häufiger zwischen Nahrungsplätzen und Balzplatz. Daraus erklärt er auch, dass die Hahnen häufiger an Liftseilen und Kabeln verunglücken als die Hennen.

Winterstreifgebiete werden von Hahnengruppen auch „durchwandert". Der bayerische Birkwildexperte Albin Zeitler spricht in diesem Zusammenhang von einer „Rotation" der Wintertrupps. Den Begriff „Rotation" könnte man auch mit „Turnus" oder „Umkreisung" umschreiben. Dabei geht es um die Beobachtung, dass sich Wintergruppen von Birkhühnern je nach Nahrungsangebot rund um Bergrücken, Bergkämme oder Berghänge bewegen. Ausschlaggebend dafür ist die Verfügbarkeit der Nahrung. Birkhühner bevorzugen auch im Winter Zwergsträucher. Diese sind aber oft mosaikartig verteilt und je nach Schneelage nicht überall gleichzeitig verfügbar. Die Gruppen können also täglich oder wöchentlich Standortwechsel vornehmen. Albin Zeitler beobachtete dies in den bayerischen

Streifgebiete von Birkhahnen

(Schneider und Erwachsene)

Land	Anzahl Vögel	Jahreszeit	Streifgebiet	Autor
Schottland	7	Herbst	60 - 80 ha	Robel 1969
Schottland	7	Winter	50 - 150 ha	Robel 1969
Deutschland	4	April - Mai	130 - 360 ha	Schröder u.a. 1981
Norwegen	4	Sommer	20 - 40 ha	Rolstad u.a. 1985
Belgien	2	Sommer	25 - 70 ha	Klaus u.a. 1990
Frz. Alpen	8	Herbst	16 - 310 ha	Ellison u.a. 1992
Frz. Alpen	6	Winter	4 - 20 ha	Ellison u.a. 1992
Ital. Alpen	4	Juni - März	40 - 200 ha	Franceschi & Mattedi 1995

(Flächenangaben gerundet)

Alpen sowohl in stark von Schifahrern genutzten, wie auch in ungestörten Gebieten. Dabei bewegten sich diese Gruppen auf einer Fläche von rund 500 Hektar. Auch die Feindvermeidung könnte dabei eine Rolle spielen.

Niklaus Zbinden stellt ganz zu Recht fest, dass die Berechnung der Siedlungsdichte immer problematisch ist, wenn man nicht die Bezugsfläche kennt. Gerade beim Birkwild ist es schwierig, den Lebensraum genau abzugrenzen. Ich kenne zwar Vorkommen am Rande der Ostalpen, wo dies sehr eindeutig ist, weil gesamte Höhenrücken besiedelt werden und nach unten die Wälder sehr rasch dicht und für Birkwild untauglich werden – hier ist es leicht, den geeigneten Lebensraum abzugrenzen. Birkwild besiedelt aber besonders häufig die Übergangszonen zwischen Wald und Freifläche – da fällt ohne Telemetrie eine scharfe Flächenabgrenzung oft schwer. Schauen wir uns dennoch einige Angaben zur Bestandesdichte an. Im Tessin wurden Werte zwischen 2,5 und 6,6 Hahnen je 100 Hektar ermittelt. Diese Werte entsprechen nach Zbinden auch anderen Gebieten der Alpen. Für das Aletsch-Gebiet im Wallis, das nicht bejagt wird, war die mittlere Siedlungsdichte bei 4,8 Hahnen je 100 Hektar, dabei gab es aber Schwankungen zwischen 2,6 und 7,6. Im Aosta-Tal wurden Dichten zwischen 2,7 und 3,4 Hahnen je 100 Hektar ermittelt, in Frankreich ergab die Untersuchung von 28 Gebieten eine durchschnittliche Dichte von 2,8 Hahnen je 100 Hektar. In der Steiermark konnten wir am Stuhleck, einem Vorkommen am Alpen-Ostrand, in einem guten Jahr eine Dichte von 6,7 Hahnen / 100 Hektar erheben.

Bei Dichteangaben ist, wie gesagt, sehr auf die Bezugsfläche zu achten. Dabei kommt es immer wieder vor, dass die Anzahl der balzenden Hahnen nur auf die einsehbaren Freiflächen bezogen wird. Bezieht man aber die gezählten Hahnen nur auf diese Freiflächen, welche zur Balzzeit genutzt werden, dann können daraus ganz falsche Zahlen abgeleitet werden. In einem Gebiet der Niederen Tauern in der Steiermark wurden über Jahre Zählungen an Balzplätzen durchgeführt. Bezieht man das Jahr mit dem besten Ergebnis auf die einsehbare und erhobene Almfläche, dann ergibt dies eine Dichte von 11,7 Hahnen je 100 Hektar. Tatsächlich ist aber der Lebensraum weit größer als nur die freie Alm, weshalb natürlich auch die Bestandesdichte deutlich geringer ist. Da sich Almen und Wiesen aber sehr unregelmäßig in den teils sehr lückigen Bergwald hinunter ziehen, ist eine genaue Abgrenzung des Lebensraumes schwierig. Oft sind geeignete Lebensraumteile mosaikartig verstreut, manchmal liegen Sommer- und

Wintergebiete auch mehrere Kilometer voneinander entfernt. So ergeben sich Lebensraumflächen für lokale Vorkommen von bis zu 3.000 Hektar. Für die sibirischen Waldsteppen nennt der russische Raufußhuhnexperte Potapov Größen von 1.200 bis 4.000 Hektar. Jedes dieser lokalen Vorkommen besteht aus 6 bis 18 Hahnen und ebenso vielen Hennen. In jedem Gebiet gibt es 3 bis 7 Balzplätze mit je 1 bis 8 Hahnen, und zu jedem Balzplatz gehören 1 bis 6 Hennenstreifgebiete. Die größten Balzplätze sind am wichtigsten für die Fortpflanzung, sie haben gewöhnlich eine zentrale Lage, und dort etablieren sich auch die Herbstscharen.

Wanderungen

„Das Birkhuhn ist der wanderlustigste Vertreter unserer Tetraonen", schrieb Fuschlberger im „Hahnenbuch". Er hatte natürlich Recht; damals gab es aber noch keine Telemetrie in der Wildtierforschung, sodass man auf zufällige Beobachtungen angewiesen war. Heute gibt es dazu ziemlich genaue Entfernungsangaben. In den französischen Alpen gehen die Birkwildforscher Caizergues und Ellison davon aus, dass bis zu 12 Kilometer breite Täler kein Hindernis für Birkhühner sind. Sie können mit einem einzigen Nonstop-Flug überwunden werden. Will man erheben, ob einzelne Vorkommen noch zusammenhängen, dann sollte man aber jene Entfernung heranziehen, die knapp unter der mittleren Abwanderungsdistanz der Hennen liegt: nach den französischen Ergebnissen sind dies etwa 4 Kilometer. Ich würde aus der Breite größerer inneralpiner Täler, die noch überwunden werden, auf rund 5 Kilometer schließen.

Junge Hahnen tragen wenig zu Verbindung und Austausch zwischen den einzelnen Vorkommen bei, sie sind sehr sesshaft. Dies sollte aber bei einer Art, wo wenige Männchen fast den gesamten Nachwuchs zeugen, zu keinen Problemen führen. Zu bedenken ist dabei jedoch, dass der Abgang an Hahnen, welche im Zuge der Jagd erlegt werden, nicht durch Zuwanderung von neuen Hahnen ausgeglichen wird. Die geringe Abwanderung der Hahnen kann demnach in Frankreich erklären, warum in manchen bejagten Gebieten 2 Hennen auf 1 Hahn kommen. Rund 90 Prozent der Schneider waren im nächsten Sommer dort, wo sie aufgewachsen sind. Auch als Zweijährige blieben sie dort. Auf diese Weise entstehen Balzgruppen aus verwandten Hahnen. Im Gegensatz dazu ist nach den französischen Studien nur rund ein Fünftel der Hennen daheim geblieben, 80 Prozent wanderten aus jenem Gebiet, in dem sie aufgewachsen waren, ab.

Interessant war dabei, dass die Hennen mit zunehmender Bestandesdichte immer größere Strecken zurücklegten und sich weiter entfernten.

Birkhühner fliegen längere Strecken bevorzugt entlang der Waldgrenze. Gebirgspässe bis zu 2.400 Meter werden noch überwunden, Kahlgebirge über 2.500 Meter stellen allerdings eine Barriere dar, die nicht überflogen wird. Die Abwanderung der Jungvögel erfolgt in zwei Phasen: einmal im Herbst, etwa im Oktober, ein zweites Mal von Mitte April bis Anfang Mai. Besonders im Herbst wanderten die Hennen in Frankreich durchschnittlich viel weiter ab als die Hahnen, die Entfernungen lagen dabei zwischen 5 und 29 Kilometer. Zuwandernde Hennen glichen diese Abwanderung jedoch wieder aus. Dies wurde deshalb offensichtlich, weil gleichzeitig die Zahl der Hennen im Untersuchungsgebiet während der Studie sogar zugenommen hat. Obwohl Hennen weiter als Hahnen abgewandert sind, gab es jedoch bis zum Alter von 13 Monaten keinen Unterschied in der Überlebensrate zwischen den beiden Geschlechtern. Die Hennen sind also offensichtlich viel besser an lange, Energie zehrende Flüge und an die Suche neuer Lebensräume angepasst.

Hahnen sind im Vergleich zu Hennen sesshaft. Auch Rotelli stellt im Piemont fest, dass die meisten Hahnen nach der Balzzeit den Rest des Jahres innerhalb eines Radius von 1 Kilometer rund um den Balzplatz verbringen. Nur wenige Junghahnen verließen das Gebiet, sie hielten sich das restliche Jahr ein paar Kilometer entfernt vom Balzplatz auf. Die größten Entfernungen lagen hier bei 10 Kilometer. Meist sind diese Hahnen im Sommer aber nur 1 bis 3 Kilometer vom Balzplatz entfernt und kommen dann im September wieder in dessen Nähe zurück. Auch im Winter sind Standortwechsel möglich, in diesem Fall kehren sie aber im Frühling zu den Balzplätzen zurück.

Im Wesentlichen sind Wanderungen mit dem Nahrungsangebot und der Lebensraumqualität verbunden, daneben spielen aber auch die Feindvermeidung oder der Austausch von Erbgut eine Rolle. Aus weiten Teilen des riesigen Verbreitungsgebietes wird immer wieder von Wanderungen im Zusammenhang mit der Besiedlung neu entstandener Lebensräume oder dem vorhandenen Nahrungsangebot berichtet. Manche Vorkommen wechseln oft in großen Gruppen regelmäßig zwischen dem Sommer- und Winterlebensraum. Aus den Alpen sind solche Flüge nicht bekannt. Wichtig ist dabei die Unterscheidung zwischen zwei Wanderbewegungen: Einerseits wandern Jungvögel von ihrem Geburtsort ab, anderseits wandert ein Teil der Vögel alljährlich zwischen Sommer- und Winterstreifgebieten.

Da Hahnen im Großen und Ganzen lieber daheim bleiben und sich nicht weit bewegen, werfen wir einen Blick auf die Hennen, um noch ein wenig genauer Einblick in Abläufe und Entfernungen von Wanderbewegungen zu gewinnen. Wie erwähnt, ein Teil der Hennen wandert vom Geburtsort für immer ab, einige bleiben ihr Leben lang dort, wo sie auf die Welt gekommen sind, oder sie wechseln zwischen Winterlebensraum und Brutgebiet hin und her. Gerade, was diese Winterlebensräume angeht, haben wir in vielen Teilen der Alpen leider wenig Erfahrung, weil man sich meist nur auf die Hahnen und die Balzplätze konzentriert. Sommer- und Winterlebensraum können mehrere Kilometer voneinander entfernt liegen. Rotelli spricht von 7 bis 8 Kilometern, die Franzosen von 9 Kilometern, in Großbritannien und Schweden sind Entfernungen von durchschnittlich 6 Kilometern ermittelt worden. Diese Strecken können jedes Jahr zurückgelegt werden, dabei handelt es sich um keine Abwanderung im eigentlichen Sinne, sondern nur um saisonale Ortswechsel.

Arto Marjakangas und Satu Kiviniemi von der Universität Oulu in Finnland studierten die Ortswechsel von über 200 mit Sendern versehenen Birkhennen. Die Hühner wurden im Winter besendert, das heißt, die Jungvögel hatten den ersten Teil der Abwanderung aus ihren Aufzuchtsgebieten bereits hinter sich, der zweite Teil der Wanderung folgt im Frühling. Ältere Hennen wechselten nur zwischen Winter- und Sommergebiet. Deutliche Unterschiede zwischen älteren und jungen Hennen zeigten sich bereits beim Verlassen der Wintergebiete. Es wurde bereits erwähnt, dass ältere Hennen früher mit dem Brüten beginnen, die finnischen Ergebnisse belegen auch, dass sie früher aus den Überwinterungsgebieten in die Brutgebiete zurückkehren – sie wissen ja auch wohin. Die mittlere Entfernung zwischen Nistplatz und dem Ort, wo die Hennen im Winter markiert wurden, war für erwachsene Hennen mit 2,6 Kilometer deutlich geringer als für Jungvögel, die im Mittel über 9 Kilometer weiter wanderten. Die größten Entfernungen zwischen Überwinterungsgebiet und dem Nistplatz lagen sogar bei 30 Kilometer. Die Finnen teilten die jungen Hennen daher in zwei Gruppen: eine Gruppe, die eher kurze Strecken wandert, und eine, die weite Strecken zurücklegt. Diese Weitwanderer sind wichtig für eine Tierart, die frühe Pionier- und Sukzessionsstadien besiedelt. Sie finden als erste Windwurf- oder Brandflächen, wo sich die Vögel möglichst rasch ansiedeln können. Dort können sie so lange bleiben, bis sich der Wald wieder schließt. Dazu muss allerdings nochmals erwähnt werden, dass auch in Finnland nicht alle Hennen diese Ortswechsel vornehmen. Ein

Teil bleibt schlichtweg zu Hause, bei anderen überlappt das Brutgebiet zumindest teilweise mit dem Wintergebiet. Auch die Finnen kommen zu dem Schluss, dass der überwiegende Teil der älteren Hennen ihre Wintergebiete nicht weiter als 4 Kilometer vom Brutgebiet entfernt bezieht. Junge Hennen, die weit abwanderten, wechselten ihre Überwinterungsgebiete nachher noch öfter; diejenigen, welche sich weniger weit von ihrem Geburtsort entfernten, haben an dem einmal gewählten Ort festgehalten. Dabei gibt es auch Zusammenhänge mit den Balzplätzen. Manche der jungen Hennen finden am ersten Balzplatz den Richtigen, andere besuchen erst zwei oder drei, bis sie sich treten lassen. Ältere Hennen, die markiert worden sind, blieben auch die Folgejahre in ihrem Winterlebensraum. Dort selbst gibt es keine größeren Ortswechsel. Gute Überwinterungsgebiete in Finnland zeichnen sich vor allem durch ein hohes Angebot an Birken aus. In den Alpen werden auch Zirben, Lärchen oder Kiefern angenommen, aufgrund verschiedener Expositionen und Hanglagen apern auch Zwergsträucher immer wieder aus, sodass hier Birkhühner sesshafter sein dürften.

Als Besonderheit sei hier noch erwähnt, dass finnische Birkhühner auch Strecken bis zu 1.000 Meter über das offene Meer zurücklegen. Sie wechseln dabei von Inseln in den Schären auf das Festland zwischen Balz- und Äsungsplätzen. Ausnahmsweise gab es solche Beobachtungen auch im ostfriesischen Wattenmeer.

Ein Wort noch zum Abwanderungsverhalten im Zusammenhang mit der Wiedereinbürgerung von Birkwild: Da die Hahnen sesshaft sind, kann es vorkommen, dass in Randgebieten mit recht geringen Beständen neue Gebiete nur sehr langsam besiedelt werden. In England hat man daher einen Versuch unternommen, mit Hahnen neue Balzgruppen in diesen Randzonen zu bilden. Dabei ist es wichtig, dass diese neuen Balzgruppen innerhalb der Abwanderungsentfernung der Hennen liegen. In England waren dies höchstens 10 Kilometer von den etablierten Balzplätzen in den Randgebieten. Generell sollte man das Abwanderungsverhalten bei der Begründung neuer Bestände beachten – um einen Zusammenhalt zwischen alten und neuen Vorkommen zu gewährleisten, dürfen Neuaussetzungen nur so weit entfernt sein, dass Hennen aus Randgebieten diese noch erreichen können.

„Birkhuhn“ in anderen Sprachen

Deutsch: *Birkhuhn*
im deutschsprachigen Alpenraum
auch *Spielhahn, Kleiner Hahn*
oder *Schildhahn*

Englisch: *Black grouse*
Französisch: *Tétras lyre,*
Petit coq de bruyère
Spanisch: *Gallo lira*
Italienisch: *Fagiano di monte*
Slowenisch: *Rusevec*
Niederländisch: *Korhoen*
Dänisch: *Urfugl*
Norwegisch: *Orrfugl*
Schwedisch: *Orre*
Finnisch: *Teeri*
Russisch: *Teterev*

Wissenschaftliche Bezeichnung und Systematik

Art:	Birkhuhn *(Tetrao tetrix Linné 1758* oder *Lyrurus tetrix)* *Tetrao* steht für einen hühnerartigen Vogel und *Lyrurus* bezieht sich auf die leierartig gebogenen Stoßfedern der Hahnen.
Gattung:	Tetrao
Unterfamilie:	Raufußhühner *(Tetraonidae)*
Familie:	Hühner *(Phasianidae)*
Ordnung:	Hühnervögel *(Galliformes)*

Verbreitung

Vorkommensgebiete und Unterarten

Im Gegensatz zu Auerhühnern gibt es bei Birkhühnern viel weniger auffällige Unterschiede zwischen den Vögeln verschiedener Vorkommensgebiete. Die kleinsten Hahnen leben im Südwesten Sibiriens, die größten in der Mongolei und um den Baikalsee. Die Größe der Vögel variiert in dem riesigen Verbreitungsgebiet allerdings nur gering.

Wo kommen nun Birkhühner überall vor? – Ihr Verbreitungsgebiet ist besonders groß, es reicht von Großbritannien und Norwegen sowie den Französischen Alpen bis in die Ussuri-Region nach Nordkorea und China. Man kann auch sagen: vom Atlantik über die Wälder und Waldsteppen Eurasiens bis fast an den Pazifik. Dabei dehnt sich dieser Gürtel in Asien von der Tundra bis in die kasachischen Waldsteppen und ins Altai-Gebirge aus. Am südlichen Rand des asiatischen Verbreitungsgebietes sowie in Süd- und Mitteleuropa lösen sich die Vorkommen in zahlreiche kleine Inseln auf.

Beim Birkhuhn unterscheidet man – je nachdem, welcher Einteilung man sich anschließt – sieben oder acht Unterarten. Diese bilden drei Gruppen: Die Nominatform (Hauptform) mit englischen und europäischen Vorkommen ist eine davon, die aufgesplitterten Vorkommen im südasiatischen Bereich eine zweite, und die Populationen ganz im Osten sowie um den Baikalsee und das Jenissei-Gebirge die dritte. Die Verbreitung der einzelnen Unterarten lässt sich nicht scharf abgrenzen; als Unterscheidungsmerkmale werden der weiße Flügelspiegel sowie Federfärbungen bei Hahnen aber auch Hennen herangezogen.

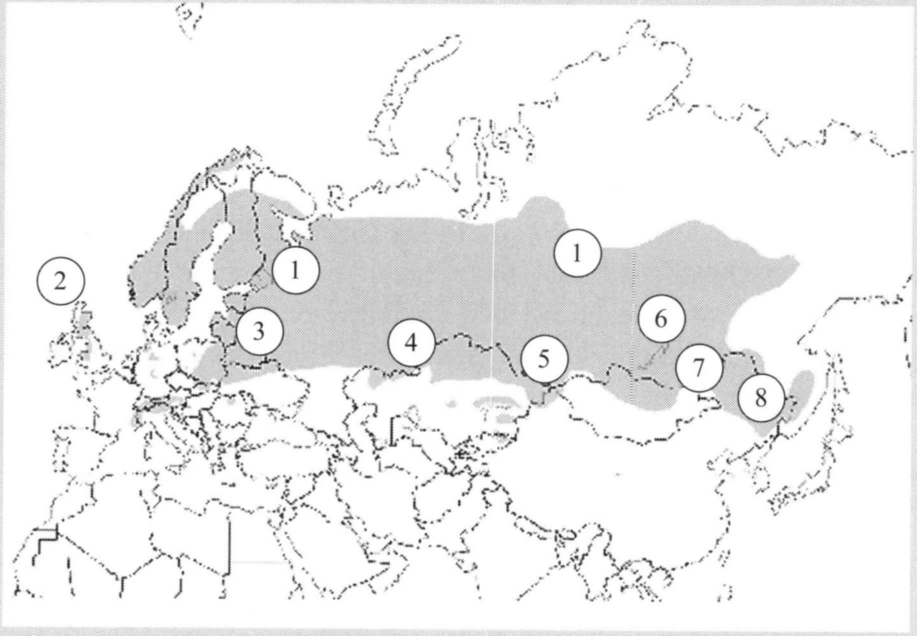

Vorkommensgebiete und Unterarten (1 bis 8) des Birkwildes.
Birkwild kommt von den Britischen Inseln über den Alpenraum und Skandinavien bis nach Nordkorea und China vor.

Unterarten

1. *Lyrurus tetrix tetrix*
   Die Haupt- oder Nominatform des Birkhuhns besiedelt den gesamten nördlichen Teil des eurasischen Verbreitungsgebietes.

2. *Lyrurus tetrix britannicus*
   Die britische Unterart ist ein Eiszeitrelikt. Die Hahnen wirken dunkler mit einem tiefen violettblauen Glanz. Auch die Hennen dieser Unterart sind etwas dunkler, ihre Färbung geht mehr ins Rötliche. Der weiße Flügelspiegel ist schmal, bereits im zweiten Alterskleid ist bei den Hahnen kein feines Wellenmuster mehr auf den Deckfedern zu finden.

3. *Lyrurus tetrix juniperorum*
   Hier gibt es Auffassungsunterschiede. Einmal werden die west- und mitteleuropäischen Vorkommen der Nominatform zugerechnet, ein andermal werden sie als eigene Unterart ausgeschieden.

Das Gefieder der Hahnen hat einen blauen Anflug. Genetische Untersuchungen zeigen, dass die Vorkommen innerhalb Europas sehr nahe miteinander verwandt sind, dass es aber bei kleinen isolierten Beständen zu Verlust an genetischer Variabilität kommt.

4. *Lyrurus tetrix viridanus*
Die Hahnen dieser Unterart tragen auch noch im dritten Alterskleid ein intensives braunes Wellenmuster auf den Deckfedern. Auch die Armschwingen enden mit einem breiten weißen Endsaum. Es sind dies Merkmale, die bei der Nominatform typisch für Jungvögel im ersten Jahr sind. Die Hennen haben einen weißen Kehlfleck und einen roten Brustlatz. Sie leben in der sibirischen Waldsteppe und in den Waldsteppen im Süden des Urals.

5. *Lyrurus tetrix mongolicus*
Die Hennen der mongolischen Unterart sind auch im Bauch- und Brustbereich gleichmäßig quer gezeichnet. Sie kommen im Tienschan-Gebirge, im russischen Altai sowie im Nordwesten der Mongolei und im Westen von Chinesisch Turkestan vor.

6. *Lyrurus tetrix jeniseensis*
Diese Unterart lebt im Süden Mittelsibiriens in der Gebirgstaiga. Bei den Hennen herrschen rote und braune Farbtöne vor.

7. *Lyrurus tetrix baikalensis*
Hier tritt das wellenförmige Muster auf den Deckfedern bei den Hahnen im zweiten Alterskleid besonders stark hervor. Diese Vögel besiedeln die Lärchentaiga und die Waldsteppe östlich des Baikalsees.

8. *Lyrurus tetrix ussuriensis*
Bei dieser Unterart treten bei den Hahnen ebenso wie bei anderen Formen im Süden des Verbreitungsgebietes mehr Grüntöne auf, der weiße Flügelspiegel ist breiter. Die Hennen sind unterseits dunkelbraun bis schwärzlich. Die Vögel leben in den Wäldern des Fernen Ostens in der Amur- und Ussuri-Region sowie in Nordostchina und Nordkorea. Das Birkhuhn erreicht aber nicht die Küste des pazifischen Ozeans.

Überblick über die Birkwildbestände in verschiedenen Ländern

Land	Rote Liste 1)	Schutzstatus 2)		Jagd 3)	Populationsgröße 4)	Gefährdung durch 5)						Schutzmaßnahmen 6)					
		VS	TS			P	L	V	B	Ü	S	Z	M	H	G	A	Ö
Belgien	x	x		--	< 50	x	x	x			x	x	x	x			x
China	x	x		W	?		x	x	x	x		x			x		
Dänemark	x			--	ausgestorben												
Deutschland	x	x	x	--	2.000	x	x	x	x		x		x	x	x	x	
Estland	x	x		--	?			x	x								
Finnland	--		x	G, R, J	800.000		x	x	x				x	x			x
Frankreich	--		x	G, J, H	20.000		x	x			x	x	x	x			x
Griechenland	--	x		W	?	x	x	x		x							
Großbritannien	x		x	G	13.400	x	x	x	x			x	x	x			x
Italien	x	x		G, J, H	20-24.000		x		x		x		x	x			
Kasachstan	--			?	?												
Kirgisien	x			?	?												
Lettland	--			?	?												
Liechtenstein	--		x	G, J, H	200		x			x		x					
Litauen	x	x		?	?												
Mongolei	?		x	?	?												
Niederlande	x	x	x	--	70	x							x	x			x
Norwegen	--		x	G, J	300.000												
Nordkorea	?			?	?												

Land	Rote Liste 1)	Schutzstatus 2)		Jagd 3)	Populationsgröße 4)	Gefährdung durch 5)						Schutzmaßnahmen 6)					
		VS	TS			P	L	V	B	Ü	S	Z	M	H	G	A	Ö
Österreich	x	x	x	G, R, J, H	26.000		x	x	x	x	x	x	x	x			x
Polen	--	x		--	3.000	x	x	x	x	x							
Rumänien	--	x		W	50-60?	x	x	x	x								
Russland	--			G	3 Mio												
Slowakei	?	x		G	?												
Slowenien	x			--	?	x	x	x	x								
Schweden	--		x	G, J	300.000												
Schweiz	--	x	x	G, R, J, H	15-22.000					x	x	x	x				
Tschechien	x	x		W	1.000?	x		x		x	x						
Ukraine	--			G, W	15.000		x	x		x							
Weißrußland	--		x	G, J, W	40-54.000		x	x				x	x	x			x

ILSE STORCH 2007

1) x = als bedroht angeführt / -- = nicht angeführt
2) VS = Vollschutz / TS = Teilschutz
3) G = gesetzlich erlaubt, W = Wilderei, R = regional eingeschränkt, J = jahreszeitlich eingeschränkt, H = nur Hahnen, -- = keine Jagd
4) geschätzte Anzahl an Vögeln im Frühjahr (Hahnen + Hennen)
5) P = geringe Populationsgröße, L = Lebensraumverlust/-zerstückelung, V = Lebensraumverschlechterung, B = Beutegreifer, Ü = Übernutzung, S = Störung durch Tourismus/Freizeitnutzung der Natur
6) Z = Zählungen, M = Monitoring, H = Habitatpflege, G = Zucht in Gefangenschaft, A = Aussetzungen, Ö = Öffentlichkeitsarbeit

Schutzstatus

Das Birkhuhn wird in der Europäischen Vogelrichtlinie (79/409/EWG) in Anhang I, II/2 und III/2 aufgelistet.

In Anhang I der Vogelrichtlinie sind die schützenswerten Arten angeführt. Für diese Vogelarten sind besondere Schutzmaßnahmen zur Erhaltung ihres Lebensraumes durchzuführen. Damit sollen Überleben und Nachwuchs im Verbreitungsgebiet gesichert werden. Im Auge hatte man dabei Vogelarten, die vom Aussterben bedroht sind, solche, die empfindlich auf Lebensraumveränderungen reagieren, kleine Insel- oder Restvorkommen, sowie jene, die ganz besondere Lebensräume besiedeln. Sowohl Lebensraumveränderungen wie auch kleine Restvorkommen sind heute beim Birkhuhn ein Thema, mit dem Wildbiologen und Naturschutzfachleute oft zu tun haben. Aus eigener Erfahrung weiß ich gerade im Zusammenhang mit dem Birkhuhn, dass die Vorschriften der Europäischen Union in der Praxis in vielen Fällen wenig Berücksichtigung finden. Besonders dann, wenn es um die Durchsetzung wirtschaftlicher und touristischer Interessen geht, laufen die Entscheidungen meist auf einen Kompromiss hinaus, bei dem Wildtiere am Ende den Kürzeren ziehen. Mit Schutzgebieten allein ist das langfristige Überleben dieser Arten aber nicht gewährleistet.

In Anhang II der Vogelrichtlinie findet man jene Arten, auf welche die Jagd erlaubt ist. In Teil 1 dieses Anhangs stehen jene Arten, die in allen Mitgliedstaaten der Europäischen Union bejagt werden dürfen, in Teil 2 jene, die nur in bestimmten Ländern für die Jagd freigegeben sind.

Anhang III regelt Verkauf und Transport.

Die Berner Konvention listet das Birkhuhn in ihrem Appendix III auf. Die Berner Konvention ist eine europäische Vereinbarung für den Schutz und die Erhaltung der Tiere und Pflanzen sowie der natürlichen Lebensräume. In dem Abkommen aus dem Jahr 1979 geht es vor allem um Arten und Lebensräume, deren Erhaltung der Zusammenarbeit mehrerer Staaten bedarf. Im Anhang gibt es drei Artenlisten. Birkwild kommt in Appendix III vor. Dort wird festgelegt, wie die Nutzung von Tierarten geregelt sein soll, damit diese nicht gefährdet werden. Es geht um Schonzeiten, gänzliches Nutzungsverbot sowie vor allem wieder um Kauf und Handel mit Tieren. Um dies zu kontrollieren ist eben die Zusammenarbeit zwischen den Staaten notwendig.

Von Naturschutz-Experten wird das Birkhuhn in Europa als „vulnerable" eingestuft. Das heißt nicht, dass die Art gefährdet ist, aber dass sie „verwundbar“ ist – Berichte sowie Verordnungen oder Gesetzestexte werden in der Europäischen Union häufig in Englisch erarbeitet, die deutschen Übersetzungen treffen dann nicht immer den Kern der ursprünglichen Formulierung. Auch die Welt-Naturschutz-Organisation IUCN stuft das Birkhuhn unter „lower risk“ (least concern) ein, also als „nicht gefährdet“, was vor allem auf das riesige Verbreitungsgebiet dieses Hühnervogels zurückzuführen ist, das auf eine Gesamtfläche von 10 Millionen Quadratkilometer geschätzt wird. Den europäischen Bestand gibt man mit 5,1 bis 6,4 Millionen Vögeln an. Dennoch wird das Birkhuhn in vielen west- und mitteleuropäischen Ländern in den Roten Listen der gefährdeten Tierarten geführt. Wie steht es nun aber wirklich um das Birkhuhn in Europa? Sehen wir uns einfach ein paar europäische Länder an, um ein genaueres Bild zu erhalten.

Bestandessituation in Mitteleuropa

In Europa zersplittern die Vorkommen in viele Teile. Die größten zusammenhängenden Verbreitungsgebiete liegen im Norden und Nordosten. In Mitteleuropa beherbergen die Alpen das wichtigste und größte Kerngebiet. Im Süden soll es noch kleine Restvorkommen geben, allerdings sind die Angaben aus Griechenland und Montenegro wenig genau und zum Teil widersprüchlich. Im Osten ist Birkwild in den Karpaten beheimatet. In den Pyrenäen und auf dem Apennin fehlt es. Auch wenn es in weiten Teilen Europas noch gute Bestände gibt, ist der langfristige Trend rückläufig. Birkhuhnbestände schwanken zwar auch von Natur aus, und die Vögel sind in der Lage, solche Schwankungen auszugleichen sowie neue Lebensräume rasch zu besiedeln, aber vor allem die ehemaligen mitteleuropäischen Tieflagenvorkommen sind heute zum Großteil verschwunden oder stark gefährdet. Die Bestandeseinbrüche erfolgten häufig durch den Verlust von Moor- und Heidegebieten, also durch Lebensraumzerstörung. Oft war dies bereits in den 1920er- und 1930er-Jahren der Fall. Der Vorgang lief wie folgt ab: Zuerst fielen die Bestandeszahlen stark ab. Danach pendelten sich die Vorkommen auf sehr viel niedrigerem Niveau etwas ein. Manche erholten sich sogar, erreichten jedoch nie wieder die frühere Höhe. Danach setzte meist ein kontinuierlicher Rückgang ein. Die Vorkommen brachen auseinander, es blieben verinselte und voneinander isolierte Restbestände zurück. Diese zahlenmäßig stark geschrumpften Bestände waren dann nicht mehr in der Lage, zusätzliche Störeinflüsse zu verkraften beziehungsweise auszugleichen. Schlussendlich kamen durch die Isolierung kleiner Vorkommen auch genetische Auswirkungen zum Tragen. – Einige isolierte Restvorkommen sind heute so weit zusammengeschrumpft, dass sie kaum Überlebenschancen haben.

Dänemark und weite Teile Norddeutschlands sind typische Beispiele für diesen Entwicklungsverlauf. In Dänemark gab es im vergangenen Jahrhundert dramatische Bestandeseinbrüche. 1942 ging man immerhin noch von rund 2.400 Birkhühnern aus, 1966 war die Zahl auf 1.100 gefallen, 1973 waren es noch 400 Vögel, 1978 etwa 100, und im Jahr 1999 ist die dänische Population erloschen. In prähistorischer Zeit war das Birkwild über weite Teile dieses Landes verbreitet, später trug die Heidewirtschaft in Jütland wesentlich zur Erhaltung des Birkhuhns bei. Dasselbe gilt für Friesland, Teile der Niederlande und Norddeutschlands. Um 1850 gab es in Dänemark noch rund 1,1 Millionen Hektar Heide, heute bedecken Nadelwälder den größten Teil dieser ehemaligen Lebensräume, und die Heidewirtschaft wurde aufgegeben. Vorübergehende Schutzmaßnahmen und Totalschonung erbrachten zwischendurch eine Verbesserung in den 1940er-Jahren; danach verlief die Entwicklung wie oben dokumentiert.

Auch in Deutschland sind fast alle Tieflagenvorkommen – ebenso wie jene in Mittelgebirgslagen – verschwunden oder zumindest stark gefährdet. Aufforstungen von Heideflächen sowie die Entwässerung und Kultivierung von Mooren sind hauptsächliche Gründe dafür. Was sich hier an Veränderung ergeben hat, lässt sich aus einem Vergleich mit den ehemaligen Verbreitungsgebieten herleiten. Fuschlberger bringt im „Hahnenbuch“ eine Verbreitungskarte des Birkwildes in Deutschland. Die Kartierung zeigt den dramatischen Verlust an Vorkommensgebieten von 1931 bis 1954. Schon damals wird deutlich, dass nennenswerte Bestände in den Tieflagen nur in Niedersachsen fortbestehen werden. Niedersachsen war ehemals das an Mooren reichste Land der Bundesrepublik, es hat auch die größten Birkwildvorkommen in Tieflagen beherbergt. Tatsächlich gibt es in Niedersachsen heute noch den größten Birkhuhnbestand Deutschlands außerhalb der Alpen.

Tobias Ludwig hat die Entwicklung der Birkhuhnpopulation von Niedersachsen eingehend studiert. Aus alten Aufzeichnungen geht hervor, dass es um 1950 im gesamten Bundesland noch etwa 8.000 Birkhühner gab. Obwohl die Bestände zu dieser Zeit bereits abnahmen, kommt er aber zu dem Schluss, dass hundert Jahre davor die Anzahl geringer oder etwa gleich hoch gewesen sei. Die Nachforschungen ergaben, dass ab 1850 die

Bestände ständig anstiegen und das Verbreitungsgebiet laufend erweitert wurde. Zurückzuführen ist dies mit sehr großer Wahrscheinlichkeit auf die nachlassende Intensität der Heidewirtschaft. Die starke Beweidung durch Schafe nahm ab, ebenso das Brennen der Heide wie auch die Entwässerung der Moore. Dadurch wurde vorübergehend neuer Lebensraum für das Birkhuhn frei. Hier dürfte besonders der Wechsel zwischen bewirtschafteten Heideflächen und solchen, die sich selbst überlassen wurden, ein günstiges Lebensraummosaik für Birkwild dargestellt haben. Dies dauerte bis in die 1920er-Jahre, wo der Populationsanstieg mit einer Zahl von

Birkhuhnbestand in Niedersachsen 1950 und 2008

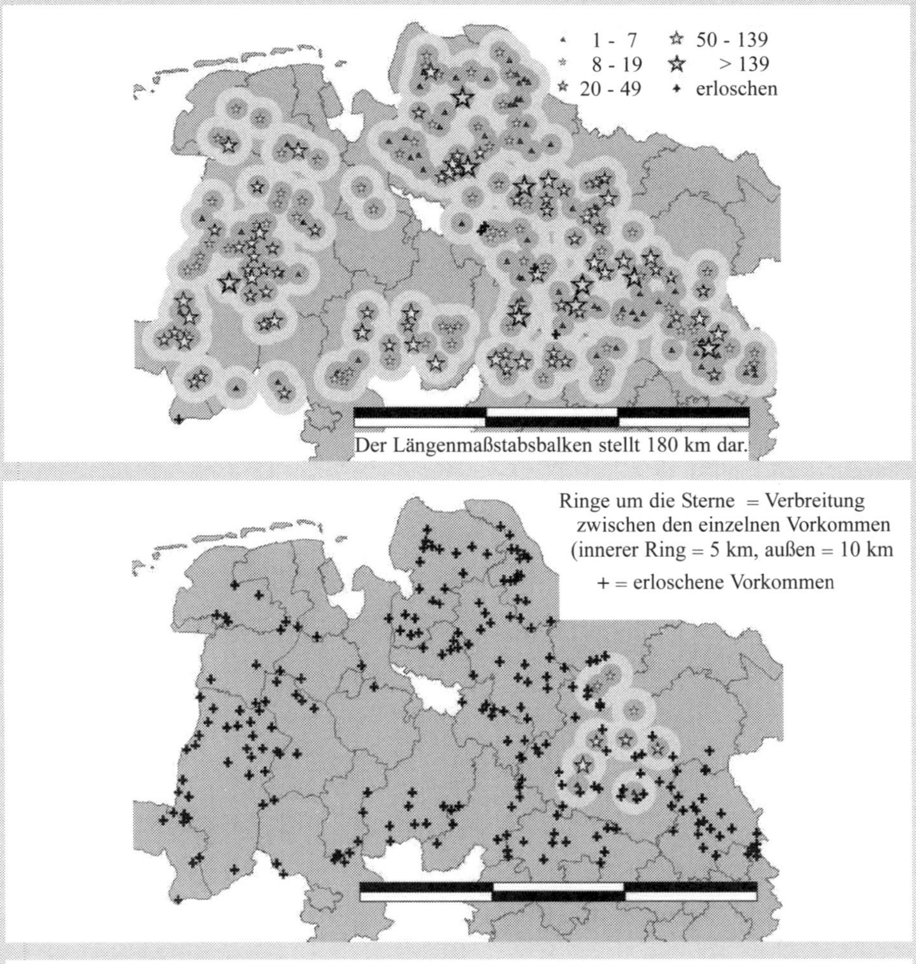

Birkhuhnbestand in Niedersachsen 1950 (oben) und 2008 (unten).
Der Bestand sank von 8.000 Vögeln auf 200 ab.

TOBIAS LUDWIG 2005

mindestens 15.000 Vögeln den Höhepunkt erreichte. Von da an sanken die Bestände bis auf heute rund 200 Hühner im östlichen Teil Niedersachsens ab. Schuld daran waren zunächst die vollkommene Aufgabe der Heidewirtschaft sowie großflächige Aufforstungen. Beides führte in der ersten Hälfte des 20. Jahrhunderts zum stetigen Rückgang und Erlöschen vieler Vorkommen. Intensive Moornutzung und Landwirtschaft beschleunigten diese Entwicklung in der zweiten Hälfte des vergangenen Jahrhunderts dann dramatisch. Wohl niemand hätte gedacht, dass die Vorkommen auf kleine Reste zusammenschrumpfen würden. Mittlerweile beherbergt die Lüneburger Heide im norddeutschen Tiefland nur mehr 50 Hahnen, wobei es hier in den letzten Jahren sogar zu einer Zunahme gekommen ist; vor zehn Jahren waren es nur noch 10 Stück gewesen. In der Langen Rhön sackte der Bestand von rund 30 Hahnen im Jahr 2003 auf 9 bis 10 im Frühjahr 2007 ab. Die Herbstzählung im selben Jahr erbrachte annähernd dasselbe Ergebnis und wurde als historischer Tiefpunkt verzeichnet. Die Zahlen belegen anschaulich, wie kritisch die Lage in diesen letzten Vorkommensgebieten ist. Auch im Dreiländereck von Brandenburg, Polen und Sachsen waren Birkhühner ehemals weit verbreitet, heute sind die Vorkommen auf wenige Vögel und einen kleinen Bestand im sächsischen Teil der Muskauer Heide zusammengeschrumpft. Die größten Bestände Deutschlands gibt es noch in den Bayerischen Alpen. Derzeit leben dort rund 3.000 Birkhühner, verteilt auf letzte inselartige Vorkommen.

Das Birkhuhn steht in Deutschland auf der Roten Liste der gefährdeten Tierarten und wird dort als vom Aussterben bedroht eingestuft. Dies gilt auch für die Niederlande und Belgien. In Frankreich und in der Schweiz wird es in der Vorwarnliste geführt. Es ließen sich viele Beispiele für dramatische Rückgänge anführen, ich möchte anschließend noch etwas näher auf die ehemals ausgedehnten polnischen und britischen beziehungsweise schottischen Vorkommen eingehen. Es geht hier vor allem darum, zu zeigen, wie rasch Bestände zusammenbrechen und schließlich verschwinden können. Am Beispiel Dänemark haben wir dies bereits gesehen, in den Niederlanden zeichnet sich eine ähnliche Entwicklung ab. Dort haben sich die Vorkommen zu Beginn der 1950er-Jahre wieder etwas erholt und sind auf rund 6.000 Birkhühner angestiegen. Von diesem Stand sank die Zahl auf 900 Stück im Jahr 1976 und schließlich gegen Ende der 1990er-Jahre auf einen Bestand von 20 bis 30 Hahnen in nur mehr einem Gebiet.

Weitere Beispiele vervollständigen zwar einerseits das Bild, anderseits verändert es sich aber im Grunde nicht mehr. In Polen zeigt sich abermals, wie rasant die Talfahrt gehen kann: Innerhalb der letzten 30 Jahre haben die ehemals ausgedehnten polnischen Tieflagenvorkommen um 95 Prozent abgenommen! In Zahlen: Die Bestände sind in dieser Zeit von ungefähr 40.000 Vögel auf 2.000–2.500 abgefallen. Man bemüht sich intensiv, die Talfahrt zu stoppen. Lediglich im Sudetengebirge im Südwesten von Polen gab es in den letzten Jahren eine leichte Erholung.

Bevor wir uns Österreich genauer ansehen, hier noch eine kurze Schilderung der Lage in Großbritannien. (Für jene Länder, die hier nicht näher beschrieben werden, gibt die ein paar Seiten weiter vorn stehende Tabelle „Übersicht über Birkwildbestände in verschiedenen Ländern" Auskunft.) Im 19. Jahrhundert lebte noch in jedem britischen County Birkwild. Im Jahr 1990 gab man für das United Kingdom einen Bestand von 25.000 Hahnen an, fünfzehn Jahre später nur mehr etwa 5.000. Schottland beherbergt heute noch die größten Bestände. Hier war der Rückgang aber am stärksten, vor allem im Süden des Landes. Im Jahr 2005 werden in Schottland noch etwa 3.300 Hahnen bestätigt. Im selben Jahr sind es in England nur mehr rund 1.500 und in Wales 200. Als Hauptursachen für den Rückgang in Großbritannien nimmt man an: Aufforstungen, Überweidung, Schutzzäune gegen Rotwild und Weidevieh sowie hoher Druck durch Raubfeinde.

Das Birkhuhn wird in allen Roten Listen Mitteleuropas als gefährdeter beziehungsweise vom Aussterben bedrohter Brutvogel geführt. Mehr als 90 Prozent der europäischen Birkhuhnpopulation soll mittlerweile in Russland vorkommen. Man muss hier mit Zahlenangaben aber vorsichtig sein. Der Deutsche Naturschutzbund gibt 2008 auf seiner Homepage an, dass in Mitteleuropa noch etwa 25.000 Hennen brüten, davon über 80 Prozent in der Schweiz und in Österreich. Setzt man diese Angabe in Vergleich zu den österreichischen Zählungen, dann erscheint die Schätzung der deutschen Naturschützer als deutlich zu niedrig.

Die Birkwild-Kerngebiete Österreichs liegen in den Alpen. Zählungen der Landesjagdverbände in den Jahren 2005 und 2006 erbrachten für die Länder Niederösterreich, Steiermark, Kärnten und Tirol 18.591 Hahnen auf 5.855 Balzplätzen. Das sind im Durchschnitt 3,18 Hahnen je Balzplatz, wobei einzeln balzende Hahnen mit einbezogen sind. Die Gesamtzahl ist insofern unvollständig, als ein wichtiges Bundesland mit guten Birkhuhnbeständen hier fehlt – Salzburg! Ebenso fehlen Vorarlberg und Oberösterreich. Schätzt man die Bestände dieser drei Bundesländer vorsichtig an, so dürften hier mindestens noch einmal etwa 6.000 bis 7.000

Hahnen dazukommen. Der Gesamtbestand liegt in Österreich also bei etwa 25.000 meldenden Hahnen. Ausgehend von einem Geschlechterverhältnis von 1 : 1 ergibt dies insgesamt in etwa 50.000 Birkhühner. Dies bezieht sich auf die Vorkommen in den österreichischen Alpen.

In den Tieflagen verlief die Entwicklung in Österreich ähnlich wie in anderen europäischen Ländern. Einzig in Nieder- und Oberösterreich gibt es nördlich der Donau Birkhuhn-Vorkommen außerhalb der Alpen. Diese Bestände in der Böhmischen Masse sind aber bereits sehr stark zusammengeschrumpft. Um 1930 erstreckten sich die Vorkommen noch bis zum Donautal. Heute gibt es nur noch Überreste, den wichtigsten beherbergt der Truppenübungsplatz Allentsteig im nördlichen Waldviertel. Ein zweiter Restbestand lebt im Grenzbereich zwischen Mühl- und Waldviertel, ungefähr 50 Vögel.

Deutliche Rückgänge hat es in Österreich in den letzten Jahrzehnten in den Mittelgebirgen gegeben. Vor allem in der Steiermark haben sich die Bestände am Ostrand der Alpen verringert, weil sich die Alm- und Landwirtschaft verändert hat, Almen zugewachsen sind, Wald/Weide-Trennung durchgeführt wurde und der Druck durch den Tourismus zunimmt.

„Meta-Population“ – die andere Dimension

Der Begriff der „Meta-Population“ ist für einen Nichtwissenschafter nur schwer zu erfassen. Trotzdem brauchen wir ihn hier. Es geht dabei um die übergeordnete Sicht, welche die Bestände beziehungsweise Populationen großflächig zusammenfasst.

Entscheidend ist, dass die einzelnen Birkwild-Vorkommen miteinander in Verbindung stehen. Dies ist einerseits wichtig für den genetischen Austausch, anderseits unterteilt man die einzelnen Populationen in so genannte „Source“-Bestände und „Sink“-Bestände. Das heißt: Es gibt gute „Quell“-Gebiete, von denen der Überschuss an Jungvögeln abwandern kann, und weniger gute „Sink“-Gebiete, deren Fortbestand wiederum von diesem Überschuss abhängt.

Viele der angeführten Beispiele aus Mitteleuropa zeigen, dass der Zusammenbruch von Meta-Populationen in der Vergangenheit zu wenig beachtet wurde. Wenn die einzelnen Bestände keinen Kontakt mehr untereinander haben und in kleine Restvorkommen auseinander brechen, dann verläuft großflächig der Rückgang meist rasch und drastisch. Innerhalb von zwei bis drei Jahrzehnten kann ein Gesamtvorkommen von einigen tausend Vögeln auf wenige Dutzend zusammenschrumpfen! Wichtig ist dabei, dass man im Kopf behält: Der Rückgang von Tierbeständen verläuft nicht gleichmäßig. Als Faustregel gilt, dass es ab einem Lebensraumverlust von etwa 70 Prozent einen steilen Abfall gibt. Wenn also nur noch etwa ein Viertel vorhanden ist, dann geht die weitere Abnahme dramatisch schnell vor sich.

Mit Tobias Ludwigs Analyse für Niedersachsen haben wir uns bereits beschäftigt. Aus seinen Unterlagen wird auch ersichtlich, dass der Rückgang je nach Lebensraum – Heide, Moor oder Sumpf- und Marschland – verschieden verläuft. Genauere Daten gibt es seit den 1950er-Jahren. Nimmt man alle drei Lebenraumtypen zusammen, dann ging das Birkwild dort drei Jahrzehnte lang annähernd gleichmäßig zurück. Dann aber, von den 1970er- auf die 1980er-Jahre, folgt plötzlich ein steiler Abfall von 141 Teilbeständen auf nur mehr 48 Teilbestände. Ludwigs Karten lassen erkennen, wie und wo das gesamte Verbreitungsgebiet in immer kleinere Inseln auseinander gebrochen ist. Vorkommen in Heidegebieten haben sich länger gehalten als jene in Marsch- oder Moorgebieten. Ludwig führt dies darauf zurück, dass die Heide für die moderne Landwirtschaft wenig interessant war und dass dort der Waldanteil höher ist, während viele Moor- und Marschgebiete in intensiv bewirtschaftete Landwirtschaftsflächen mit nur geringem Waldanteil umgewandelt worden sind.

Nimmt man die Alpen, welche noch das größte geschlossene Birkhuhn-Vorkommen in Mitteleuropa beherbergen, dann gibt es hier einen Vorteil. Birkhühner sind in der Lage, auch große inneralpine Täler zu überqueren. Fünf bis sechs Kilometer Luftlinie sind für die Vögel kein Problem. Selbst größere Täler stellen also keine Barriere dar. Im Waldgrenzbereich und in den darüber liegenden Almregionen gibt es noch viele Lebensräume mit gut geeigneten Strukturen. Das Netz von Lebensräumen im Waldgrenzbereich hängt also fast zusammen, lange Zeit hat der Mensch diese Gebiete über die Almwirtschaft sogar für das Birkhuhn verbessert. In den letzten zwei bis drei Jahrzehnten wurden aber viele dieser Lebensräume gravierend verändert. Winter- und Sommertourismus spielen dabei sicher die Hauptrolle, es werden mehr und mehr technische Bauwerke errichtet, daneben ändert sich auch die Almwirtschaft selbst, die Waldgrenze steigt, und diese Lebensräume werden immer weiter erschlossen. Untersuchungen belegen, dass der Nachwuchs in stark vom Menschen genutzten Gebieten deutlich geringer ausfällt als in ungestörten Bereichen. Es gibt auch zunehmend Beispiele, wo die Birkwildbestände auf bestimmten

Bergrücken bereits stark abgenommen haben oder verschwunden sind. Damit entstehen die erwähnten Lücken in der Meta-Population.

Um zumindest theoretisch zu verdeutlichen, um welche Dimensionen es bei der Meta-Population geht, nun ein Beispiel aus Frankreich, wo die Raufußhuhnforschung in den letzten Jahrzehnten intensiv und auch sehr erfolgreich betrieben wurde. Gerade in Bezug auf das Birkwild in den Alpen verdanken wir den Franzosen interessante Ergebnisse. Experten des französischen Jagdamtes haben berechnet, dass es einen Bestand von rund 4.000 Birkhennen braucht, damit die Population in den Französischen Alpen in den nächsten hundert Jahren weiterbesteht, wobei zugrunde gelegt wird, dass der Bestand – dem derzeitigen Trend entsprechend – ein wenig abnimmt. Will man berechnen, welche Fläche diese Population braucht, dann muss man einerseits beachten, dass es zwischen den Vorkommen der einzelnen Gebirgsstöcke Verbindungen gibt, und dass die einzelnen Vorkommen nicht zu klein werden dürfen, weil sie sonst erlöschen. Ellison hat schon Mitte der 1980er-Jahre gezeigt, dass ein kleines, längerfristig überlebensfähiges Vorkommen wenigstens aus 60 Hennen bestehen sollte. Diese würden in den französischen Alpen ein Streifgebiet von 2.000 bis 6.000 Hektar benötigen. Saisonale Wanderungen bis zu 9 Kilometer zwischen Sommer- und Winterlebensraum sind in Frankreich häufig. Damit die Verbindung zwischen zwei Vorkommen nicht abreißt, sollten diese nicht weiter voneinander entfernt liegen. Berücksichtigt man dies, dann sind die gesamten inneren Alpen Frankreichs und sogar ein Teil der Voralpen notwendig für ein langfristiges Überleben der Alpenpopulation. Dies ergibt eine Fläche von 6.258 Quadratkilometer (625.800 Hektar). Auf dieser Fläche leben derzeit etwa 6.700 erwachsene Hennen beziehungsweise rund drei Viertel der gesamten Population der französischen Alpen. Für die langfristige Erhaltung des Birkhuhns heißt dies, dass zumindest theoretisch vom derzeitigen Lebensraum in den inneren Alpen nichts verloren gehen sollte!

Maßnahmen zur Lebensraumverbesserung können immer nur auf kleiner Fläche vor Ort im Revier ansetzen, dabei sollte aber der Blick aufs Ganze – auf die Meta-Population – nie verloren gehen. Sehen wir uns nun an, welche Lebensräume das Birkwild von Natur aus besiedelt und welche ihm der Mensch geschaffen hat.

Lebensraum

(K)ein Waldvogel

Zwar zählt das Birkhuhn zu den Waldhühnern, es lebt aber eigentlich dort, wo der Wald allmählich aufhört – oder anfängt; man kann es formulieren, wie man möchte. Birkhühner besiedeln genau jene Zone, wo der Wald sehr licht wird, sich auflöst und dann in die offene Landschaft übergeht. Bereits im Auerwildbuch habe ich Waldentwicklung und Waldregionen in Europa beschrieben. Für ein umfassendes Verständnis war das wichtig, weil es die nächsten Verwandten der Birkhühner ohne Wald nicht geben würde. Wenn wir das Birkhuhn als Waldvogel bezeichnen, dann stoßen unsere heutigen Vorstellungen von Wald allerdings an Grenzen. Der Vogel ist aber vielleicht gerade deshalb gut geeignet, um unser Verständnis von Wald zu erweitern. Zum einen, weil er ein riesiges Verbreitungsgebiet hat, zum andern, weil er uns immer wieder auf die besonders artenreichen Pionier- und Sukzessionsstadien am Anfang einer Waldentwicklung hinweist – wir lassen diese heute ebenso wie die Alters- und Zerfallsphasen fast nirgends mehr zu – und weil es uns zeigt, dass es zwischen Wald und Freiland einen sehr wichtigen, besonders artenreichen Übergangsbereich gibt. Wirtschaftlich gesehen sind gerade diese Übergangsflächen heute wenig wert. Einerseits gibt es keine Verwendung dafür, anderseits bringt man sie bürokratisch und technisch schwer in Griff, sie lassen sich in keine Schublade stecken, sind schwierig zu verwalten und werfen keinen Profit ab. In der Vergangenheit hat aber gerade der Mensch durch seine Landnutzung viele dieser fließenden Übergänge selbst gestaltet – die extensive Weidewirtschaft ist ein Beispiel dafür. Heute ist kaum mehr Platz für Zwischenzonen: Hier ist Wald, dort Wiese oder Ackerland. Beides soll höchste Erträge liefern. Für viele Tier- und Pflanzenarten wird es aber erst interessant, wenn wir uns schwer tun mit der Zuordnung von Landschaftstypen.

Geht es um Lebensräume europäischer Wildarten, dann sollte man sich vor Augen halten, dass viele dieser Tierarten im mittleren Pliozän und im angehenden Pleistozän entstanden sind. Im erstgenannten Erdzeitalter ist es zunächst einmal vor ungefähr 5 Millionen Jahren zur langsamen Klimaabkühlung gekommen, und danach haben im Pleistozän vor rund 1,6 Millionen Jahren Eiszeiten und Warmzeiten zu wechseln begonnen. Das hatte Auswirkungen auf die Wälder. Mit zunehmender Abkühlung wurde der Wald offener, lichter und lückiger, es entstanden Waldsteppen, wie wir sie heute vielfach noch in Innerasien finden, gleichzeitig sind Nadelhölzer weiter vorgedrungen. Gerade diese Lebensraumveränderungen haben zur Entstehung von neuen Tierarten geführt. Viele davon gibt es noch heute – dazu zählen Raufußhühner ebenso wie eine Reihe von Huftieren –, zum Beispiel Reh, Rotwild, Elch und Wisent oder auch deren Raubfeinde. Auf den Punkt gebracht: Viele unserer heutigen Wildtiere sind erst aufgetaucht oder haben sich entwickelt, als die Wälder licht und lückig geworden sind. Sie besetzen genau jene Nischen, die wir heute immer weniger vorfinden oder zulassen wollen. Damit sind wiederum Probleme verbunden – entweder weil diese Arten aussterben oder weil sie unseren Wirtschaftszielen schaden oder die natürliche Waldentwicklung hemmen.

In diesem Zusammenhang prallen immer wieder die Meinungen von Forstleuten und von Naturschützern aufeinander. Letztere messen großen Pflanzenfressern bei der Erstellung von Zielen und Leitbildern im Naturschutz zunehmend größere Bedeutung bei. Sie spielen damit auf den Lebensraum gestaltenden Einfluss dieser großen Pflanzenfresser an. Auerochs, Wildpferd, Wisent oder Elch sind erst in historischer Zeit aus Mitteleuropa verschwunden; es ist anzunehmen, dass sie Einfluss auf Waldentwicklung und Landschaftsbild ausübten. In den Augen von Forstleuten macht man damit den Bock zum Gärtner – Tiere gestalten die Landschaft. Der deutsche Forstmann Georg Sperber meint dazu:

> Waldsavannen-Schwärmer möchten uns heute einreden, der offene Weidewald sei bei uns die natürliche Vegetationsform gewesen, ehe unsere so überaus tüchtigen, aus Afrika kommenden Vorfahren die großen Pflanzenfresser, die Megaherbivoren, kurzerhand ausgerottet hatten. Und so möchten sie heute den lichten Hutewald, den lieblichen Ort des Naturschutzes von gestern, mit Schalenwildhege und Beweidung neu entstehen lassen.

Nun, die Wahrheit liegt in der Mitte – wie so oft. Kultur und Natur schließen sich nicht gegenseitig aus, sie sind als Möglichkeiten ineinander gelegt. Es ist klar, dass große Pflanzenfresser in geschlossenen Eichen- und Buchenwäldern mit Ausnahme der Mast wenig Nahrung finden. Doch auch wenn diese Waldformen in großen Teilen Westeuropas von Natur aus überwiegen würden, je nach Standort gäbe es dennoch ein Mosaik verschiedener Waldgesellschaften und Altersstadien. Darauf kommen wir später noch; sehen wir uns vorerst aber einmal die „Waldsavannen" ein wenig näher an und blicken dabei weit nach Osten.

Blick über den Tellerrand: Sibirien & Co

Europa ist das westliche Fünftel der eurasischen Landmasse. Wenn wir uns im deutschsprachigen Raum über Europa unterhalten, dann haben wir in der Regel vor allem West- und Mitteleuropa vor Augen. Der Name „Europa" stammt aus dem Griechischen und ist aus zwei Wortteilen zusammengesetzt – eurýs „weit" und óps „Sicht" oder „Gesicht". Er kann also als „die mit der weiten Sicht" umschrieben werden. Lassen wir uns also auf eine etwas weitere Sichtweise ein und schauen wir mit den Birkhühnern einmal etwas über den mitteleuropäischen Tellerrand hinaus.

Birkhühner bewohnen Wälder Eurasiens vom Norden, wo die Taiga in die Tundra übergeht, bis in den Süden, wo Waldsteppen in Europa und Zentralasien an Graslandschaften und Halbwüsten grenzen. Der überwiegende Teil entfällt auf Sibirien. Dieses Waldland erstreckt sich vom Ural bis zum Pazifik. Es ist der größte Waldgürtel der Erde – meist borealer Nadelwald mit oft nur wenigen Laubbäumen wie Birke und Aspe. Auch wenn viele der Birkhuhn-Vorkommen in Mitteleuropa nicht an die Birke gebunden sind, im weit überwiegenden Teil des riesigen Verbreitungsgebietes passt der Name „Birkhuhn" sehr genau. In manchen Gegenden ist diese Baumart sogar der wichtigste begrenzende Faktor.

Sibirien – die Grenzen dieses Landstriches sind nicht eindeutig; es gibt Unterschiede zwischen der politischen, geografischen und historischen Einteilung. Die Flächengröße des Landes ist unvorstellbar: 9,6 Millionen Quadratkilometer! Diesen Raum kann man in vier Bereiche gliedern:

> Der Ural trennt Europa von Asien. Geht man von diesem Gebirgszug nach Osten, dann taucht man in das „Westsibirische Tiefland" ein. Es erstreckt sich zwischen Ural und dem Fluss Jenissej. Hier dominiert die Dunkelnadel-Taiga mit Fichte, Tanne und Zirbe. Die westsibirische Taiga ist ein gering besiedeltes, riesiges Regenmoorgebiet. Der Wald ist hier oft nur inselartig zwischen den Mooren und Moorseen verteilt, oder er dehnt sich vor allem entlang von gut entwässerten Flusstälern mit weniger Staunässe aus. Das Birkhuhn besiedelt hier vor allem die Übergangszonen zwischen Wald und Moor.

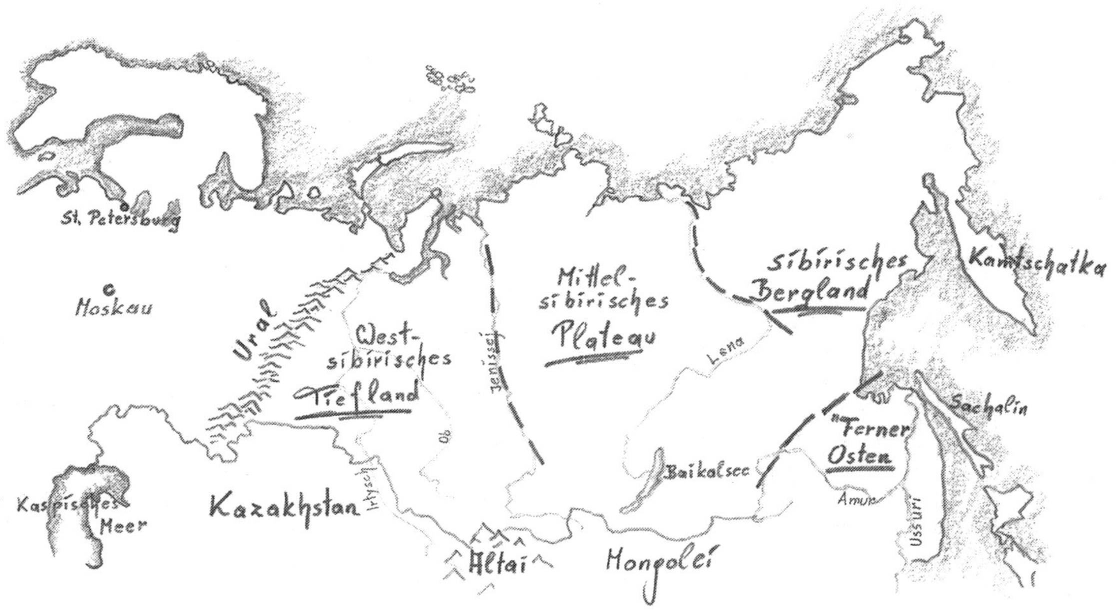

Anschließend an das Tiefland folgt das höher gelegene „Mittelsibirische Plateau", das etwa bis zu den Flüssen Lena und Aldan reicht. Hier überwiegen lichte Taigawälder mit viel Lärche. Sie werden immer wieder von steppenartigen Grasfluren unterbrochen, im Süden kommen auch mehr und mehr Laubhölzer dazu. Selbst in den südlichen Steppenzonen kommt das Birkhuhn vor, vorausgesetzt es gibt Waldinseln oder flussbegleitende Waldstreifen.

Im Nordosten liegt das „Sibirische Bergland" mit Gebirgen bis über 3.000 Meter. Dort sind die kältesten bewohnten Gebiete der Erde. In diesem Teil fehlt das Birkhuhn. Auch hier herrschen lichte Lärchenwälder oder Lärchen-Kiefernwälder vor. Die Verbreitungsgrenze des Birkwildes geht in etwa mit jener von Fichte und Kiefer einher, die reine Lärchen-Taiga besiedelt diese Wildart nicht mehr.

Begrenzt wird Sibirien durch den so genannten „Fernen Osten", der bis zum Pazifik reicht. Im südlichen Teil tritt abermals besonders die Lärche in Erscheinung – hier tauchen auch die Birkhühner wieder auf. Östlich des Amur fehlt das Birkhuhn weitgehend. In der Region um den Ussuri kommt es in gering bewaldeten Gebieten, meist am Unterlauf der Flüsse, oder in landwirtschaftlich genutzten Bereichen vor. Neben Mischwäldern mit Birken, Aspen, Weiden und einzelnen Lärchen bewohnen die Vögel auch Kahlschläge oder Jungwuchsflächen mit Birken- und Eichenverjüngung. Bis ganz an den Pazifik kommt das Birkhuhn allerdings nicht.

Im Süden reichen die Birkwildvorkommen anschließend an Sibirien bis in das Altai-Gebirge und sogar noch weiter in den Tienschan. Hier besiedeln sie Wald-Wiesensteppen und wildobstreiche Laubwälder, darunter Apfelwälder mit Wildrosen und Weißdornsträuchern. In den parkartigen lockeren Bergwäldern mit Tienschan-Fichten kommen die Vögel sogar bis auf fast 3.000 Meter Seehöhe vor. Im Kaukasus lebt das Kaukasus-Birkhuhn. Dieses ist eine eigenständige Art.

Viele dieser lichten Waldsteppen in dem stark kontinental geprägten Klima entsprechen mit großer Wahrscheinlichkeit noch heute jenen Waldbildern, wo sich das Birkhuhn ursprünglich entwickelt hat. Tatsächlich gibt es die höchsten Bestandesdichten im Süden der Waldsteppen Sibiriens und auch Osteuropas. Weder die Verteilung, noch die Bestandeshöhe dieser Raufußhuhnart sind aber konstant. Gerade russische Ornithologen berichten über starke Bestandesschwankungen und die ungleichmäßige Verbreitung dieser Vogelart. Birkhühner sind mobil und können neu entstandene Lebensräume rasch besiedeln. Geht man nach Nordeuropa sowie nach Osten und in das Baltikum, dann tauchen immer wieder die gleichen Bilder von Lebensräumen auf: Kiefernwälder mit Birke, mit Pappel oder Eberesche, viele Zwergsträucher, weite baumlose Moore, zunehmend auch landwirtschaftlich genutzte Flächen, Feuchtwiesen und Niedermoore mit Birken und Weiden, wie etwa in der Biebrza-Niederung im Nordosten Polens. Im Norden Europas, wie auch in den ausgeprägt kontinentalen Klimazonen Innerasiens, wo die Winter sehr kalt sind, ist eine geschlossene Schneedecke ein wichtiger zusätzlicher Faktor, damit die Vögel sich in Schneehöhlen vor strengem Frost schützen können. In Teilen des riesigen Areals ziehen die Hühner auch zwischen Sommer- und Überwinterungsgebieten.

Mittel- und Westeuropa

Westeuropa ist stark atlantischem Klimaeinfluss ausgesetzt. Neben häufigen Regenfällen bedeutet dies auch, dass es hier wärmer ist als in vergleichbaren geographischen Breiten. Verantwortlich dafür ist der warme Golfstrom. Alles in allem also: günstige Voraussetzungen für ein Waldland. Diese Wälder hätten aber von Natur aus wenig mit jenen Waldlandschaften gemein, die gerade zuvor beschrieben worden sind. Zwischen Atlantischem Ozean und Karpatenbogen würde von Natur aus die Rotbuche dominieren, in Tieflagen Eichen-Hainbuchen-Wälder, im Mittelgebirge Tanne und Buche. Wer sich in lichten, nadelholzdurchsetzten, oft parkartigen Wäldern und Waldsteppen wohl fühlt, findet hier also nicht unbedingt optimale Lebensgrundlagen. Sollte es daher in West- und Mitteleuropa eigentlich gar keine Birkhühner geben? Um die Antwort rasch vorweg zu nehmen: Selbstverständlich zählen auch der westliche und zentrale Teil Europas zum natürlichen Verbreitungsgebiet dieses Vogels! In Dänemark, jenem westeuropäischen Land, in dem das Birkhuhn als erstes ausstarb, ist es bereits vor 20.000 Jahren nach der letzten Eiszeit eingewandert. Dasselbe gilt für die Niederlande, Belgien, Großbritannien und Norddeutschland. In all diesen Ländern ist die Art heute bedroht oder kurz vor dem Verschwinden. Warum? Und: Wie haben die ehemals natürlichen Birkwild-Lebensräume im Westen Europas ausgesehen?

Wo würden diese Hühner von Natur aus hier leben? Dort, wo es Löcher und Lücken im Wald gibt oder wo der Wald an größere Freiflächen grenzt. Auch darf man sich nicht der Vorstellung hingeben, dass von der Atlantikküste bis hin zum Karpatenbogen geschlossene Buchen- oder Eichen-Hainbuchen-Wälder auftreten würden. Je nach Seehöhe, Boden, Standort und örtlichem Klima wäre dies vielmehr ein Mosaik aus verschiedenen Waldbeständen mit zum Teil ganz unterschiedlichen Altersphasen und Baumarten. Noch vor rund fünfzig Jahren war dieses Raufußhuhn in Mitteleuropa viel weiter verbreitet, sehen wir uns also an, was der Verfasser des gegen Mitte des vergangenen Jahrhunderts erschienenen „Hahnenbuches", Hans Fuschlberger, dazu berichtet hat. Er beschreibt verschiedenste Waldgesellschaften, in denen Birkwild vorkam, darunter Tannen-Buchenwälder der Karpaten, Eichen-Hainbuchenwälder, Eichen-Birkenwälder, Eichen-Kiefernwälder, ihre Übergänge zu den Fichtenwäldern, trockene Kiefernwälder, Birken-Kiefer-Moorwälder, Erlenbrüche in der Ebene, außerdem Hochmoore, Gebüschgesellschaften, Flachmoore in der Niederung und zahlreiche alpine Pflanzen- und Waldgesellschaften im Gebirge. Zusätzlich weist er darauf hin, dass immer wieder Birken und Weidenarten sowie Beerensträucher, Heidekraut und Erika vorkommen.

Licht wird der Wald auf schlechten Standorten, das sind in Tieflagen vor allem trockene, sandige oder staunasse, anmoorige Böden. Löcher und Lücken entstehen von Natur aus dort, wo es Brand, Windwurf oder etwa Borkenkäferkalamitäten gibt. Geendet hat der Wald in Tief- und Mittelgebirgslagen früher sehr häufig dort, wo Moore begonnen haben. Wir machen uns heute kaum noch eine Vorstellung davon, aber einst gab es auch in West- und Mitteleuropa ausgedehnte Moorgebiete. Der Abbau und die Entwässerung dieser Moore wird bis in heutige Zeit vorangetrieben. Dies ist in der Vergangenheit vielen Birkhuhnbeständen zum Verhängnis geworden. Experten meinen, es könnte auch uns zum Schicksal werden.

Moore haben sich seit dem Rückzug der Gletscher vor ungefähr 20.000 Jahren entwickelt. Sie binden Kohlenstoff, und zwar weltweit doppelt so viel, wie alle Wälder zusammen, und sie beherbergen auch ein Drittel der gesamten Süßwasservorräte der Erde. Moore zählen zu den wichtigsten Kohlenstoffspeichern, weil Torfmoose jährlich bis zu vierzig Zentimeter wachsen und von unten her absterben. Durch die nassen, nähr- und sauerstoffarmen Verhältnisse im Moor wird diese Biomasse nicht abgebaut, sondern angereichert. Werden Moore vom Menschen abgebaut und der gebundene Kohlenstoff wieder der Verbrennung zugeführt, dann wird der Kohlenstoff erneut in den Kreislauf gebracht; auch durch die Entwässerung der Moorkörper entsteht Kohlendioxid, weil unter dem Zutritt von Sauerstoff der Torf mineralisiert wird. Wir wissen heute, dass Kohlendioxid die Erderwärmung und damit den Klimawandel beschleunigt. Moore sind also ganz wichtige Klimafaktoren. Und damit kommen wir zurück zum Birkhuhn. Die Erderwärmung lässt die Permafrostböden in Sibirien auftauen, die Moore werden zu Flachgewässern, in denen die Vegetationsdecke der Moore abstirbt. Fäulnis zersetzt den Torf, große Mengen von Methangas entweichen in die Atmosphäre. Während also in Westeuropa viele Birkhühner durch den Verlust von Moorgebieten verschwunden sind, könnte dieser Verlust gleichzeitig dazu beitragen, dass – zeitlich verschoben – viele Lebensräume der Art im westsibirischen Tiefland vernichtet werden.

Der Mensch hat aber nicht nur Birkhuhn-Lebensraum vernichtet, sondern in der Vergangenheit auch auf vielfältige Weise geschaffen, etwa durch Rodung, verschiedenste Formen der Weide, Heuwiesen oder Brandwirtschaft. Die Veränderung der Landnutzung ist zweifellos einer der Hauptgründe für das Erlöschen vieler Birkhuhnbestände in Mitteleuropa. Besonders über die Weidewirtschaft wurde seit der Jungsteinzeit Birkwild-Lebensraum gestaltet. Die größten Weidegebiete im Herzen Mitteleuropas liegen heute in den Alpen. Das Gebirge ist zwar zu einem großen Teil bewaldet, aber der Wald endet klimatisch bedingt auf einer Seehöhe von 1.800 bis 2.000 Meter. Hier werden die Bergwälder von Natur aus licht und lösen sich allmählich auf. Genau das, was Birkhühner brauchen! Kein Wunder, dass wir hier heute noch die besten Birkhuhn-Vorkommen im Herzen Europas finden. Zusätzlich wurde die Waldgrenze durch die

Beweidung örtlich noch um 200 bis 400 Meter nach unten gedrückt. Auf diese Weise entstand der größte Gürtel an lichten lückigen Wäldern, den wir heute in Mitteleuropa haben. Im Vergleich zum gesamten eurasischen Birkhuhnareal sind zwar auch die Alpen nur eine kleine Insel, aber diese „Insel" zählt insgesamt zu den artenreichsten Lebensräumen im Westen Eurasiens – und heute leider auch zu den am stärksten bedrohten.

Ansprüche an den Lebensraum

Nur wenige von uns werden gute Birkhuhn-Lebensräume der Niederungen kennen. Der steirische Forstmann und Hahnenkenner Hans Fuschlberger meinte dazu 1940:

> Mit Recht hat man das Birkwild den negativen Rezensenten der Forstwirtschaft genannt, da es dichte einförmige Kulturen und allseitig geschlossenen, großen Wald durchaus meidet, dagegen kleine, schlechte, lückige, bunt gemischte, mit Wiesen, Äckern, Flußauen, Brüchen, Mooren, Torfstichen, Viehweiden und Buschwerk wechselnde Wälder, so recht verwahrloste Bauernwälder verlangt. Ihnen sollen kleine, Schutz und Wärme gebende Dickungen, reichlicher Unterwuchs von Heide, Schmielen, Ginster, Farnkraut und dergleichen und namentlich Beerengesträuche nicht fehlen. Waldränder mit einspitzenden Wiesen, Klee- und Haferfeldern werden gerne angenommen. Sandige und kiesige Stellen sind nötig für seine Erdbäder und für die Aufnahme der Magenkiesel.

Ganz offensichtlich war Fuschlberger hin- und hergerissen zwischen seinen naturkundlichen Beobachtungen als Jäger und dem forstlichen Verständnis der damaligen Zeit. Einerseits hatte er viel für Raufußhühner übrig und wusste auch genau, was sie brauchen, anderseits war er Forstmann, der die artenreichen, aber wenig ertragreichen Bauernwälder abwertend als „verwahrlost" und „schlecht" einstufte. Die Grundeinstellung einer Forstwirtschaft, die sich fast ausschließlich an den zuwachs- und holzreichen Phasen der natürlichen Waldentwicklung orientiert, scheint bei ihm durch.

Birkhühner besiedeln in ihrem riesigen Verbreitungsgebiet sehr unterschiedliche Lebensräume. Unter den waldbewohnenden Raufußhühnern sind sie wahrscheinlich diejenigen mit der größten Anpassungsfähigkeit. Birkwild ist, wie auch das Haselwild, ein typischer Bewohner der frühen Pionier- und Sukzessionsphasen. Das Waldbild, das Fuschlberger oben beschreibt, entspricht diesen frühen Entwicklungsphasen sehr gut. Es ist heute in etwas abgeänderter Form noch in den Alpen zu finden, dort, wo Lawinen Lücken in den Wald reißen, wo Latschen- oder Grünerlenfelder mit Zwergsträuchern, Weideflächen und lichten Almwäldern wechseln und wo einzelne Baumgruppen und Pioniergehölze der Waldgrenze vorauseilen. Neben diesen frühen Waldentwicklungsphasen spielen auch Waldränder eine große Rolle. Klimatisch stößt der Wald in den Alpen und im Hohen Norden an seine Grenze, das heißt: Hier gibt es Waldränder über viele tausend Kilometer. Außerhalb der alpinen beziehungsweise borealen Zone leben Birkhühner dort, wo eine ähnliche Lebensraumstruktur entsteht, etwa über ein Mosaik von Moor- oder Heideland, Aufforstungsflächen, kleinen Wäldern, Weiden und Wiesen. Diese Vorkommen liegen meist in Tieflagen. Die Bindung an den Wald ist dort nur sehr lose. Flächen mit 0,3 bis 12 Prozent Baumbewuchs werden hier bevorzugt. In den Hochlagen sind dies sehr lichte, aufgelockerte Nadelwälder mit hohem Lärchenanteil, wo ausreichend Licht zu Boden fällt und wo daher sowohl krautige Bodenvegetation als auch Zwergsträucher – Rhododendron und Heidelbeere – aufkommen.

Zu Bedeutung und Wert von Jungwuchs- und Aufforstungsflächen für Birkhühner gibt es zum Teil sehr unterschiedliche Auffassungen. Vor allem in Großbritannien, wo derzeit sehr große Flächen aufgeforstet werden, hat man die Erfahrung gemacht, dass sich Plantagen mit Nadelhölzern in den ersten Jahren positiv auswirken und der Bruterfolg so lange steigt, bis sich nach etwa fünfzehn bis zwanzig Jahren die Dickungen schließen. Danach fällt die Bestandeskurve wieder steil nach unten. Britische Erfahrungen zeigen, dass Flächen mit einem Überschirmungsgrad von 15 bis 40 Prozent hohe Birkhuhndichten begünstigen, wenn aber die Überschirmung 70 Prozent erreicht, gibt es dort kaum noch Birkwild. Untersuchungen aus Finnland weisen hingegen keinen positiven Zusammenhang zwischen dem Anteil an Jungwuchsflächen und den Birkhuhnbeständen aus. Sowohl in Finnland, wie auch im United Kingdom gehen die Bestände seit Jahrzehnten zurück. Die Nadelholzplantagen in England und Schottland bringen zumindest etwas Struktur in die meist völlig waldlosen Gebiete, deshalb stellen sie zunächst eine Verbesserung dar; nicht die Jungwuchsflächen selbst sind aber die eigentlich wertvollen Birkhuhnbiotope, sondern die Randzonen zwischen Wald und Offenland.

Der britische Raufußhuhnexperte David Baines hält drei wesentliche Komponenten für den Lebensraum des Birkwildes fest:

– eine proteinreiche und energiehältige Nahrung im Frühling,
– einen guten Winterlebensraum mit Bäumen und Sträuchern, die Nahrung und Deckung bieten sowie
– eine insekten- und deckungsreiche Vegetation für die Küken…

… und das alles zusammen in einem Streifgebiet von ungefähr 300 bis 500 Hektar um einen Balzplatz.

Britische Untersuchungen zeigten, dass die Balzplätze im Durchschnitt etwa 2 Kilometer voneinander entfernt lagen. Nimmt man einen Radius von rund 1 Kilometer, dann ergibt sich daraus eine Streifgebietsfläche von rund 300 Hektar je Balzgesellschaft. In borealen Wäldern besiedeln Balzgruppen Lebensraumteile von rund 160 Hektar – die Streuung reicht von 90 Hektar bis 340 Hektar. Die Bestandesdichte schwankt dabei je nach Lebensraumqualität, im Besonderen aber mit der Länge der Waldränder. Landnutzungsformen, die zur Fragmentierung der Lebensräume führen und daher immer kleinere Gruppen von Birkhühnern isolieren, führen örtlich zum Aussterben, besonders am Rand der Verbreitungsgebiete. Um die Verbindung zwischen den einzelnen Vorkommen aufrechtzuerhalten, kann es daher notwendig sein, dass auch derzeit nicht besiedelte, aber dennoch geeignete Gebiete erhalten werden.

Brut- und Jungenaufzuchtgebiete

Birkhennen sind bei der Wahl ihres Nistplatzes vorsichtiger als Auerhennen, und sie tarnen ihre Nester auch besser. Aus diesem Grund gibt es weniger Gelegeverluste als beim Auerwild. Beim Vergleich der Niststandorte von Auer- und Birkhühnern zeigt sich, dass Birkhennen Randlinien stärker bevorzugen, der Wald wird eher gemieden, Jungwuchs- und Aufforstungsflächen werden von Birkhennen häufiger genutzt. Oft werden Birkhuhnnester zwischen Zwergsträuchern und trockenen Gräsern angelegt, dabei stecken sie manchmal fast wie in einem Tunnel unter Gräsern, Zwergwacholder, Heidekraut oder am Fuß von Bäumen und überhängenden Ästen. Viele Birkhennen schützen ihr Nest nicht nur seitlich, sondern auch nach oben hin. Ob Gräser oder Besenheide, die Vegetation sollte eine Höhe von etwa 30 bis 50 Zentimetern haben, sodass die Gelege auch von oben her geschützt sind. Zu starke Beweidung, zu intensive Landwirtschaft kann die Höhe der Vegetation sehr verringern – Deckung und Schutz gehen verloren. Das heißt nicht, dass man Gebiete völlig weidefrei stellen soll, es geht immer nur um die Intensität. Extensiver Weidebetrieb, der da und dort Flecken etwas weniger nutzt, wirkt sich günstig aus. Vor allem in England und in Schottland leiden Birkhuhnbestände derzeit durch Überweidung; aber auch in Teilen der Alpen werden günstig gelegene Almen zunehmend intensiver genutzt und maschinell bewirtschaftet.

Die Raufußhuhnforscherin Ariane Bernard hat in den französischen Alpen 52 Nistplätze von Birkhennen untersucht. Ergebnis: Bergwiesen mit Schwingel *(Festuca spadicea)* wurden stark bevorzugt. Ein knappes Drittel der Nester war in solchen Rasengesellschaften zu finden, obwohl diese nur 4 Prozent der Gesamtfläche des Untersuchungsgebietes ausmachten. Auch lichte Lärchenwälder mit Heidelbeere wurden deutlich bevorzugt. Keine Nester fanden sich hingegen auf kurzgrasigen Weiden oder in feuchten, nassen Gebieten. Die meisten Gelege gab es dabei in ungemähten Wiesen und unter Zwergsträuchern, die Vegetation in der Umgebung des Nestes war etwa 40 Zentimeter hoch, wobei Gräser hier deutlich vor krautigen Pflanzen und Zwergsträuchern überwogen. Stellen ohne Vegetation gab es in der Nähe der Nester nicht. Die Nester lagen an Abhängen zwischen 1.880 und 2.210 Meter Seehöhe, wobei keine Himmelsrichtung bevorzugt wurde – Gelege wurden sowohl an Nord- als auch an Südhängen gefunden. Die häufigsten Pflanzen in der Nähe der Nester waren Schwingel, Lärchen und Zwergwacholder, nur ein einziges Gelege wurde im Schutz von Steinen angelegt.

Die Untersuchung zeigt auch, dass eine abwechslungsreiche, vielfältige Vegetationsstruktur besseren Schutz bietet als die Tarnung des Nestes durch die Henne selbst. Birkhuhnnester können ebenso auf stark vergrasten Kahlschlägen, im Jungwuchs oder in älteren Heidekrautflächen liegen. In den Alpen und auch in der Taiga spielt zudem der Fortschritt der Schneeschmelze eine Rolle. Oft werden die ersten schneefreien Orte als Brutplatz gewählt. Allerdings heißt dies nicht, dass in Jahren, in denen es spät ausapert, mehr Nester auf Südhängen zu finden sind. Die Verteilung auf Nord- und Südhänge blieb nach den französischen Untersuchungen gleich. Dennoch beeinflusst aber der Zeitpunkt der Schneeschmelze die Wahl des Nistplatzes. Wie lässt sich das verstehen? Auch wenn der Schnee länger liegen bleibt, so gibt es dennoch immer Stellen, die früher ausapern. Jeder weiß zum Beispiel, dass rund um einen dunklen Baumstamm der Schnee früher schmilzt; am Fuß von Baumstümpfen oder Stämmen sind daher häufig Nester zu finden. Luca Rotelli wies im Piemont nach, dass ältere Hennen ihre Nester in etwas niedrigerer Seehöhe anlegten als vorjährige Hennen, vermutlich deshalb, weil alte Hennen dort rund zehn Tage früher mit dem Brüten begannen – ich nehme an, dass sie dabei die bereits ausgeaperten, rund 50 Meter tieferen Lagen bevorzugt haben.

Insgesamt sind die Gelege in einem Gebiet nicht regelmäßig verteilt; Ariane Bernard stellte sogar fest, dass es in bestimmten Bereichen mit guter Deckung für Nester und Brut zu Konzentrationen auf Flächen von 50 bis 100 Hektar kam. Die meisten Nester und Bruten fand sie in nur vier Sektoren des insgesamt 750 Hektar großen Untersuchungsgebietes. Die kürzeste Entfernung zwischen zwei Gelegen betrug rund 50 Meter, die mittlere Entfernung lag bei 200 bis 300 Meter.

Die Nester sind meist nicht sehr weit vom Balzplatz entfernt, Entfernungen von 2 bis 4,5 Kilometer gehören bereits zur Ausnahme. Besonders in den Alpen liegen die Brut- und Aufzuchtgebiete im Waldgrenzbereich oft unweit der Balzplätze. Obwohl Hennen bei ausreichendem Deckungsangebot auch in der Nähe der Balzplätze brüten, meiden sie in der Regel die unmittelbare Nachbarschaft derselben. Die Wohngebiete der Hennen können überlappen. Die Gesperre halten sich bevorzugt in Gebieten mit reichem Vorkommen von wirbellosen Tieren auf. Hohe Kükensterblichkeit hängt neben schlechter Witterung vor allem mit einem sehr geringen Insektenangebot zusammen. Das beste Nahrungsangebot findet sich dabei entweder in nassen Wiesen, entlang von Moorrändern und Heidegebieten, auf Heidelbeerflächen in alten Wäldern oder auf Almweiden. Wichtig ist dabei ein reichhaltiger Strukturwechsel, etwa zwischen Heidelbeere (oder anderen Zwergsträuchern) und Weide.

Die Flächen für Aufzuchtgebiete werden in der Fachliteratur unterschiedlich angegeben: von 2 Hektar bis 30 Hektar. Dies hängt mit Qualität und auch mit der Lebensraumbeschaffenheit zusammen. Mir sind Gebiete bekannt, wo Birkhennen auf Kahlschlägen weit unterhalb der Waldgrenze brüten. Die darüber liegende Alm ist intensiv bewirtschaftet und dient eigentlich nur noch als Balzplatz im Frühjahr. Solange die Küken noch keine weiteren Strecken fliegen können, haben die Hennen mit ihren Gesperren kaum Chancen, den Wald zu verlassen, und bleiben auf den Schlägen und am Rand von Forststraßen. Im Zusammenhang mit den Streifgebieten *(Seite 79 ff.)* wurden schon diesbezügliche Ergebnisse aus der Schweiz erwähnt. Zur Erinnerung: Es ergaben sich dort deutliche Unterschiede zwischen führenden und nichtführenden Hennen. Junge führende Hennen nutzten Gebiete von rund 10 bis 18 Hektar, nichtführende hatten mit 10 bis 50 Hektar deutlich größere Sommerstreifgebiete.

Alm im Winter.

Europa ist Jahrtausende alte Kulturlandschaft. In der Vergangenheit hat der Mensch Lebensräume so bewirtschaftet, dass mehr Arten Wohnraum gefunden haben. Welche Visionen gibt es aber in einem Vereinten Europa dafür?

Almvieh.

Die großflächige Weidewirtschaft gibt es in Mitteleuropa nur noch in den Alpen. Mit der Weidewirtschaft wurden riesige Lebensräume für Birkwild, aber auch für Rot- und Rehwild, geschaffen und erhalten.

Harvester im Einsatz.

Tradition hin oder her – wo notwendig, muss heute mit moderner Technik Kulturland erhalten werden.

Ein geglücktes Experiment zur Birkwild-Lebensraumverbesserung in einem Naturpark im Piemont durch den italienischen Birkhuhnforscher Luca Rotelli: Hier wurde in einem lichten Lärchenwald der flächige Almrausch-Bewuchs mosaikartig geschlägelt. Dadurch entstand eine ideale Kombination von Deckung und Nahrung. Der Bruterfolg der Birkhennen stieg auf das Vierfache! Auch neue Almweide wurde damit geschaffen.

Windpark auf 1.800 Meter Seehöhe im Birkhuhn-Lebensraum.

Rund vier Jahre nach Inbetriebnahme der Windräder war das Birkwild dort so gut wie verschwunden.

Neun Birkhahnen auf der Tanzstatt.

Heute stehen dort Windräder. Der ehemals berühmte Balzplatz ist heute mehr oder weniger verwaist.

Liftseil am Horizont.

Drahtseile sind eine häufige Todesursache für Birkhühner. Im Flug werden die Seile nicht erkannt. Abhilfe schaffen Signalkugeln.

Birkhahn auf der Liftstütze.

Viele Schigebiete decken sich mit den Birkhuhn-Lebensräumen. Der Wintersport kostet einer großen Anzahl von Birkhühnern jährlich das Leben.

Absperrung im Schigebiet.

Wenn Schifahrer bei Ausübung ihres Sports auf der Piste bleiben und Ruhezonen für Birkhühner eingeräumt werden, dann ist ein Miteinander möglich.

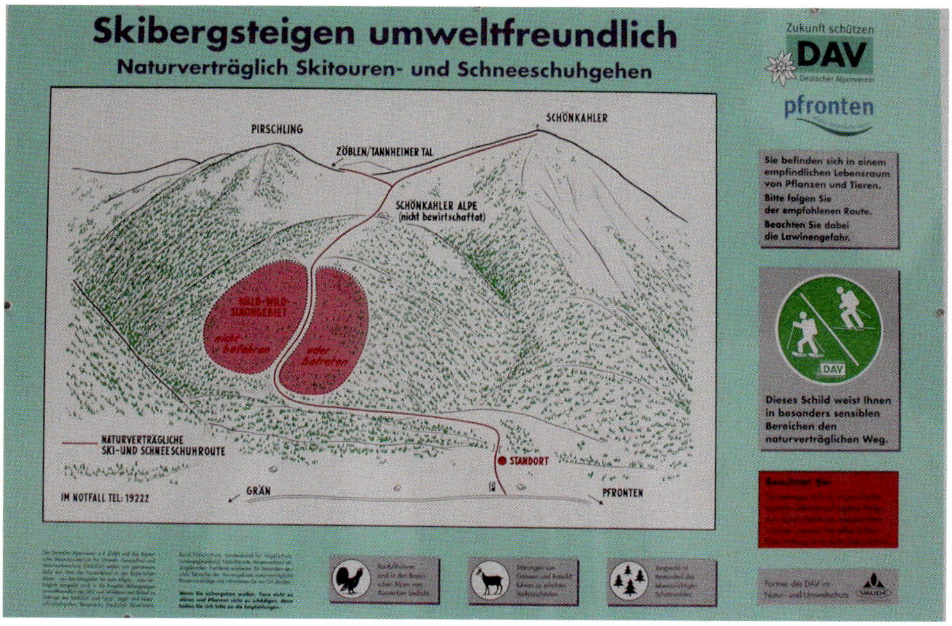

Ausgewiesene Schitouren-Strecke – eine Tafel des Deutschen Alpenvereins.

Der Birkhuhn-Experte Albin Zeitler hat im bayerischen Alpenraum Gebiete für Schitourengeher klar abgesteckt. Eine zielführende Maßnahme.

Brandrodung – hier wurde zuerst geschwendet und dann kontrolliert gebrannt.
Es bleiben immer noch ausreichend Zwergstrauchgruppen als Deckung, auf den Brandflächen siedeln sich in der Folge Insekten an, und es kommt frisches Grün.

Weidewald.
Einzelne Lärchen, Zwergstrauchgruppen und offene Grasfläche bilden ein Lebensraum-Mosaik, in dem der Birkwild-Nachwuchs gute Startbedingungen findet.

Zwergsträucher.
Zwergwacholder, Heidelbeere, Almrausch, Besenheide und Rauschbeere bieten Nahrung und Deckung zu allen Jahreszeiten.

Beerenangebot.
Hier ist der Tisch reich gedeckt: Preiselbeere, Rauschbeere und Krähenbeeren.

Äsender Birkhahn auf einer Lärche im Winter.

Im Winter gehören – neben Zwergsträuchern – die Knospen von Lärche, Zirbe, Vogelbeere und Grünerle zur Birkhuhnäsung. Besonders im Frühling werden die Blüten und frisch austreibenden Nadeln der Lärche bevorzugt.

Schneehöhle.

Hier hat ein Birkhuhn übernachtet. Links wurde mit dem Eingraben begonnen, rechts ist der Vogel wieder aus seinem Iglu ausgestiegen. Die Losung wurde während der Nacht abgegeben. Die Schwingenabdrücke zeigen, dass der Vogel am Morgen von dort abgestrichen ist.

Ausgeaperte Schneehöhle.
Oben die typische Walzenlosung, unten die Blinddarmlosung.

Spuren auf dem Balzplatz.

Solange der Schnee liegt, findet man auf dem Balzplatz unzählige Spuren der Birkhahnen. Man kann daran sogar Reviergrenzen ablesen. Manche Feder zeugt von der Auseinandersetzung zwischen zwei benachbarten Hahnen.

Erlegter Hahn an der Hüttenwand.

Der Birkhuhnjagd kam im Alpenraum seit jeher große Bedeutung zu. Will man die Bestände nachhaltig bejagen, so sind Bestandeserhebungen unabdingbar.

Sechs verschiedene Birkhuhn-Lebensräume. Links oben ein Bild aus den österreichischen Alpen, daneben ein Lebensraum in Schottland. In der Mitte zwei Bilder aus Polen – neben trockener Heidefläche bieten dort die nassen Biebrza-Sümpfe ausgezeichnete Lebensbedingungen. Darunter sind ein Balzplatz in Schweden und ein Lebensraum entlang der Uferzonen karelischer Seen zu sehen. So unterschiedlich wie die Lebensräume sind auch die jagdlichen Traditionen…

Hahnenschirm in den Alpen für die Frühjahrsjagd.

Aus dem Schirm kann gut beobachtet und sicher erlegt werden. Die Jagd im Frühjahr erfordert aber viel Selbstdisziplin: Nie zu früh beginnen und den Platzhahn schonen!

Finnischer Birkhuhnjäger.

In Skandinavien und Finnland ist die Herbstjagd üblich. Man durchstreift dabei große Gebiete und bejagt die Vögel oft mit Hilfe von Hunden.

Spannend – die Jagd mit dem Finnenspitz.

Die Leistungen dieser Hunde sind großartig. – Diese Jagdart gab es einst auch im Alpenraum. Martin Strasser berichtet 1630 von fuchsroten Auerhuhnverbellern.

Mit dem Vorstehhund auf Birkwildjagd.

Im Hohen Norden – aber auch in den Alpen – kommen Vorstehhunde bei der Birkhuhnjagd zum Einsatz. Hier ein Englischer Setter.

Lagerfeuer, Kaffee und eine warme Mahlzeit bei einem Jagdtag in Finnland.

Die Verbindung zur Natur kann nur dann intensiv erlebt werden, wenn es noch unerschlossene und vom Menschen wenig berührte Lebensräume gibt.

Wer jagt, der sollte seine Beute auch kulinarisch ehren.

Hier wurden Schnee- und Birkhühner sowie ein Haselhuhn zubereitet. Das Haselhuhn ist dabei leicht am weißen Fleisch zu erkennen.

Ursprünglicher Raufußhuhn-Lebensraum im Hohen Norden.

Weite unzerschnittene, nicht erschlossene Flächen mit schütterem Wald, offenen Mooren, vielen Zwergsträuchern und Pionierhölzern wie Birke, Weide und Kiefer zeichnen diese Gebiete aus. In Mitteleuropa hat der Mensch einst viele Flächen so gestaltet, dass sie dem Birkwild zusagten, gleichzeitig wurden viele Lebensräume vernichtet, vor allem im Bereich von Mooren. Die Erhaltung geeigneter Lebensräume – das ist der Dreh- und Angelpunkt für den Fortbestand des Birkwildes in Europa.

Der Balzplatz

Raoul Ritter von Dombrowski schrieb 1887 in seiner Enzyklopädie der gesamten Forst- und Jagdwissenschaften: „*Wie das Edelwild seinen Brunftplatz, so wählt gleich dem Auergeflügel auch das Birkhuhn in der Regel besondere Districte als Balzplätze.*“

Der Balzplatz ist eine weitgehend baum- und strauchfreie Fläche in der Nähe zu Waldrändern oder zu Strauch- beziehungsweise Latschenflächen. Er befindet sich für gewöhnlich in jenem Bereich des Lebensraumes, der am meisten offen ist. In Skandinavien liegen die Arenabalzplätze auf Mooren oder oft auch auf zugefrorenen Seen. In der russischen Taiga gibt es Balzplätze auf Hochmooren, daneben auch auf Heuwiesen oder sogar auf Trassen von Hochspannungsleitungen. In den Tieflagenvorkommen Europas sind es Feuchtwiesen, Felder in der Nähe von Wäldern, Moore, Kahlschläge, Windwurf- oder Waldbrandflächen. Im Mittelgebirge hat der Mensch über Forst- und Almwirtschaft offene Bereiche geschaffen, die der Wildart zugute kommen.

Charakteristisch für all die beschriebenen Balzgebiete sind offene, gut übersichtliche Flächen; aber damit ist nur grob umrissen, was einen Balzplatz ausmacht. Ein wichtiges Kriterium ist dabei immer auch die kurze Bodenvegetation. Grasbewachsene Plätze werden bevorzugt, Bereiche mit Zwergsträuchern meiden die Vögel, weil diese bei der Bodenbalz hinderlich sind. Falls vorhanden, werden in Skandinavien auch sandige, beinahe vegetationslose Flächen genutzt. Solche Bereiche gibt es auch auf Truppenübungsplätzen. Zugefrorene Seen bieten ebenfalls Flächen, wo es keine Hindernisse am Boden gibt. Im Gebirge sind dies Schneefelder. Und ebenso wie auf den nordischen Seen, so kann es auch im Gebirge vorkommen, dass im Lauf des Frühlings das Balzplatzzentrum verlagert wird. An manchen Orten wandert die Balzgesellschaft den Schneefeldern nach. Von Fall zu Fall ist dies heute auch Kunstschnee entlang von Schneezäunen eines Schigebietes. Das kann so weit gehen, dass die Hahnen entsprechend der Schneeschmelze gegen Ende der Balz in einiger Entfernung zum Hauptbalzplatz auf den letzten Schneefeldern zusammenkommen. Im Gegensatz zu ständigen Balzplätzen spricht man dann von „temporären Balzplätzen“.

Wie gesagt, wichtig ist, dass diese Plätze möglichst offen und frei von Sträuchern oder Bäumen sind. Gibt es aber überhaupt keine Strukturen, wie etwa auf einem zugefrorenen See, dann kann dies dazu führen, dass Kämpfe dort besonders häufig vorkommen. Warum? Kleine, für uns Menschen anscheinend unbedeutende Strukturelemente helfen den Hahnen bei der Abgrenzung ihrer Reviere. Sie dienen ganz einfach zur Orientierung. Das kann ein Zaunpfahl sein, ein Grasbüschel, eine Krüppelfichte, ein Rinnsal, ein Stein oder manchmal auch der Hahnenschirm, in dem der Jäger sitzt. Viele dieser Elemente sind weit älter als der Revierbesitzer, doch sie dienen als Marksteine und sind daher wichtige Hilfen bei der Revierabgrenzung. Auch Zaunpfähle stören nicht; sie helfen nicht nur bei der Abgrenzung der Territorien, sondern können gleichzeitig sogar als Schutz gegen Adlerangriffe herhalten. Rund um die Pfähle apert der Schnee nämlich schneller aus, und es entstehen kleine Trichter. In diese „Schützengräben“ können sich die Hahnen einfach fallen lassen, wenn ein Adler über den Balzplatz streicht. Der Adler hat für einen Angriff kaum Chancen, weil er dabei riskiert, sich am Pfahl zu verletzen. Auch eine Landung in Abstand zum Zaunpfahl ist sinnlos, denn zu Fuß ist jeder Birkhahn ohnehin weit schneller als der König der Lüfte.

Im Gegensatz zum Auerwild, das – entsprechend dem Einfall des ersten Morgenlichtes – vor allem Nord- bis Osthänge bevorzugt, spielt die Exposition beim Birkhuhnbalzplatz keine so bedeutende Rolle. In den Bergen ist aber die Lage sehr stark von der Geländestruktur abhängig. Birkhühner gehen nach der Devise vor: „Sehen und gesehen werden!“ Hangverebnungen, Rücken oder Kuppen werden bevorzugt. Vor allem, wenn größere Balzgesellschaften zusammenkommen, ist eine halbwegs ebene Arena Voraussetzung. Auch einzeln balzende Hahnen suchen sich kleine Hangverebnungen auf Rücken oder Graten aus. Dabei können sie einerseits ihre optischen und akustischen Signale gut vermitteln, gleichzeitig wird ein anstreichender Adler oder ein Fuchs aber schon auf weite Entfernung wahrgenommen.

Da es im Gebirge an ebenen Flächen mangelt, werden verschiedenste Arten von Hangverebnungen für die Balz genutzt. Häufig liegen Arenen auf so genannten „Legern“, das sind ebene Plätze, wo im Sommer das Almvieh besonders gerne weidet und liegt („Leger“ kommt vom Liegen oder Lagern). Auch Almwege können als Balzplatz dienen – bevorzugt wird dabei die Wegkante oder das talseitige Bankett, um einen besseren Überblick zu haben. Ich kenne Almen, wo die Hahnen auf Permen balzen, die zur Hangstabilisierung angelegt wurden. Auch der Platz vor Bergstationen von Seilbahnen oder Sesselliften kann genutzt werden, falls es dort noch Birkwild gibt und der Betrieb rechtzeitig im Frühjahr eingestellt wird. In der Regel war der Balzplatz ohnehin schon lange vorher dort, denn Birkhuhnbalzplätze eignen sich immer wieder hervorragend als Bergstation für Aufstiegshilfen. Ist die Störung nicht zu groß, balzen die Hahnen auch auf Parkplätzen an Alpenpässen. Von all diesen Standpunkten aus hört man die Hahnen meist sehr weit.

Wie überall, so gibt es auch hinsichtlich der Wahl des Balzplatzes Ausnahmen. Nicht immer muss es sich dabei um offenes, baum- und strauchfreies Gelände handeln. Manchmal balzen Kleine Hahnen auch zwischen Latschen, Grünerlen oder Birkengestrüpp auf dem Boden, und das nicht nur einzeln. Jäger bringen dieses eigentlich untypische Verhalten immer wieder mit dem Schutz vor dem Steinadler in Zusammenhang.

Norwegische Untersuchungen belegen eine enge Verknüpfung zwischen der Anzahl balzender Hahnen und bestimmten Lebensraumtypen. Anhand von Luftbildern wurde rund um 118 Balzplätze der Anteil verschiedener Lebensräume innerhalb von 1,5 Kilometern in Beziehung zu den meldenden Hahnen gesetzt. Vorhanden waren alte Nadelwälder, Jungwuchs- und Aufforstungsflächen, Kahlschläge, alte und junge Birkenwälder, Moore, Seen, Äcker, Straßen. Einen eindeutigen Zusammenhang gab es nur zwischen der Anzahl der Hahnen und offenen Mooren. Weder bevorzugte Winterlebensräume, wie etwa Birkenwälder, noch sehr reich strukturierte Lebensräume wirkten sich besonders aus. Unterm Jahr meiden skandinavische Birkhühner offene Moorflächen. Die Zahl der Hahnen und die Größe der Moorflächen hängen mit hoher Wahrscheinlichkeit deshalb zusammen, weil es rund um ein großes Moor einen sehr langen Gürtel zwischen Wald und Offenland gibt. Genau diese Übergangsbereiche sind optimale Bruthabitate. Die Norweger gehen also davon aus, dass die Qualität des Brutgebietes direkt und eindeutig mit großen Balzgesellschaften verbunden ist. Das heißt: Große Balzplätze sind ein guter Weiser für gute Aufzuchtgebiete und viel Nachwuchs. Da Hahnen kaum abwandern, bleiben sie in der Nähe ihrer Kinderstube und gesellen sich dort zu den Balzgruppen. Nach den Mooren spielt auch die Fläche der Balzarena eine gewisse Rolle für die Größe der Balzgesellschaft: Wo mehr Platz ist, können auch mehr Hahnen melden.

Auf die Abstände zwischen Balzplätzen detaillierter einzugehen, macht wenig Sinn, da vor allem im Alpenraum das Gelände von entscheidender Bedeutung ist; in Nordeuropa sind es Moore oder andere Offenflächen. Aus England werden Entfernungen von rund 2 Kilometer angegeben. Für die Waldsteppe findet man Angaben von durchschnittlich 3 bis 4 Kilometer, wenn die Bestandessituation gut ist knapp unter 1 Kilometer. In den

Alpen sind von 500 Meter bis 2 Kilometer verschiedenste Entfernungen möglich, je nach Topographie und Angebot an geeigneten Plätzen. Meist gibt es dazwischen noch einzeln balzende Hahnen. Wo viele Hahnen einzeln balzen und auch einzelne kleinere Gruppen nicht weit voneinander entfernt sind, würde ich von einem „Balzgebiet“ sprechen, da es sowohl akustischen als auch optischen Kontakt zwischen den Hahnen gibt. Auch die Hennen brauchen nicht weit streichen oder gehen zu Fuß, um von einer Gruppe zur nächsten zu kommen. Besonders auf gering geneigten, ausgedehnten Almböden verteilen sich die Hahnen oft sehr locker über eine größere Fläche. Damit sind wir aber schon bei einer entscheidenden Frage: Wie groß sind Balzplätze?

Besonders in Gebieten mit einzeln meldenden Hahnen und dort, wo es keine typischen Arenabalzplätze gibt, taucht bei den Jägern immer wieder die Frage auf: Wie kann ich einen Balzplatz abgrenzen? Gleich vorweg: Die Anzahl der Hahnen auf einem Balzplatz spiegelt oft die Bestandessituation gut wider. Gruppenbalzplätze mit vielen Hahnen auf engem Raum sind also auch ein guter Weiser für einen stabilen Bestand. Neben den Gruppenbalzplätzen gibt es aber auch ein Phänomen, für das man im Englischen den Ausdruck „exploded lek“ verwendet, also wörtlich: „explodierte“ oder „auseinander geplatzte“ Balzarena – ein Gebiet, wo es beinahe nur einzeln balzende Hahnen gibt. Sie haben zwar keinen unmittelbaren Kontakt, stehen aber trotzdem miteinander in Verbindung, wenn schon nicht auf Sichtweite, so jedenfalls auf Rufweite. Ich kenne eine Reihe solcher Balzplätze in den Alpen, und ich bin überzeugt, dass diese Verteilung auch mit dem Lebensraum zusammenhängt. Sie kommt häufiger im Kalkgebirge vor, seltener im Urgestein.

Wenn in den Kalkalpen nicht der Mensch ausgedehnte Almen rodet, dann ist der Übergang vom Wald oder vom Krummholzgürtel zum Fels oft sehr direkt, ohne den weitgehend baumlosen Grasmatten dazwischen. Obwohl große, flach geneigte, übersichtliche Balzgebiete von Natur aus also oft fehlen, gibt es dort dennoch Birkwild. Häufig balzen die Hahnen in solchen Lebensräumen einzeln, stehen aber in Rufkontakt zueinander. Ich hatte ein Erlebnis auf dem Dachsteinplateau, wo in einem solchen Balzgebiet mindestens fünfzehn Hahnen meldeten, jeder konnte seinen Nachbarn zwar hören, aber nicht sehen. Es war ein ungewöhnlicher Balzmorgen, weil man nach Gehör von einem Hahn zum anderen wanderte und die Vögel immer auf weitere Entfernung mit dem Fernglas suchen musste. Das Ganze spielte sich in einem sehr lichten Lärchen-

Weidewald auf einer Fläche von rund 70 Hektar ab. Es gibt aber auch Talkessel, an deren Rändern die Birkhahnen einzeln balzen – man hat den Eindruck als sei dies eine Riesenarena, wo sich die Vögel nur hören und wo jeder sein eigenes kleines Territorium rund um den Kessel hat. In der Regel halten solche einzeln balzenden Hahnen strikt an ihrem Platz fest.

Nicht zu verwechseln sind diese „exploded leks" aber mit sehr guten Balzgebieten, wie ich sie in den Niederen Tauern, am Alpen-Ostrand oder in den Zentralalpen kennen gelernt habe. Dort reiht sich in guten Birkwildvorkommen auf sanft geneigten Grasbergen oder Almmatten oberhalb der Waldgrenze ein Balzplatz zum andern. Die Abstände zueinander betragen meist knapp unter 1 Kilometer Luftlinie. Die Hahnen neigen immer dazu, sich zu gruppieren, dennoch gibt es dazwischen aber auch einzelne, die allein balzen. Solche besonders guten Balzgebiete mit einzeln meldenden Hahnen mittendrin haben nichts mit einer „auseinander geplatzten Balzarena" zu tun. Bleiben wir zunächst aber einmal beim typischen Balzplatz.

Die Größe der Balzplätze variiert natürlich mit der Anzahl der Hahnen. Auf finnischen Balzplätzen können 25 und mehr Birkhahnen zusammenkommen, im Alpenraum sind Plätze mit 10 bis 15 Hahnen schon sehr gut besucht. In Einzelfällen gibt es aber auch hier noch Balzplätze mit bis zu 20 meldenden Birkhahnen. Im Schnitt kann in Österreich ein Balzplatz mit 6 bis 7 Hahnen als gut gelten. Schneider, also einjährige Hahnen, werden im Alpenraum dabei oft nicht miterfasst, weil sie in der Regel nur unscheinbar am Rande des Balzplatzes sitzen, keine festen Territorien verteidigen und sich auch kaum am Balzgeschehen beteiligen. In der Steiermark wurden im Jahr 2003 ungefähr 4.000 Hahnen auf rund 1.300 Balzplätzen gezählt, auf den weitaus meisten Balzplätzen meldeten 2 bis 4 Hahnen. Der Schwede Ingemar Hjorth, der in den 1960er-Jahren als erster das Fortpflanzungsverhalten der Raufußhühner zusammenfasste, hält fest, dass in Russland ehemals Ansammlungen von bis zu 200 Birkhühnern möglich waren. Für Schweden sind Balzplätze mit bis zu 40 Hahnen aus den 1930er-Jahren belegt.

Daniel Schneeweiß, ehemals Förster und weithin bekannter Hundeführer auf dem Truppenübungsplatz Allentsteig im niederösterreichischen Waldviertel, hat berichtet, dass er dort im Jahr 1958 auf einer übersichtlichen Fläche von knapp 40 Hektar 61 balzende Birkhahnen zählte. Im Winter gab es Flüge von 300 bis sogar 400 Stück Birkwild. Heute sind diese Bestände fast erloschen. Sicher hat es sich hier nicht um einen

Riesenbalzplatz gehandelt, sondern um mehrere Balzarenen mit Einzelhahnen dazwischen. Bemerkenswert daran ist aber – neben der Anzahl meldender Hahnen – der geringe Abstand zwischen den Balzgruppen.

Über die Größe der einzelnen Reviere auf dem Balzplatz, über die Bedeutung von zahlenmäßig starken Gruppenbalzplätzen und die Lage der Hahnenterritorien dort haben wir bereits im Zuge des Abschnitts über das Verhalten gesprochen; hier nur noch ein paar Flächenangaben zu Balzarenen. Ein Balzplatz mit 10 bis 15 Hahnen kann in gut geeignetem Gelände nicht mehr als eine Fläche von nur 0,3 bis 0,5 Hektar einnehmen. Zur Verdeutlichung: 0,5 Hektar, das sind nicht mehr als 50 mal 100 Meter oder etwa 70 mal 70 Meter; 6 bis 7 Hahnen können aber auch auf einem Platz von einem Viertel Hektar Ausmaß zusammenkommen, oft ist ein Schneefleck im Frühjahr sogar noch kleiner. Wie erwähnt, muss die Entfernung zum Nachbarn mindestens 5 Meter betragen, wenn der Tretakt erfolgreich sein soll. Ein Revier muss daher wenigstens 10 Meter Durchmesser haben. Bei großen Balzplätzen mit vielen Hahnen ändert sich auch die Größe der Territorien immer wieder. Wenn wir von einem minimalen Revier von 10 mal 10 Meter ausgehen, dann sind die kleinsten Territorien im Zentrum 100 Quadratmeter. Die Flächen können zwischen 100 und 350 Quadratmeter schwanken. Am Rande des Balzplatzes gibt es Territorien von bis zu 4.000 Quadratmeter – ich würde hier den Begriff „Territorium" aber nur mehr mit Vorbehalt verwenden, weil ein einzelner Hahn fast nicht mehr in der Lage ist, dieses Gelände effektiv zu verteidigen. Die Hennen fliegen immer in jenen Bereich, wo es eine maximale Konzentration von Hahnen gibt.

Wichtig ist dabei immer auch die Umgebung. Man sollte sich also besonders bei der Bewertung ungünstiger Einflüsse auf den Balzplatz nicht auf diesen einen Fleck festlegen, ohne das Umfeld im Auge zu behalten! Studien aus Schottland belegen einen engen Zusammenhang zwischen dem Waldbild innerhalb von 1,5 Kilometer Entfernung zum Balzplatz und der Anzahl der balzenden Hahnen. Grundsätzlich gab es dort mehr Balzplätze, wenn in der Umgebung lichter, offener Wald vorherrschte. Die Größe der Balzplätze nahm mit der Zunahme von geschlossenem Nadelwald ab. Auch Anderes, wie zum Beispiel der Anteil an Deckung bietenden Zwergsträuchern in der Umgebung, spielte eine Rolle. – Grundsätzlich zeigen die schottischen Ergebnisse eines: Die Anzahl der Hahnen auf dem Balzplatz ist ein guter Weiser für die Lebensraumqualität rund um diesen Balzplatz!

Ernährung

Sind Birkhühner erst einmal erwachsen, dann steht ihnen ein fast unbegrenztes Nahrungsangebot zur Verfügung. Sie sind Vegetarier und als solche auch in der Lage, im Winter sogar verholzte Triebe und Nadeln zu verdauen. Allerdings ist die Nahrungsqualität im Winter gering, weshalb sie ausreichend große Mengen aufnehmen müssen. Zudem kommt, dass die Winteräsung schwer verdaulich ist, weshalb die Vögel ein besonderes Verdauungssystem entwickelt haben. Beides setzt eine entsprechende Körpergröße voraus.

Die Triebe, Zweige, Knospen oder Blätter, die der Vogel mit seinem kräftigen Schnabel abzwickt, werden zunächst einmal im stark dehnbaren Kropf zwischengelagert. Erst in sicherer Deckung beginnt der Vogel mit der weiteren Verdauung. Dazu wird die Nahrung durch Kropfsekrete aufgeweicht, um anschließend über den Drüsenmagen in den kräftigen Muskelmagen zu gelangen. Dort wird sie unter Zuhilfenahme von Magensteinen (Grit) aufgerieben. Erst danach kann die Verdauung erfolgen. Dabei wird vor allem im Winter das Letzte an Nährstoffen herausgeholt. Möglich machen dies zwei besonders lange Blinddarmfortsätze. Deren Länge variiert je nach Jahreszeit und Nahrungsqualität. Freilebende Vögel haben immer längere Blinddärme als in Gefangenschaft künstlich gefütterte. Grit ist für die Vögel wichtig, um die zähe Winternahrung aufzureiben. Hans Fuschlberger hat von Birkhühnern berichtet, die er bereits verendet und völlig abgekommen zur Untersuchung erhielt. Es zeigte sich, dass zwar der Kropf voll war, aber da es im Muskelmagen keine Magensteine gab, der Darmtrakt fast unveränderte Fichtennadeln enthielt, die aufgrund der fehlenden mechanischen Zerkleinerung nicht genügend verdaut hatten werden können.

Um die schwer verdauliche Nahrung im Winter aufzuarbeiten, brauchen die Vögel also Grit, und sie brauchen auch Ruhe. Zweiteres wird heute in vielen für den Wintersport erschlossenen Gebieten zu einem Schlüsselfaktor. Im Winter gibt es meist zwei Aktivitätsphasen, die hauptsächlich der Nahrungsaufnahme dienen: eine am Morgen und frühen Vormittag, eine zweite am späteren Nachmittag. Dabei wird der große Kropf, der bei den Hahnen ein Volumen von 380 Kubikzentimeter erreichen kann, möglichst voll angefüllt, damit der Vorrat für eine lange kalte

Winternacht reicht. Obwohl die Hühner die leicht zugänglichen Pflanzen am häufigsten nutzen, erfolgt anscheinend eine Auswahl nach der umsetzbaren Energie und weniger nach den enthaltenen Nährstoffen. Falls erreichbar, werden Zwergsträucher bevorzugt.

Haben die Vögel morgens oder abends nicht genug Zeit, um ein Mal vor Beginn des Schibetriebes, das zweite Mal vor dem Aufsuchen der Schlafplätze ausreichend Nahrung im Kropf zu speichern, kommen sie in ernsthafte Schwierigkeiten und können verhungern, obwohl eigentlich genügend Äsung vorhanden wäre. Da also auch nachtsüber aus dem Kropf laufend Nahrung nachkommt, wird während dieser Zeit auch Losung abgegeben. Verlässt ein Birkhuhn morgens seine Schneehöhle, dann bleibt demnach ein kleiner Losungshaufen darin zurück. Im Frühling, wenn der Schnee ausapert, können diese Höhlen leicht durch die nun schmutzigbraunen „Losungsflecken" gefunden werden. Gehegeversuche haben gezeigt, dass mit fallender Temperatur der Futterverbrauch zunimmt. Findet man die ausgeaperten Schneehöhlen, dann kann man meist neben der Walzenlosung auch noch die breiige Blinddarmlosung erkennen. Sie wird das ganze Jahr über abgegeben. Dieselben Gehegeversuche belegten aber auch, dass es im Winter doppelt so viel Blinddarmlosung wie im Sommer gibt. Der Brennwert der Blinddarmlosung ist deutlich höher als jener des Enddarmkotes, das heißt: Die Nahrung wird selektiv den zwei verschiedenen Verdauungstrakten zugeführt. Schneehöhlen werden ab etwa minus 4 Grad Celsius aufgesucht, dies trägt zur Stabilisierung der Körpertemperatur und damit wesentlich zur Einsparung von Energie bei.

Einen interessanten Zusammenhang stellt Hannes Jenny vom Amt für Jagd und Fischerei in Graubünden her: Er meint, dieses gut angepasste Verdauungssystem der Raufußhühner habe auch einen Preis. Einem ausgewachsenen Vogel stehen in naturnahen Lebensräumen praktisch unbegrenzte Nahrungsreserven zur Verfügung. Um diese nutzen zu können, muss sich bei einem Jungvogel aber erst das dazu notwendige wirkungsvolle Verdauungssystem entwickeln. Jungvögel ernähren sich in den ersten 20 bis 30 Tagen fast ausschließlich von tierischer Kost. Die eiweißreiche Nahrung fördert natürlich eine rasche Entwicklung, andererseits bedeutet dies aber auch, dass für schnell wachsende Vögel dieser Größe ein sehr gutes Angebot an Insekten, Spinnen, Ameiseneiern und anderem mehr vorhanden sein muss. In einem schlechten Sommer mit nasskalter Witterung wird dies zu einem zweifachen Problem: Einerseits gibt es weniger Insekten, diese bewegen sich zudem kaum, andererseits können die Küken in den ersten zwei, drei Wochen ihre Körpertemperatur noch nicht allein aufrechterhalten – sie müssen immer wieder von der Henne gehudert werden. Die Zeit zum Hudern fehlt bei der Nahrungsaufnahme, aufgrund kühler Temperaturen würden die Jungen aber mehr Energie in Form von tierischem Eiweiß brauchen, diese fehlt aber wiederum. So kann es dazu kommen, dass bei ungünstiger Witterung manchmal ganze Jahrgänge ausfallen. In guten Jahren kann der Bestand dafür wieder rasch ansteigen.

Mit der Ernährungsweise und der weitgehend selbständigen Entwicklung des Nachwuchses in Zusammenhang steht auch das Fortpflanzungssystem der Birkhühner. Das aufwendige und spektakuläre Geschehen rund um den Balzplatz konnte sich nur entwickeln, weil die Männchen bei der Jungenaufzucht „überflüssig" geworden sind. Weder gibt es Nahrungsressourcen zu verteidigen, weil ja genügend da ist, noch ist Hilfe bei der Aufzucht der Küken notwendig. Was können die Hahnen also anbieten? Das möglichst beste Erbgut – und das suchen sich die Hennen aus. Aber zurück zur Ernährung. Welche Insekten werden bevorzugt, und welche Pflanzenarten stehen auf dem Speiseplan?

Zwar nehmen auch Altvögel sommersüber einen geringen Anteil von Insekten auf, für Küken und Jungvögel ist die tierische Nahrung aber von weitaus größerer Bedeutung, vor allem Schmetterlingslarven, Spinnen, Blatt- und Gallwespen, Käfer, Ameisen und deren Puppen, später dann Heuschrecken, Fliegen oder Tausendfüßler und Schnecken.

Zwergsträucher sind das ganze Jahr über wichtig. Untersuchungen zeigen, dass auch im Sommer von einem großen Angebot an verschiedenen Blütenpflanzen nur wenig genutzt wird, dafür sind aber immer Triebe, Blüten, Blätter oder Beeren der Heidelbeere dabei. Je nach Lebensraum und Angebot wechselt der Speiseplan. Zu den häufig genutzten Nahrungspflanzen zählen auch Besenheide *(Calluna vulgaris)*, daneben Rauschbeere *(Vaccinium uliginosum)*, Alpenrosen *(Rhododendron)*, Lavendelheide, Wollgräser, Hahnenfuß, Klee, Sauerklee, Wachtelweizen, Löwenzahn, Sauerampfer und Wegerich. Im Frühling habe ich auch oft beobachtet, wie die Hühner auf den eben aper gewordenen Almmatten Krokus gepflückt haben. In dieser Jahreszeit sind, neben blühenden Wollgräsern, die Blatt- und Blütenknospen von Zwergsträuchern und Laubhölzern sowie die frischen Nadeln und Blüten der Lärche sehr beliebt. Im Frühsommer werden junge Zäpfchen von Lärche und Kiefer, Kätzchen von Birke, Pappel, Erle, Weide oder Hasel genommen. Reife Beeren stellen einen Hauptteil der

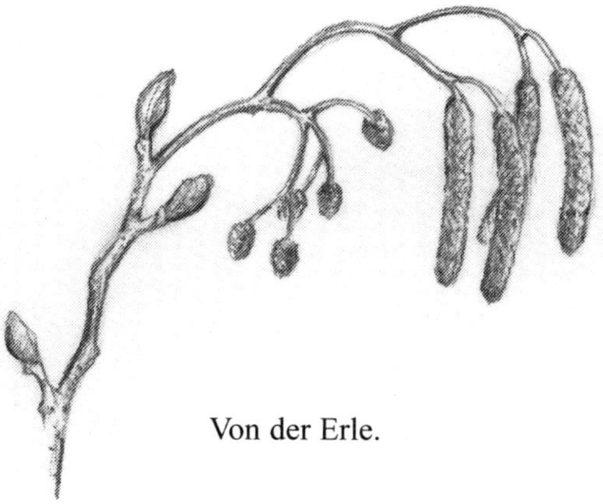

Von der Erle.

Herbstnahrung dar, dazu zählen nicht nur jene von Zwergsträuchern, ebenfalls sehr beliebt sind Vogelbeeren. Auch Samen bis zur Größe von Zirbelnüssen, Bucheckern und sogar Eicheln werden aufgenommen. Im Winter sind in Nordeuropa Birken und in den Alpen auch Knospen und Nadeln von Nadelbäumen ein wichtiger Ersatz für die bevorzugten Heidelbeertriebe. Wenn vorhanden, dann werden im Winter Knospen und Triebe von Laubhölzern genommen. Birke, Weide, Erle, Eberesche sind sehr beliebt, danach folgen Lärche, Fichte, Weißkiefer oder auch Zirbe und Latsche. In Mittelgebirgslagen habe ich aber auch Vorkommen kennen gelernt, wo einzelne Tannen und Buchen im Winter sehr stark genutzt wurden, besonders häufig waren die Vögel auch auf den größeren Ebereschenbäumen. Wenn es die Schneedecke zulässt, dann wird im Winter auch gerne Zwergwacholder aufgenommen, an Südhängen, wo es auch im Winter immer wieder apere Stellen gibt, konnte ich beobachten, wie Birkhahnen gezielt nach reifen Preiselbeeren suchten. Kommen im Birkwild-Lebensraum beliebte Laubhölzer vor, wie etwa Eberesche oder Grünerle, dann sollte man beim Schwenden von Almflächen achten, dass immer irgendwo Flecken mit diesen als Winternahrung beliebten und wichtigen Gehölzarten übrig bleiben.

Rückgangsursachen und Lebensraumerhaltung

Sieben Punkte listet Ilse Storch, Vorsitzende der Raufußhühner-Expertengruppe der Weltnaturschutzorganisation IUCN, als Hauptursachen für die Abnahme von Birkhuhnbeständen auf. Es sind dies:

- Lebensraumverlust und -verschlechterung
- Kleine Bestände mit geringen Überlebenschancen
- Beutegreifer (Raubwild, Greifvögel, Schwarzwild…)
- Legale und illegale Übernutzung durch die Jagd
- Störungen durch den Menschen
- Kollisionen mit Kabeln, Drähten und Zäunen
- Klimawandel

Nun, welche Szenarien haben sich in den verschiedenen Vorkommensgebieten der Birkhühner abgespielt? Ganz sauber getrennt voneinander lässt sich das nicht beschreiben, weil Entwicklungen ineinander überlaufen oder sich gegenseitig aufschaukeln. Erst wenn man versteht, warum eine Tierart mehr und mehr verschwindet, kann man wirkungsvoll Maßnahmen für ihre Erhaltung setzen. Eine ganze Reihe dieser Rückgangsursachen zeigt ohnehin bereits auf, was für das Birkhuhn zu tun wäre.

Zunächst sollte man ganz allgemein im Kopf behalten, dass es dabei besonders um den Nachwuchs geht. Die Überlebensrate der erwachsenen Hühner kann in rückläufigen Vorkommen gleich hoch sein wie in stabilen Beständen, der gravierende Unterschied ist meist die Überlebensrate der Jungvögel. Blickt man nur auf die erwachsenen Vögel, dann kann es leicht geschehen, dass ungünstige Entwicklungen zu spät erkannt werden. Im Leben der Jungvögel gibt es zwei gefährliche Phasen: die ersten zwei Wochen nach dem Schlupf und die Herbstzeit, wenn ein Teil von ihnen abwandert. Gute Jungenaufzuchtgebiete mit vielfältiger Kombination von Deckung und Insektenangebot sowie gut vernetzte Lebensräume, wo die Jungvögel nicht zu weit auf der Suche nach neuen Gebieten abwandern müssen – darum geht es vor allem!

Klimawandel

Englische Wissenschaftler von den Universitäten Durham und Cambridge haben im Jahr 2007 einen Klimaatlas für europäische Brutvögel herausgebracht. Er zeigt den Zusammenhang zwischen der aktuellen Verbreitung von Vogelarten und dem derzeitigen Klima. Gleichzeitig erstellte man unter Zuhilfenahme der Voraussagen zur Klimaerwärmung zukünftige Verbreitungskarten. Besonders Raufußhühner werden demnach vom Klimawandel beeinflusst sein. Am meisten Lebensraum werden arktische und subarktische sowie einige iberische Vogelarten verlieren. Viele Verbreitungsschwerpunkte werden sich weiter nach Nordosten verlagern, im Durchschnitt um 550 Kilometer. Drei Viertel aller europäischen Brutvögel werden unter Lebensraumverlust leiden. Besonders gravierend wird der Klimawandel Vogelarten in den Alpen treffen. Schneehühner werden dort massiv an Lebensraum verlieren. Schweizer Vogelkundler sagen sogar: Das Alpenschneehuhn, das derzeit den gesamten Alpenbogen besiedelt, wird im 21. Jahrhundert nur noch in Restvorkommen im südwestlichsten und östlichsten Teil der Schweiz überleben. Auch das Birkhuhn wird stark betroffen sein, vor allem, weil die Waldgrenze überall nach oben steigt.

Die ansteigende Temperatur wird es auch in Hochlagen öfter regnen lassen. Unter 1.200 bis 1.500 Meter Seehöhe wird es keine schneesicheren Gebiete mehr geben. Die Winter werden aber nur mäßig wärmer werden; anstatt zu schneien wird es jedoch in vielen Gebieten regnen. Die Sommer werden dafür trockener. Insgesamt werden die Wetterextreme zunehmen: Hitze- und Kältewellen, orkanartige Stürme sowie Starkniederschläge. Die Alpen beherbergen heute nicht wenige Tier- und Pflanzenarten, die Eiszeitrelikte sind. Hervorragend an Kälte und Schnee angepasst, haben sie nach den letzten Kaltzeiten in diesem Gebirge Rückzugsgebiete mitten in Europa gefunden. Man braucht nicht lange nachzudenken, um sich vorzustellen, dass ein weißes Schneehuhn oder ein Schneehase im Winterbalg ohne Schneedecke für jeden weit sichtbar auf dem Präsentierteller sitzt. Dies ist aber nur der augenscheinlichste Effekt, den Schneemangel für diese beiden Eiszeitrelikte hat. Auch wenn es zunächst unglaublich klingt, aber: Schnee isoliert. Für Birk- und Schneehühner sind Schneehöhlen wichtig, um kalte Winternächte zu überstehen. Damit sparen sie nicht nur Energie, zusätzlich bieten Schneehöhlen auch Schutz gegen Feinde. In Teilen Sibiriens ist eine fehlende, ausreichend hohe Schneedecke auch mit ein Grund, warum Birkwild nicht vorkommt oder dort nicht den Winter verbringt. Schnee ist aber auch ein wichtiger Schutz für Zwergsträucher in den Wintermonaten – viele davon sind frostempfindlich –, Schnee isoliert dagegen.

Die belgische Birkhuhnforscherin Michèle Loneux hat den Einfluss der Klimaveränderung auf die Bestandesentwicklung von Tieflagenvorkommen untersucht. Sie stellte fest, dass der Klimawandel vor allem für die Birkhuhn-Vorkommen in den Tieflagen Westeuropas ein ernstes Problem darstellt. Dabei kommt es sowohl auf den Winter, als auch auf die Zeit der Brut- und Jungenaufzucht an. Birkwild ist besser an kalte, schneereiche Winter angepasst als an eher milde, regnerische. Die wenig energiereiche Winternahrung kann den Energieverlust der häufig durchnässten Vögel kaum ersetzen, zudem fehlen die Schneehöhlen.

Auch für Finnland gibt Ludwig Gilbert an, dass durch den Klimawandel der Bruterfolg leide. Der Grund: Der Frühling beginnt früher, deshalb beginnen besonders Birkhennen auch früher mit der Eiablage. Gilbert bezeichnet den Klimawandel aber als „asymmetrisch“. Das heißt: Das Wetter im Frühsommer hat sich nicht in der gleichen Weise geändert wie im Frühling. Bisher war der Schlüpfzeitpunkt gut auf die Bedürfnisse der Küken abgestimmt, nun kommen sie zu früh auf die Welt – Temperatur, Witterung und Insektenangebot sind nicht optimal, die Ausfälle hoch.

Fazit:

Die Naturkatastrophen der letzten Jahre geben nur einen Vorgeschmack darauf, was auf uns zu kommt. Der Klimawandel hat bereits begonnen, und er verläuft rascher als erwartet!
Die Verringerung der Erderwärmung gehört sicher zu den schwierigsten Aufgaben, die wir in naher Zukunft zu lösen haben werden. Nur auf weltumfassender Ebene ist dies möglich. Gerade in solchen Fällen fühlt sich der Einzelne oft machtlos. Mark Twain hat einmal gemeint: „Alle reden über das Wetter, aber keiner tut etwas dafür.“ Wenn sich jeder Einzelne darauf besinnt, wie er zur Verringerung der Treibhausgase beitragen kann, dann ist schon viel getan!

Almwirtschaft

Grundsätzlich hat die Almwirtschaft in den vergangenen Jahrhunderten die Lebensräume für das Birkhuhn in den Alpen stark erweitert und neue Lebensräume geschaffen. Vor allem in Mittelgebirgslagen sind in den vergangenen Jahrzehnten jedoch häufig Almen aufgelassen worden. Da diese Almen fast immer unterhalb der natürlichen Waldgrenze liegen, sind viele Flächen heute wieder bewaldet. Vor allem in den Ostalpen hat man in mittleren Lagen zum Teil aber auch die Bewirtschaftung von Almen intensiviert. Nicht selten wird dabei gleich der ganze Oberboden abgezogen. Mit schweren Maschinen rodet man Flächen, man fräst, ebnet ein und planiert, damit die Almen in Zukunft mit Maschinen gepflegt werden können. Dann wird gedüngt, und neue Grasmischungen werden eingesät. Der Unterschied zu intensiv bewirtschafteten Talwiesen ist oft nur mehr sehr gering. Düngung und maschinelle Bearbeitung führen in der Regel zu starkem Artenverlust. Ziel und Ausgangspunkt ist dabei in der Regel eine strikte Wald/Weide-Trennung. Bei einer derartigen Anlage von Weideflächen überträgt man die Bewirtschaftungsmuster der Gunstlagen auch auf die Hochlagen. In den Niederungen verschwindet unser Niederwild. Rebhühner sind vielerorts ausgestorben, der Hase auf der Roten Liste, Feldlerchen kennt kaum noch jemand, und die Birkhühner, die früher auch in Tieflagen zu Hause waren, sind ebenfalls schon lang dort weg. Lerchen brüten heute auf der Alm, Birkwild gibt's auch fast nur mehr dort, und so manchem Hasen geht es heute dort oben besser als im Tal. Wenn wir nun maschinelle Landwirtschaft auch noch in die günstig zu bewirtschaftenden Hochlagen bringen, dann sind auch diese Rückzugslebensräume gefährdet. Auf solchen intensiv bewirtschafteten Weiden fehlt dem Birkhuhn die notwendige Lebensraumstruktur, weil es keine Zwergsträucher und auch keine Verjüngungsgruppen oder Einzelbäume mehr gibt.

In vielen Almgebieten führen heute aber auch eine abnehmende Weideintensität und mangelnde Pflege der Almflächen zum Lebensraumverlust für Birkhühner. Vor allem in den Kalkbergen fehlen häufig die für das Urgestein so typischen alpinen Matten und Weiden. Wo der Fels fast unmittelbar an den Wald anschließt, bleibt für das Birkhuhn oft nur ein sehr schmaler Gürtel. In den Westalpen ist es in den letzten Jahren durch Auflassung von Almwirtschaft und Bergdörfern gebietsweise zu massivem Lebensraumschwund gekommen. Betroffen sind davon vor allem Teile des Piemont, der Region Savoyen sowie der Französischen Alpen. Fehlen der Weidedruck und die Pflege, dann besiedeln vor allem Rhododendron und Grünerle viele Flächen. Vor allem die Grünerle hat als Pionierbaum ein enormes Potential, um Almweiden zu erobern und damit wieder zu bewalden. Grünerlen zu schwenden ist eine schwere und oft langwierige Arbeit. Wo der Mensch die Grünerle nicht andauernd zurückdrängt, besiedelt sie rasch ehemalige Almgebiete und vermindert damit zunächst ganz allgemein die Lebensraumqualität. In den Französischen Alpen und im Piemont hat die Grünerle überall, wo sich der Mensch aus den Bergen zurückgezogen hat, bereits Hunderte Quadratkilometer Almflächen und Weideland eingenommen. Zwar ist diese Erle beim Birkwild im Winter eine beliebte Nahrungspflanze, aber durch die enorme Ausbreitung der Erlenbuschwälder sind die dortigen Birkhuhnbestände stark gefährdet. Warum? – Der Wert eines Lebensraumes liegt in der Vielfalt. Birkhühner brauchen beweidete Flächen mit Zwergsträuchern und lockerem Wald, um ihre Jungen aufzuziehen. Die Küken sind empfindlich gegen Feuchtigkeit, und sie benötigen Insekten als Nahrung. Wo ganze Hänge mit Grünerlen zuwachsen, verschwindet das Birkwild, weil es weder Jungenaufzuchtgebiete noch Balzplätze oder andere offene Flächen gibt.

Will man Birkwildbestände erhalten, dann ist auch an die Vernetzung von Lebensräumen zu denken. In den Alpen hängen die verschiedenen Vorkommen noch stärker zusammen, weil die Vögel Entfernungen von etwa 5 Kilometer, auch über größere Täler hinweg, mühelos überqueren. Entscheidend ist aber, dass die Abstände zwischen den Vorkommen darüber hinaus nicht zu groß werden. Das Netz darf keine Löcher bekommen. Dafür können auch Almen, die derzeit kein Birkwild beherbergen oder wo es nur wenige Birkhühner gibt, als „Trittsteine" wichtig sein. In den Mittelgebirgslagen der Steiermark hat sich gezeigt, dass die Erhaltung solcher Verbindungen zwischen größeren Bergstöcken ganz wichtig ist, da sonst Inselsituationen entstehen. Jede Maßnahme zur Erhaltung zählt also, selbst wenn dort Birkwild nicht ganzjährig vorkommt. Das Netz darf nicht auseinander reißen!

Der Wildbiologe Thomas Huber – gleichzeitig selbst Bergbauer – hat gemeinsam mit dem Land Kärnten eine Reihe von Projekten zur Erhaltung von Almen und damit auch von Birkwild-Lebensräumen durchgeführt. Seine Zahlen zeigen, wie aufwendig diese Maßnahmen sind: Über 2.000 Almen werden im Bundesland Kärnten heute noch bewirtschaftet. Sie umfassen eine Fläche von 180.000 Hektar. Vor allem durch Verwaldung und Zwergstrauchbewuchs gehen Almweideflächen verloren.

Um dem entgegenzuwirken, wurden in Kärnten in den Jahren 2000 – 2002 450 Projekte auf 350 Almen durchgeführt. Damit konnten 2.600 Hektar Weidefläche gepflegt werden. Die hauptsächlichen Maßnahmen dabei sind: Rodungen und Auflichtungen sowie Schwenden und versuchsweise auch Brennen. Wer denkt, dass 2.600 Hektar im Vergleich zur gesamten Almfläche nur ein geringer Teil sei, der möge sich vor Augen halten, dass dafür rund 3 Millionen Euro oder 19.500 Arbeitstage aufgewendet wurden. Die Schwierigkeit dabei ist oft, dass man für Maßnahmen in dieser Größenordnung die notwendigen Arbeitskräfte aufbringt, denn der weit überwiegende Teil davon ist immer noch Handarbeit, und nur Bauern, die selbst noch Weidevieh halten, sind interessiert an der Erhaltung von Weideflächen. Deren Zahl nimmt aber laufend ab.

Fazit:

Beweidung: Die Rinderweide sollte auf jeden Fall gefördert werden. Weder Rotwild noch Maschinen können auf längere Sicht diese Form der Weide und ihre günstigen Auswirkungen auf die Artenvielfalt ersetzen. Wichtig ist aber, dass nicht zur intensiven Weidewirtschaft mit hohem Weidedruck gewechselt wird – nur die extensive Weide wirkt sich günstig aus!

Waldrand und Waldgrenze: Birkhühner bevorzugen die Waldgrenze als Lebensraum. Je breiter dieser Grenzbereich ist, umso größer ist der Lebensraum. Wichtig ist, dass scharfe, steile Grenzen zwischen Wald und Alm – oder Weide – vermieden werden. Man sollte möglichst fließende Übergänge gestalten.

Im Waldgrenzbereich sollte, wo nur immer möglich, ein gewisser Anteil an Almwald in die Beweidung miteinbezogen werden. Auf jeden Fall sollte man eine kompromisslose und geradlinige Wald/Weide-Trennung ohne Übergangszone verhindern. Viel besser ist es, wenn die Waldränder ausgebuchtet verlaufen, je nach Gelände in Kurven, mit Lücken oder mit Schneisen. Abwechslung und Struktur ist gefragt und nicht gerade Grenzen! Dadurch wird die Grenzlinie viel länger, und es entsteht eine Reihe von Nischen für verschiedenste Wildtiere. Der Weidezaun kann trotzdem geradlinig verlaufen. Wenn dadurch schon keine Weidefläche verloren gehen soll, dann sollte man den Zaun wenigstens ein bis zwei Baumlängen in den angrenzenden Wald hinein versetzen. Immer noch gibt es Projekte zur Trennung von Wald und Weide, die längst bekanntes Grundwissen schlicht und einfach ignorieren. Also: Bei der Planung von Wald/Weide-Trennung keine scharfen, geraden Ränder erzeugen!

Waldweide: Wo nicht notwendig, sollte keine Wald/Weide-Trennung vorgenommen werden. Aber Achtung: Die Weidewälder dürfen nicht zu intensiv genutzt werden. Vor allem lichte Lärchenweidewälder bieten nicht nur Kuhweide, sondern auch hervorragende Wildtierlebensräume mit einer hohen Artenvielfalt. Dort, wo dem Wald in Hochlagen keine Schutzfunktion zukommt, ist zu überlegen, ob nicht durch die Weide optimale Wildlebensräume erhalten werden sollen. Lärchenweidewälder sind weniger schadensanfällig, sie müssten allerdings, wie noch heute in vielen Gebieten Südtirols üblich, gepflegt werden. Der Wert hochgelegener Weidewälder ist aus Sicht der Forst- und Holzwirtschaft ohnehin geringer – mit einer geregelten, vernünftigen Waldweide entstehen meist aber gute Rotwild-Sommerlebensräume, wodurch die Wirtschaftswälder entlastet und Wildschäden vermieden werden.

Schwenden: Generell sollte man beim Schwenden keine großen einheitlichen Flächen schaffen. Birkwild braucht Struktur im Lebensraum! Gänzlich frei von einem Bewuchs mit Zwergsträuchern oder Bäumen sollte hingegen der Balzplatz gehalten werden. Birkhahnen bevorzugen ebene Balzarenen mit kurzem Gras. Ein Zaun stört wenig, auch der Schirm oder eine Baumgruppe am Rande, in der man seinen Hahnenschirm errichtet, sind kein Hindernis. Die Arena sollte aber möglichst offen und gut übersichtlich bleiben. Große, maschinell gestaltete Almflächen ohne jegliche Struktur gleichen jedoch eher Golfplätzen – und diese gehören nicht zu den bevorzugten Balzarenen!

Die Alpen sind heute zum Großteil Kulturland, und glaubt man den Voraussagen der Landwirtschaft, dann wird viel von diesem Kulturland zuwachsen. Die Waldgrenze steigt. Vor allem in den Mittelgebirgen am Ostrand der Alpen mit Höhenlagen bis 1.800 Meter werden viele Almen verschwinden.

Damit gehen aber auch wertvolle Lebensräume für Birkhuhn, Stein- und Schneehuhn, Gams und Rotwild verloren. Will man diese Lebensräume am Alpen-Ostrand erhalten, dann wird das Offenhalten der Almen im Berggebiet zu einer der größten Herausforderungen. Das Schwenden zählt zu den wichtigsten Maßnahmen. Nicht immer muss dies händisch geschehen, es gibt viele Beispiele, wo im geeigneten Gelände auch mit dem Harvester gute Ergebnisse erzielt werden. In Italien versuchte man großflächig, mit Almrausch und anderen Zwergsträuchern zugewachsene Almen zu schwenden, speziell für Birkhühner. Die Almen wurden dabei nicht großflächig von Sträuchern befreit, sondern man erzeugte ganz bewusst einen mosaikartigen Wechsel zwischen Weide und Zwergstrauchflächen. Das Ergebnis war unglaublich: Der Brut- und Aufzuchterfolg der Birkhennen stieg um das Vierfache. Das Geheimnis: Deckung und Äsung auf engstem Raum!

... Fichte und Lärche: Wenn geschwendet wird, dann sollte man im Waldgrenzbereich und an Waldrändern keine völlig kahlen Flächen schaffen. Günstig wirkt sich aus, wenn immer noch ein wenig Struktur erhalten bleibt. Das können Einzelbäume sein, aber auch kleine Baumgruppen, so genannte Rotten. Oft wachsen die Fichten in den Hochlagen in kleinen Gruppen und geben sich so gegenseitig Halt. Wenn man schwendet, dann ist es günstig, ein bis zwei Rotten gesamt zu entnehmen und dafür eine ganze stehen zu lassen. Es macht wenig Sinn, wenn man einzelne Bäume aus einer Rotte stehen lässt – wenn sie den Schutz der Nachbarn verlieren, überleben sie meist nicht lange.

... Grünerle: Eine beliebte Winternahrung für Birkhühner sind die Knospen und Früchte der Grünerle. Insbesondere Südost- und Südhänge, die rasch wieder ausapern, sind bevorzugte Nahrungsplätze. Wenn Erlenfelder geschwendet werden, sollte zumindest ein Rest für Birkwild als Winternahrung übrig bleiben.

... Zwergsträucher: Heidelbeere, Preiselbeere, Rauschbeere oder Moosbeere haben nicht nur einen hohen Gehalt an Vitaminen, sie sind auch reich an Mineralstoffen. Birk- und

Schneehühner ernähren sich im Winter zu einem Gutteil von den Knospen der Zwergsträucher. Besonders im Herbst sind die Beeren beliebt, Preiselbeeren werden, wenn es die Schneelage zulässt, auch noch im Winter geäst. Im Frühling nehmen Raufußhühner auch gerne die Blüten. Zwergsträucher bieten das ganze Jahr über in irgendeiner Form Äsung. Auch hier gilt: Struktur beibehalten, mosaikartig schwenden, nicht vollkommen kahle Flächen schaffen, zumindest Reste übrig lassen. Wo Hänge mit Almrausch (Rhododendron) vollkommen zuwachsen, verliert der Birkhuhn-Lebensraum an Qualität, es gibt auch keine Weide mehr. Hier sollte man einen Wechsel aus Weide- und Strauchflächen schaffen, das ergibt Deckung und Nahrung auf kleiner Fläche.

Mulchen: Wenn auf der Alm gemulcht wird, dann sollten auf jeden Fall immer Streifen oder kleinere Flächen mit Zwergsträuchern belassen werden, damit Winternahrung für Schneehasen, Raufußhühner, Gams oder Rothirsch übrig bleibt. Beim Mulchen sollte nicht zu tief gefahren werden. Zu bedenken ist auch, dass beim Schlägeln oder Mulchen die empfindlicheren krautigen Pflanzen im Gegensatz zu den Gräsern mit der Zeit ausfallen. Das heißt, es bleiben immer mehr Gräser übrig, und Kräuter verschwinden. Auch wenn es heute vielfach Theorie bleibt: Am besten für eine Wiese ist noch immer der scharfe Sensenschnitt! Wenn gemulcht oder gemäht wird, sollten für Birkhühner Flecken oder Streifen übrig bleiben, auf denen die Hennen brüten können. Birkhennen brauchen Zwergsträucher oder altes überständiges Gras, um ihre Nester dort anzulegen. Wenn ganze Almen nur mehr sehr kurzen Rasen aufweisen, gibt es keine Brutplätze und auch keine Deckung mehr. Ideal wäre, wenn man vor allem in Waldrandnähe immer wieder ungepflegte Inseln und Streifen übrig lassen würde.

Düngen: Wer genau schaut, entdeckt auf einer Wiese eine ganze Reihe verschiedener Gräser – es sei denn, sie wird intensiv gedüngt. Dann nämlich bleiben meist nur ein gutes halbes Dutzend Grasarten übrig. Mit nur wenigen Düngegaben kann eine Enzian- oder Orchideenwiese kaputt gemacht werden. Man sollte hier also ganz genau hinschauen und mitdenken.

Granulatdünger sollte im Almbereich überhaupt vermieden werden, da die Körner von Raufußhühnern als Magensteine aufgenommen werden – Verätzungen von Kropf und Magen sind die Folge! Borstgrasrasen können gezielt durch Mulchen und Düngung in bessere Weiden umgewandelt werden.

Moore

Betrachtet man eine Karte mit der natürlichen Verbreitung der Moore auf der Erde, so zeigt sich: In Europa und in zentralen Teilen Asiens stimmt die ehemalige Verbreitung des Birkhuhns vor allem in den Tieflagen großteils mit dieser Karte überein. Birkhühner besiedeln heute noch in Nordeuropa oder Sibirien die Randbereiche dieser Moorgebiete. Ich kenne Latschenmoore mit Wollgräsern in den Alpen, die sehr intensiv vom Birkwild genutzt werden. Unwillkürlich denkt man dabei an einen „Hühnerstall". Hier gibt es Deckung und Nahrung auf kleinster Fläche. In Nordeuropa sind Moore wichtige Lebensräume für Birkhühner, dabei besiedeln die Hühner aber nicht das Moor selbst, sondern vor allem die artenreichen Randzonen. Offene Moorflächen zählen zu den besonders beliebten Balzplätzen.

Es gibt eine ganze Reihe von verschiedenen Moortypen, die geläufigsten sind Niedermoor und Hochmoor. Die Unterscheidung bezieht sich auf die jeweilige Wasserversorgung. Hochmoore werden auch „Regenmoore" genannt, weil sie ausschließlich über das Regenwasser gespeist werden. Sie sind sehr arm an Mineral- und Nährstoffen. Hochmoore können im Laufe der Zeit aus Niedermooren entstehen, und zwar dann, wenn der Moorkörper anwächst und es schließlich keinen Kontakt mehr zum Grundwasser oder zum Mineralboden gibt. Niedermoore sind dagegen mit Grundwasser versorgt, sie enthalten mehr Nährstoffe, und es kommt phasenweise auch zur Austrocknung oder zur Überflutung. Niedermoore weisen eine deutlich vielfältigere Pflanzendecke auf, dort wachsen Sauergräser (Seggen, Wollgräser und Simsen) sowie Binsen, Schilf, Bruchwälder oder auch Torfmoose und, wie oben erwähnt, Latschen. Zwischen Hoch- und Niedermoor gibt es viele Übergangsformen. Zur Klarstellung: Ein Sumpf ist kein Moor, er wird nur zeitweise überschwemmt und bildet keinen Torfkörper.

Moore bieten nicht nur Lebensraum für bedrohte Tier- und Pflanzenarten, man erkennt heute immer mehr, dass sie wichtige Wasserspeicher sind, wodurch auch die Gefahr von Überschwemmungen gemindert wird, und dass sie Schadstoffe und Kohlendioxid binden, wodurch sie für den Klimaschutz bedeutsam sind. Fast jede Nutzungsform von Mooren setzt Entwässerung voraus. Der Abbau und die Entwässerung von Mooren lässt sich bis in die Römerzeit zurück verfolgen. Ausgehend von Klöstern wurde bereits im frühen Mittelalter mit der Kultivierung dieser besonderen Lebensräume begonnen. Der Dreißigjährige Krieg setzte der Entwicklung zunächst ein Ende. Erst im 17. und 18. Jahrhundert wurden dann vor allem Niedermoore wieder stärker landwirtschaftlich genutzt. In Deutschland hat man inzwischen mehr als 95 Prozent aller Niedermoore entwässert.

In der Anfangszeit der Moorkultivierung hat das Birkhuhn noch profitiert, weil durch Entwässerung lichte Birken- und Kieferngehölze aufkamen; auch die Aufforstung wirkt sich in den ersten Jahren eher günstig aus. Wenn sich der Wald aber schließt und in die Dickungsphase übergeht, dann ist der Lebensraum verloren. Wo maschinell Torf abgebaut wurde oder intensive Landwirtschaft folgte, ist das Birkhuhn rasch verschwunden. Zur Rolle der Forstwirtschaft in Moorgebieten kommen wir später.

Fazit:

Moore zählen heute in Mitteleuropa zu den besonders wertvollen Landschaften, die meisten stehen ohnehin unter Schutz. Vielfach gibt es auch Programme, um diese selten gewordenen Landschaftstypen zu erhalten oder zu renaturieren. Die Erhaltung eines intakten Moores setzt eigentlich nur voraus, dass man es in Ruhe lässt und dass keine (oder kaum) Nährstoffe eingetragen werden. Bei der Renaturierung wird man die Wiedervernässung der Flächen einleiten. Dazu schließt man zunächst die Entwässerungsgräben. Falls notwendig, werden Gehölze entfernt, es wird gemäht oder auch kontrolliert beweidet oder gebrannt. Bei den Niedermooren sind die Maßnahmen leichter durchzuführen, weil sie ja vom Grundwasser versorgt werden können. Oft sind sie aber bereits so stark überdüngt, dass sie nur mehr schwer wiederhergestellt werden können. Häufig entstehen einfach nur nasse Wiesen oder wertvolle Pufferzonen zu landwirtschaftlichen Flächen. Bei Hochmooren muss man auch auf wasserdurchlässige Schichten achten, da sie ja ausschließlich von nährstoffarmem Regenwasser gespeist werden. Wenn noch Birkwild vorkommt, dann sollte man auf keinen Fall alle Gehölze entfernen, sondern Gruppen von Birken, Kiefern oder Weiden stehen lassen und vor allem breite Übergangszonen zu den angrenzenden Lebensräumen schaffen – besonders interessant ist nämlich der Moorrandbereich.

Heidewirtschaft

Die Heide ist in den meisten Fällen Jahrhunderte alte Kulturlandschaft. Heute verbindet man mit ihr in der Regel nährstoffarme, saure Böden. Typische Pflanzen sind die Besenheide *(Calluna vulgaris)*, der Wacholder, Kiefern oder Birken. Viele Heidelandschaften waren vor der menschlichen Nutzung Eichen- oder Buchenwälder sowie zum Teil Moorgebiete, die der Mensch kultiviert und für die Weide, für Brennholz, Einstreu oder Ackerbau verwendet hat. Dort, wo ehemals Wälder waren, gibt es heute noch Reste von trockenen, sandigen Calluna-Heiden mit Kiefer, Wacholder und Birken. Sie prägen unser Bild von der typischen Heide. Daneben gab es aber auch Moorgebiete sowie Marsch und sumpfiges, nasses Land, das der Mensch entwässert und ebenfalls in Heidegebiete umgewandelt hat. Diese Flächen werden heute größtenteils intensiv landwirtschaftlich bewirtschaftet. Besonders Weide, Holznutzung, Plaggenhieb und Brandwirtschaft verhinderten ehemals wirksam, dass wieder neuer geschlossener Wald aufgekommen ist. Zudem wurden die Böden immer ärmer an Nährstoffen. Diese parkartigen offenen Landschaften mit vielen Zwergsträuchern und eingesprengten Gehölzinseln erweiterten den Birkhuhn-Lebensraum auf großen Flächen. Dadurch dürfte es in den Niederlanden, in Dänemark, Norddeutschland oder Großbritannien und Polen zu einer starken Ausbreitung dieser Raufußhuhnart gekommen sein. Am Beispiel Niedersachsen ist dies im Kapitel über Verbreitung und Bestandessituation bereits dargestellt worden. Ich möchte hier dennoch abermals darauf hinweisen, dass sehr viele Belege darauf hindeuten: Die wirklich hohen Birkhuhndichten in den Heidegebieten sind erst aufgetreten, als die intensive Heidewirtschaft nachgelassen hat. Zuvor war der Einfluss durch die Schafweide enorm, noch heute sehen wir in Großbritannien, dass zu hoher Weidedruck zu Lebensraumverlusten für die Birkhühner führt – es bleibt einfach nichts anderes mehr übrig als kurzgrasige, struktur- und deckungsarme Flächen.

In Niedersachsen zeigte sich, dass von den letzten zehn verbliebenen Birkhuhn-Vorkommen zwei in Moorgebieten und acht in den typischen trockenen Calluna-Heiden überlebt haben – vordergründig ein Hinweis auf die Lebensqualität der typischen trockenen Heidegebiete. Man darf sich aber nicht täuschen lassen! Diese ausgehagerten Heiden waren für die moderne Landwirtschaft schlichtweg uninteressant. Geht man fünfzig Jahre zurück, dann sieht man, dass von 226 Birkhuhn-Vorkommen in Niedersachsen 165 in Moorgebieten lagen, 23 in Marsch- und Feuchtgebieten und 38 in typischen Heidelandschaften. Die Heidevorkommen haben sich mit großer Wahrscheinlichkeit nur deshalb so lang gehalten, weil sie für die Landwirtschaft nicht von Bedeutung waren, auch weil sie einen höheren Waldanteil aufweisen und weniger häufig an intensiv genutzte Felder angrenzen. Die Heiden sind also letzte Rückzugsinseln, wahrscheinlich aber nicht die besten.

In Dänemark kam das Birkhuhn um 1800 noch in allen Heidegebieten Jütlands vor. Viele dieser Heidelandschaften wurden jedoch kultiviert und aufgeforstet. Um 1850 war noch mehr als ein Drittel Jütlands Heideland, um 1970 nur noch rund 5 Prozent. Nachdem Birkwild bereits um 1870 in Dänemark schon kurz vor dem Aussterben stand, wurde die Vogelart vorübergehend vollkommen geschont. Das führte für eine gewisse Zeit zu einer Bestandeserholung. Um 1940 gab es noch rund 2.400 Birkhühner, sie waren aber nur mehr auf etwa die Hälfte der Heidegebiete verteilt. Fünfzehn Jahre später halbierte sich der Bestand auf rund einem Viertel der verfügbaren Heidefläche. Es wäre also augenscheinlich noch mehr Lebensraum vorhanden gewesen, aber neben anderen Rückgangsursachen hat offensichtlich auch die Heide stark an Lebensraum-Qualität verloren. Heute bedecken zwar große Nadelwälder den ehemals unbewaldeten nordwestlichen Teil Jütlands, Aufforstungen sind aber nur ein Teil der Rückgangsursachen. Fehlen Beweidung und Plaggenhieb, dann überaltert die Heide, Beerensträucher verschwinden, die Triebe der Besenheide verholzen und verlieren an Nährstoffgehalt, gleichzeitig geht Lebensraumstruktur verloren. Die Lebensbedingungen für Birkhühner verschlechtern sich, sodass sie aus diesen Gebieten abwandern.

Fazit:

Man versucht heute, die Reste der ehemals ausgedehnten Heidegebiete zu erhalten. Die Heidewirtschaft selbst stellt aber keine zukunftsträchtige Form der Landwirtschaft mehr dar.

Einzelne Bauernhöfe oder Beweidungsprojekte sind sicher ein bedeutender Beitrag vor Ort. Insgesamt können damit nur begrenzt Lebensräume erhalten werden, nicht aber großflächige Kulturlandschaften. Falls noch Birkwild vorkommt, ist ein langfristiges Planungskonzept mit Beweidung, Mahd, Brennen, eventuellem Abschälen der Heideplaggen sowie Raubwildkontrolle und Tourismuslenkung notwendig. Ich würde dabei rund um optimale Kerngebiete wieder ausreichend große Puffer- oder Übergangszonen einrichten. Auf Landschaftsebene sollte an eine Vernetzung verschiedener Vorkommen gedacht werden.

Brandwirtschaft

Bei der Brandwirtschaft wechselten Wald, Acker und Viehweide einander im Rhythmus ab. Brandwirtschaft gab und gibt es in vielen verschiedenen Formen auf der ganzen Welt. In Europa war diese Form der Landwirtschaft ehemals von Finnland und Skandinavien über das Baltikum, über Mittel- und Westeuropa bis in den Mittelmeerraum bekannt. Dabei wurden zum Teil ganz ausgeklügelte Techniken und Nutzungsfolgen eingesetzt. In Österreich gab es dazu sogar noch bis 1970 Fachbeiträge der Landwirtschaft. Es wurden aber auch aufgrund der ungünstigen Auswirkungen auf Wald, Humus und Boden schon im 17. Jahrhundert Verbote ausgesprochen – sie wurden allerdings kaum eingehalten. Heute ist Brennen kein Thema mehr, es ist mittlerweile fast überall verboten und kommt in Europa in der Landwirtschaft so gut wie nicht mehr zur Anwendung. In Zeiten von Klimaerwärmung und künstlich erzeugten mineralischen Düngemitteln wird Brennen auch in Zukunft keine Bedeutung mehr erlangen. Warum also überhaupt darauf eingehen, noch dazu in einem Buch über Birkwild?

Tatsache ist, dass die Brandwirtschaft über lange Zeiträume ideale Birkhuhn-Lebensräume geschaffen hat. Es geht hier also nicht um die Befürwortung einer ehemaligen Landnutzungsform, sondern um eine Möglichkeit, mit der rasch wieder günstige Lebensraumbedingungen für gefährdete Birkhuhn-Vorkommen hergestellt werden könnten – wenn man so will: um ein effizientes Instrument für den Natur- und Artenschutz. In der Steiermark waren die Fischbacher Alpen einst berühmt für den Reichtum an Birkwild. Es gab Jäger, die sich dort nur Abschüsse oder Reviere für die Birkhuhnjagd pachteten. Obwohl ich keine gesicherten

Unterlagen dazu habe, denke ich, dass hier Ähnliches wie bei der Heidewirtschaft gilt und behaupte: Die hohen Birkhuhndichten haben sich erst mit dem Nachlassen der Brandwirtschaft eingestellt, also gleichsam vom Übergang der intensiven Brandwirtschaft zur Waldwirtschaft; nachdem die Flächen aufgeforstet und schließlich Wald geworden waren, ist das Birkwild verschwunden. Von einem der ehemaligen Alm-Inspektoren der Steiermark, Fritz Schneiter, stammt auch eine aufschlussreiche Abhandlung über die Agrargeschichte der Brandwirtschaft. Er beschreibt darin die verschiedenen Brenntechniken sowie deren landwirtschaftlichen Erträge.

Beim Brennen ging es für die Bauern in erster Linie um den Mineraldünger in Form von Asche für den Ackerbau. Notwendig war die Brandwirtschaft ehemals in Gebieten, die nur wenig Ertrag abgaben und daher heute auch kaum noch landwirtschaftlich genutzt werden. Man würde sie derzeit als „Ungunstlagen" bezeichnen. Viele dieser Gebiete sind jetzt wieder Wald. Eine wichtige Voraussetzung für das Brennen war immer, dass es überhaupt etwas zum Verbrennen gab. Das reichte in armen, waldlosen Gegenden von Besenheide und Erika bis zu Gras, Schilf, Moor- oder Ackererde. Wo es noch Wälder gab, wurden vor allem Erlen, Birken, Haseln und sogar Eichen verbrannt. Die Rinde der Eichen, die Lohe, wurde zuvor noch für die Gerberei geschält. In der Regel ließ man kurzzeitig Wald aufkommen, dieser wurde dann zum Teil für Brennholz und zum Niederbrennen verwendet. Auf der Brandfläche wurde dann Korn angebaut, danach folgte Weide und schließlich ließ man wieder Pionierhölzer aufwachsen. Gerne wurden dafür Erlen verwendet, weil sie über eine Symbiose mit stickstoffbindenden Bakterien in der Lage sind, Stickstoff aus der Luft zu speichern. Neben Erlen waren auch Birken weit verbreitet. Wenn wir hier die vom Birkhuhn bevorzugten Lebensräume im Kopf haben, dann wird sehr schnell klar, dass es sich dabei um ideale Gebiete gehandelt hat: Pionierwald – offene Waldbrandflächen – kleine Kornfelder – Waldweide. Der Mensch hat damit optimale Voraussetzungen für diese Vogelart geschaffen.

Interessant ist auch, wie lange der Mensch diese Art der Feldwirtschaft in Waldgebieten bereits anwendet. In Skandinavien sei die Waldbrandwirtschaft bereits zur Römerzeit das vorherrschende Feldsystem gewesen, schreibt Fritz Schneiter. Noch um 1800 bezeichnet der schwedische Naturforscher Linné das Waldbrennen dort als Hauptackersystem. Über die Entstehung des Landesnamens „Schweden" gibt es verschiedene Versionen. Es dürfte sich vom Dänischen *Zweden* ableiten, davor wurde es *Swede-*

land genannt. Als *Swedjen* wurde dort aber auch das uralte Niederbrennen des Waldes bezeichnet. Das *Swedjeland* war das Land, wo gebrannt wurde. In Schweden wuchs nach dem Ackerbau auf den Brandflächen vor allem wieder Birke auf. Damit sind wir wieder beim „Birkhuhn". In Deutschland waren in Zusammenhang mit der Brandwirtschaft die so genannten *Hauberge* bekannt. Auch in manchen dieser Hauberge gab es einst gute Birkhuhn-Vorkommen. In anderen Ländern nannte man sie *Reuter*, *Gereuter*, *Reiten* oder auch *Birkenberge*.

Das Thema „Brennen und Birkwild" abschließend, nun noch ein paar eigene Erfahrungen dazu. Brennen ist vor allem auch seitens des Naturschutzes kritisiert und verhindert worden. Europa ist aber Jahrtausende altes Kulturland. In weiten Teilen der Alpen ist die Waldgrenze künstlich nach unten gedrückt worden, um mehr Viehweide zu erhalten. Der wieder vordringende Wald wurde geschwendet, und teilweise wurde dort auch gebrannt, um wieder bessere Weide zu bekommen. Dabei ging es vor allem um Besenheide und Bürstling, beides sind Pflanzen, die auf Silikatgestein dominieren. In den Kalkalpen wurde nie oder nur sehr selten gebrannt. In Kärnten wurde vor einigen Jahren mit einem Versuch begonnen, bei dem in einigen Gebieten das Brennen von Zwergsträuchern und Bürstling auf den Almen erlaubt wurde. Die Auswirkungen wurden auch untersucht. Es zeigte sich, dass zunächst die Art des Brennens wichtig ist. Das Feuer soll rasch und nur oberflächlich über die Fläche gehen, damit der Mineralboden nicht zerstört wird. Dabei wird gleichzeitig erreicht, dass es einen Wechsel zwischen gebrannten und nicht gebrannten Flecken gibt, weil das Feuer über Bodenunebenheiten, Steine, feuchte Stellen und Ähnliches drüberspringt und eben nicht alles gleichmäßig verbrennt. Damit entsteht vielfältige Struktur. Auf derartigen Brandflächen ist nach einem Jahr die Häufigkeit von Spinnen deutlich höher. Der Insektenreichtum nimmt zu, alles in allem also gute Bedingungen für die Birkhuhnküken in den ersten Lebenswochen. Auch Untersuchungen aus Niedersachsen belegen, dass frisch gebrannte Heideflächen von den Birkhühnern bevorzugt aufgesucht werden; zum einen als Balzplätze, aber auch aufgrund des Angebots an frischen jungen Nahrungspflanzen. Auch in Schottland wurde in Kiefernwäldern eine Reihe kleiner Brandflächen mit einem Fünftel Hektar angelegt, um den Lebensraum des Auerhuhns zu verbessern.

In einem mir gut bekannten Birkhuhngebiet erreichte die Zahl der Birkhühner zwei Jahre nach dem Brennen und Schwenden der Almflächen eine Bestandeshöhe, wie es sie bisher in dem Gebiet noch nicht gegeben hat. Zufall? – Ich denke nicht und bin schon neugierig, ob der Bestand dort noch weiter ansteigen wird, nachdem wieder ein gewisser Anteil von Zwergsträuchern zusätzlich mehr Deckung bietet.

> Fazit:
>
> Wenn Fachleute vorhanden sind, die etwas vom Brennen verstehen, dann kann durch diese Maßnahme die Qualität von Birkwild-Lebensräumen rasch, kostengünstig und effizient angehoben werden. Ein Mittel, vor dem man zumindest nicht die Augen verschließen sollte!

Forstwirtschaft

Die Auswirkungen der modernen Forstwirtschaft auf das Birkhuhn treten heute am deutlichsten in Nordeuropa und in Großbritannien zu Tage. Besonders aus Finnland kommen eingehende Untersuchungen. In Mittel- und Westeuropa gibt es heute zwischen Forstwirtschaft und Birkwild bis auf wenige Ausnahmen kaum noch Berührungspunkte.

Wo aber liegen nun die Berührungspunkte zwischen Forstwirtschaft und Birkwild? In den Alpen sind dies Wald/Weide-Trennung, Hochlagenaufforstung und Schutzwaldsanierung, des weiteren Sturmkatastrophen und was danach folgt; in England und Schottland berühren sich Forstwirtschaft und Birkwild bei den Aufforstungen. Genau betrachtet, ist dies eigentlich gar nicht so wenig. Sehen wir uns die einzelnen Punkte also an.

Die Waldweide wurde schon im Zuge der Almwirtschaft besprochen. Birkwild bewohnt immer den Übergangsbereich zwischen Wald und offenem Land, es geht hier also nicht um die Beweidung geschlossener Waldflächen. Zudem wirken sich Verbiss und Weidedruck in unterschiedlichen Waldgesellschaften ganz unterschiedlich aus. Der Fichtenwald auf Silikatgestein etwa, wie er in vielen Bereichen der Zentralalpen vorkommt, ist viel weniger verbissanfällig wie ein Fichten-Tannen-Buchenwald auf Kalkgestein. Mäßige Beweidung – gemeint sind Rinder – fördert in der Regel Artenvielfalt und Bodenvegetation, in diesem Fall wirkt sie sich positiv auf Raufußhühner wie auch auf das Nahrungsangebot für Schalenwild aus. Der Einfluss sollte aber jeweils vor Ort beurteilt werden – meist geht es dabei um die Intensität der Beweidung. „Saubere“ Lösungen bringen in der Regel Nachteile für die Natur. Dies wird uns in den intensiv bewirtschafteten landwirtschaftlichen Gunstlagen deutlich vor Augen geführt

und gilt gleichermaßen für die Hochlagen. Um es zu wiederholen: Wenn man schon Wald und Weide trennen will, dann sollten wenigstens keine scharfen geradlinigen Ränder entstehen, sondern möglichst fließende breite Übergänge.

In diesem Zusammenhang sind Untersuchungen zu den Lebensraumansprüchen des Birkwildes aus der Schweiz von Interesse, aus denen sich auch Maßnahmen zur Förderung der Birkhühner ableiten lassen. Vorneweg: Die Hahnen sind – wie bei den Menschen! – insgesamt weniger anspruchsvoll als die Hennen. Maßnahmen zur Erhaltung und Förderung von Birkhuhnbeständen sind daher immer auf die Hennen abzustimmen! Auch die Schweizer stellten im Zuge ihrer Untersuchungen fest, dass Hahnen keine bestimmten Lebensraumstrukturen bevorzugten, währenddessen Hennen mit und ohne Gesperre ein abwechslungsreiches Mosaik aus Zwergsträuchern und Grasfluren zwischen Altholz und Naturverjüngung bevorzugten. Sowohl die vertikale als auch die horizontale Struktur sind dabei von Bedeutung – je mehr Struktur und je größer die Abwechslung, desto besser. Die Schweizerin Natalina Signorell beschreibt Birkhuhn-Lebensräume an der Waldgrenze der Alpen folgendermaßen: Etwa ein Drittel der Fläche ist Naturverjüngung aus Fichte, Lärche oder Bergkiefer, ein weiteres Drittel ist Zwergsträucher, hauptsächlich Alpenrosen und Heidelbeeren, ein schwaches Drittel ist alpines Grasland, dazwischen stehen vereinzelt alte Lärchen, Fichten oder Zirben. Besonders führende Hennen waren oft in der Nähe alter Einzelbäume zu finden, sie bevorzugen auch etwas mehr Grasland, wahrscheinlich weil es dort mehr Insekten für die Küken gibt. Hennen ohne Küken brauchen auf Insektenvorkommen keine Rücksicht zu nehmen, sie ernähren sich ja fast ausschließlich von Pflanzen. Für das Gesperre sind dazwischen Verjüngungsgruppen oder Zwergsträucher als Deckung notwendig.

Die Kombination der angeführten Elemente sollte entlang eines etwa 300 Meter breiten Gürtels entlang der Waldgrenze zumindest alle 100 bis 250 Meter vorhanden sein. Die 250 Meter ergeben sich etwa aus der halben Länge eines Hennenstreifgebietes. Was ist damit gemeint? – Erstreckt sich ein Sommerstreifgebiet von 15 Hektar entlang eines 300 Meter breiten Gürtels an der Waldgrenze, dann muss das Gebiet mindestens 500 Meter lang sein, um auf diese Fläche zu kommen. Zusätzlich weisen die Schweizer darauf hin, dass man über Wegegebote menschliche Störungen möglichst einschränken sollte. Nicht führende Hennen und Hahnen haben dort Straßen und Wanderwege deutlich gemieden, führende Hennen weniger. Hieraus darf man aber nicht schließen, dass führende Hennen die Nähe von Wegen bevorzugen. Die Erklärung dürfte eher sein, dass Hennen mit Küken Störungen weniger gut ausweichen können und dass die Wege zur Brutzeit noch wenig genutzt werden. Die Hangexposition hatte keinen Einfluss auf das Vorkommen der Birkhühner.

Differenziert ist die Lage in Objektschutzwäldern zu beurteilen. In weiten Teilen der Zentralalpen ist das Bewaldungsprozent aufgrund menschlicher Eingriffe sehr gering, dazu kommen ein hoher Schutzwaldanteil und eine dichte Besiedlung der Tallagen. Über Hochlagenaufforstungen – oft mit Zirbe – hat man daher in den letzten Jahrzehnten versucht, die Waldgrenze wieder anzuheben, um Siedlungsräume besser vor Lawinen zu schützen. Meist wirken sich die Hochlagenaufforstungen zu Beginn noch günstig auf Birkwild aus, weil Deckung und Lebensraumstruktur erhöht werden. Wer allerdings versucht, jede Lücke im Bergwald zu schließen und geschlossene Bestände anstrebt, der mindert die Lebensraumqualität für das Birkwild. Positiv wirken sich Maßnahmen dann aus, wenn man die natürliche Rottenstruktur im Waldgrenzbereich nachahmt – das heißt: Es sollte gruppenweise gepflanzt werden. Das beste Vorbild ist dabei der vom Menschen wenig beeinflusste Wald in den Hochlagen – keinesfalls aber der Wirtschaftswald, den viele Forstleute im Kopf haben!

Mit Aufforstung und Birkhühnern haben auch die Briten einige Erfahrung: Viele Großgrundbesitzer forsten heute ihre waldarmen Ländereien wieder auf. Meist verwendet man ausländische Nadelbäume – häufig die Sitkafichte. Die Aufforstung erfolgt in der Regel sehr dicht in Reih und Glied. In der Jugendphase sind die Flächen für Birkhühner günstig, weil – wie bei den Hochlagenaufforstungen – Deckung und Strukturangebot erhöht werden. Wenn sich die Bestände aber schließen und ins Dickungsstadium übergehen, dann verschwindet dort das Birkhuhn, weil es keinen Lebensraum mehr findet. Dazu kommen häufig auch noch Zäune gegen das Rotwild, in denen Hühnervögel verunglücken. Die Lösung dieses Problems wäre im Grunde genommen sehr einfach: Würde man statt der monotonen Reihenpflanzungen gruppen- und horstweise pflanzen, dazwischen Löcher und Lücken frei lassen, die Ränder ausgebuchtet gestalten, Vorwälder mit Weiden, Birken oder Erlen fördern, verschiedene Baumarten wählen und frühzeitig läutern und durchforsten, man würde nicht nur stabilere Bestände aufbauen, sondern auch die Qualität des Lebensraumes deutlich erhöhen.

„Vorwälder" wären aber auch ein Thema, wenn es um Waldflächen geht, die vom Sturm geworfen wurden. In den Niederungen ist Birkwild nur noch inselartig verteilt. Im Alpenraum kommt es aber immer wieder vor, dass Birkhühner – zumindest in Österreich – Kahlschläge oder Windwurfflächen vorübergehend besiedeln. Gerade in den letzten Jahren haben orkanartige Winde sehr große Waldflächen zerstört. Birkwild wird wenig schmeichelhaft auch als „Katastrophenart" bezeichnet. Damit wird ausgedrückt, dass die Vogelart in der Lage ist, neu entstandene Lebensräume, wie sie in Wäldern nach Sturm oder Brand entstehen, rasch zu besiedeln. In der Regel ist nach dem Windwurf die Gefahr durch Borkenkäfer groß, sodass die Flächen rasch aufgearbeitet werden. Danach sollte man aber der Natur ein wenig Zeit geben und schon vorausschauend planen, um nicht in einigen Jahrzehnten riesige, einförmige Dickungen oder Stangenhölzer zu erhalten. Jagd wäre dort kaum noch möglich, Probleme mit Rotwild aber vorprogrammiert. Hier kann man ruhig da und dort auch auf die Natur vertrauen. Neben Bereichen, wo mit Wirtschaftsbaumarten aufgeforstet wird, sollte man sich also auch auf den Vorwald besinnen. Das heißt nichts anderes, als dass man Pionierhölzern wie Birken, Weiden oder Vogelbeeren Zeit gibt, um die Fläche wieder zu besiedeln, sie verbessern mit ihrer Laubstreu den Boden und festigen diesen. Lärchen und Kiefern kommen dort, wo Wurzelteller umgekippt sind und die nackte Erde freigelegt wurde. Ein Birkenvorwald, wo sich die Vegetation allmählich von selbst wieder in Richtung Wald entwickelt, würde dem Birkwild am ehesten entsprechen. Insgesamt gibt es in Vorwäldern ein hohes Verbissangebot – falls sich dort Birkwild einstellt, findet es für rund zehn bis fünfzehn Jahre guten Lebensraum vor, verschwindet danach aber wieder.

Wie günstig sich dies tatsächlich auf das Birkhuhn auswirkt, hat der deutsche Raufußhuhnexperte Siegfried Klaus für Thüringen nachgewiesen. Dort hat im Juni 1946 ein Orkan auf einer Fläche von 20.000 Hektar Wald Windwürfe verursacht. Dadurch entstanden besonders auf Bergrücken große Freiflächen sowie Löcher und Lücken im Wald. Nach dem Windwurf folgten Borkenkäfer und auch Forstfeuer. Die Aufforstung begann zunächst mit Vogelbeeren und Birken. Nach einigen Jahren gab es große Flächen mit diesem Vorwald, dazwischen entstanden Inseln mit Fichtenjungwuchs und offenen Bereichen mit Gräsern und Heidelbeere. Der Birkhuhnbestand nahm von 10 Vögeln im Jahr 1945 auf 300 im Jahr 1968 zu. Zur gleichen Zeit erweiterte das Birkwild sein Verbreitungsgebiet im Thüringer Wald von etwa 4.000 Hektar auf 120.000 Hektar – Felder, Wiesen und Kahlschläge mit eingeschlossen. Die Aufforstung mit Fichte begann im Jahr 1953. Man hat sich also in den Nachkriegsjahren acht Jahre Zeit gelassen – im Vergleich zu einer hundertjährigen Waldentwicklung ist dies eine recht kleine Zeitspanne. Aufgrund der strengen Witterungsbedingungen auf den Kämmen und Bergrücken wuchs die Fichte nur langsam, sodass optimale Birkhuhn-Lebensräume noch mehrere Jahrzehnte weiter erhalten blieben. Später wurden dann Eberesche und Birke herausgeschnitten, und die Fichtenbestände schlossen sich. Das führte dazu, dass nach fünfundzwanzig Jahren der Birkhuhnbestand rapid abfiel und 1990 schließlich wieder auf dem Niveau von 1945 anlangte.

Finnische Raufußhuhnbestände haben über Jahrzehnte abgenommen. Ludwig Gilbert hat in seiner Doktorarbeit an der finnischen Universität Jyväskylä dazu weit zurückreichende Datenreihen analysiert. Er kommt zum Schluss, dass Veränderungen im Bruterfolg der Hauptgrund dafür sind. Dabei sieht er vor allem Zusammenhänge zwischen dem Bruterfolg und der Landnutzung in Form moderner Forst- und Landwirtschaft sowie dem Einfluss von Raubfeinden. Der Klimawandel verstärkt die Auswirkungen. Die größte Bedeutung kommt dabei in Finnland der Forstwirtschaft zu – besonders negativ wirken sich Großkahlschläge und Drainagierungen aus. Es klingt unglaublich, aber zwischen 1950 und 1980 wurden in Finnland insgesamt 1,5 Millionen Kilometer Entwässerungsgräben angelegt.

Damit wurden 5,8 Millionen Hektar Sumpf- und Moorland trocken gelegt. Ziel war es in erster Linie, Land der forstlichen Nutzung zugänglich zu machen. Obwohl keine neuen Gräben mehr angelegt werden, wird das alte Netz jedoch erhalten. Die heutige Forstwirtschaft hat großflächig gravierende Veränderungen bewirkt: Die Wälder wurden stark fragmentiert, und sie werden nicht mehr alt. Nadelhölzer wurden stark gefördert, die Birke stark zurückgedrängt. Kahlschläge bieten zwar einen begrenzten Ersatz für offene Flächen, sehr viele hochwertige Moorrandzonen gingen dafür aber verloren. Eine Folge aus dem Kahlschlagmosaik und den Forststraßen ist, dass kleinere Raubtiere zunehmen. Sie üben wiederum verstärkten Druck auf Hennen und deren Bruten aus. Zudem sind die Entwässerungsgräben mit zwei Metern Breite und einem Meter Tiefe für die Küken tödliche Fallen, aus denen es kein Entkommen gibt. Vor allem Birkhühner leiden darunter, weil entwässerte Flächen oft mit Jungwuchs bestockt sind – gerade dort brüten die Hennen gern. Durch die Entwässerung wird zwar einerseits trockenes Bruthabitat geschaffen, anderseits ist dies aber für die Küken sehr gefährlich.

Fazit:

Die Forstwirtschaft gestaltet heute riesige Lebensraumflächen – Österreich ist etwa zu 47 Prozent bewaldet, in Skandinavien liegen die Bewaldungsprozente noch höher. Auch wenn man in den letzten Jahren vermehrt versucht, ökologische Erkenntnisse mit einzubeziehen, in erster Linie geht es auch im Forst um Wirtschaftsinteressen, zumindest dort, wo Wirtschaftsbetriebe dahinter stehen. Die Berührungspunkte zwischen der Forstwirtschaft und den Birkhühnern sind in Mitteleuropa sehr beschränkt. Auf den Punkt gebracht: Sie sind dort zu finden, wo der Wald an größere, annähernd naturnahe Freiflächen grenzt oder wo er durch Sturm, Feuer, Lawinen vorübergehend beseitigt wurde. Will man das Birkwild unterstützen, so geht es in erster Linie um den Grenzbereich zwischen Wald und offenem Land. Dieser sollte möglichst breit und lang sein, ausgebuchtet, reich an Struktur, Zwergsträuchern, Pionierhölzern, alten Einzelbäumen und offenen Grasflächen. Das Ungünstigste sind gerade, monotone Schwarz-Weiß-Lösungen nach dem Motto: „Hier Wald, dort Wiese, Kahlschlag oder Windwurf." Birkhühner brauchen genau das, was dazwischen ist!

Störungen und Tourismus

Die Alpen sind heute die größte und am intensivsten genutzte Tourismusregion der Welt. Jährlich besuchen 150 Millionen Menschen dieses Gebirge, um verschiedensten Freizeitbeschäftigungen nachzugehen. Der Massentourismus hat einerseits eine Reihe von Bauten und Erschließungsmaßnahmen mit sich gebracht, er äußert sich aber auch ganz einfach in immer häufigerem Zusammentreffen von Mensch und Wildtier. Zu den Bauten später mehr, zunächst einmal zu den Störungen. Diese sind leider oft nur schwer nachzuweisen, meist bemerkt der Mensch gar nichts vom Wildtier, weil es vorzeitig flüchtet, sich versteckt oder einfach gut getarnt ist. Das ist auch ein Grund, warum es schwierig ist, Verständnis für Ruhezonen, Wegegebote oder die Einhaltung von Ruhezeiten zu finden. Auch die Auswirkungen von Störungen sind sehr schwer nachzuweisen, einfach weil nicht jede Störung gravierend ist – Wildtiere flüchten auch vor natürlichen Feinden.

Der Birkhuhnforscher Luca Rotelli aus Italien hat im Naturpark Veglia-Devero im Nordwesten des Piemont an der Grenze zum Wallis zwei Bereiche mit unterschiedlich hoher Belastung durch Touristen verglichen. Der Park wird durch hohe Berge in zwei Teile geteilt. Die Alpe Devero ist leicht erreichbar, es gibt ein kleines Schigebiet und Sommer wie Winter viel Tourismus – der Einfluss durch Störung ist hoch. Die Alpe Veglia ist schlecht erreichbar, dazu herrscht im Winter Lawinengefahr – es gibt zu keiner Jahreszeit viele Touristen. Obwohl sich die beiden Gebiete hinsichtlich Wetter und Lebensraum sehr ähnlich sind, ist die Birkwilddichte auf der Alpe Veglia doppelt so hoch wie auf Devero! Viele Naturparks, aber auch Nationalparks schaffen Infrastruktur für die Besucher, dabei sucht man in der Regel die für Touristen attraktivsten Plätze: möglichst sonnseitig, mit gutem Überblick, wind- und wettergeschützt, leicht zu erreichen, ohne Lawinengefahr, kein allzu steiles oder extremes Gelände – dort liegen die Rastplätze, Aussichtspunkte, Berg- und Jausenstationen. Genau diese Plätze würden auch Wildtiere bevorzugen, für sie bleibt aber nur die weniger attraktive zweite Reihe. Auch Naturschutz ist eben immer mit einer Wertung verbunden. Letztlich entscheidet die Gesellschaft, wie gewertet wird. Für viele Nationalparks sind heute die Besucherzahlen der Erfolgsmaßstab.

Auch neue Forschungsergebnisse aus der Schweiz belegen es deutlich: Zunehmender Schitourenbetrieb wirkt sich auf das Birkwild negativ aus. Raphael Arlettaz zeigte mittels einer Analyse von Stresshormonen in der

Losung, dass Birkhühner in Gebieten mit häufigen Störungen wesentlich höherer Stressbelastung ausgesetzt sind als in ungestörten. Dasselbe wies man für Auerhühner nach. Arlettaz folgert: *„Birk- und Auerhühner sind scheue Vogelarten. Sie reagieren empfindlich auf die Anwesenheit des Menschen in ihren Lebensräumen und leiden unter umso höherer Belastung durch Stresshormone, je intensiver ihr Lebensraum im Winter durch den Menschen genutzt wird. Müssen sie häufig fliehen, verbrauchen die Vögel mehr Energie. Beides kann die Sterblichkeit im Winter erhöhen."* – Die Ergebnisse beziehen sich auf den Winter, sehr wahrscheinlich sind aber auch Störungen zur Zeit der Jungenaufzucht problematisch.

Zum Stress kommt hinzu, dass jene Vögel, die in häufig gestörten Gebieten leben, größere Fluchtdistanzen einhalten. In Großbritannien setzte man 77 mit Sendern versehene Birkhühner verschieden intensiven Störungen aus. Zwei Mal pro Woche Aufscheuchen stufte man als starke Störung ein. Ergebnis: Hühner, die regelmäßig gestört wurden, hatten im Winter und Frühling, wenn es weniger Deckung am Boden gibt, um 32 Prozent größere Fluchtdistanzen als jene Vögel, die weniger oft gestört wurden. Es gab keine Unterschiede in der Fruchtbarkeit oder im Fortpflanzungserfolg. Zu bedenken ist jedoch: Wenn Wildtiere früher flüchten, dann wird damit auch ihr verfügbarer Lebensraum kleiner! Störung ist auch verbunden mit längerem Sichern, Unterbrechung der Äsungsaufnahme, stärkerer Aussetzung gegenüber natürlichen Feinden und anderem mehr. Der Schweizer Wildbiologe Dominik Thiel hat dazu im Schwarzwald Auerhühner untersucht. Auch hier zeigte sich, dass die Auerhühner in im Winter häufig vom Menschen aufgesuchten Gebieten auf größere Entfernung flüchten als in ungestörten Gebieten. Die Schlussfolgerung: Offenbar gewöhnen sich die Vögel nicht an den Menschen. Das bedeutet, dass beidseits jeder Schipiste, jeder Loipe und jedes Winter-Wanderweges ein Streifen von mindestens 50 Meter Breite für die Auerhühner als Lebensraum kaum nutzbar ist.

Birkwild ist im Winter zusätzlich stark betroffen, wenn Tiefschneeabfahrten durch Hänge führen, wo die Vögel ihre Schneehöhlen anlegen. Schneehöhlen werden etwa ab minus 3-4 Grad Celsius angelegt, meist auf Nord- oder Nordwesthängen, wo die Sonne nicht direkt hinscheint und deshalb der Schnee länger locker bleibt. Die Vögel können ihre Höhlen nur im lockeren Schnee graben; wenn die Schneedecke verharscht, ist das kaum möglich. Schneehöhlen sind für Birkhühner wichtig, um Energie zu sparen und sich vor Raubfeinden zu schützen. – Im Sommer führt häufige Störung vor allem in der Zeit der frühen Kükenentwicklung zu Problemen. In den ersten zwei, drei Wochen sind die Küken nicht in der Lage, ihre Körpertemperatur selbst aufrechtzuerhalten. Wenn die Jungvögel überrascht und gestört werden, verstecken sie sich und warten, bis die Gefahr vorüber ist. Vor allem bei nasskalter Witterung kann das tödlich sein, denn es führt zur Auskühlung der Küken. Sie müssen erst wieder von der Henne gehudert werden, diese Zeit fehlt dann wieder für die Nahrungsaufnahme, womit sich die Entwicklung des Nachwuchses insgesamt verzögert. – Im Herbst werden oft gerade jene Gebiete, wo es reichlich Heidelbeeren oder Preiselbeeren zu pflücken gibt, häufig vom Menschen besucht. Oft werden die Birkhühner dabei aus den besten Nahrungsgebieten hinausgedrängt. Abhilfe schafft hier meist schon, wenn für das Beerenpflücken bestimmte Zeiten eingehalten werden und man nicht vor neun Uhr in der Früh mit dem Beerensuchen beginnt.

Fazit:

Die zunehmende, fast flächendeckende Landnutzung zu allen Jahreszeiten ist für viele Wildtiere in den Alpen zu einem gravierenden Problem geworden. Zusammenarbeit mit Tourismus und Alpinverbänden, Aufklärung, Einhaltung von Wegegeboten, Einrichtung von Ruhezonen, Ausweisung von Schi- und Wanderrouten, Tourenführer mit Gütesiegel, geführte Touren und die Ausbildung von Wanderführern sind schwierige Aufgaben, aber auch Voraussetzung, wenn alpine oder subalpine Lebensgemeinschaften ohne Schaden erhalten bleiben sollen. Schon lange geht es hier nicht mehr um die Verteidigung von Rechten oder Eigeninteressen, sondern um mehr Verständnis für Lebensräume, die uns Menschen deshalb anziehen, weil sie so einzigartig sind. Diese Einzigartigkeit entsteht aber nicht aus einer Bergkulisse allein, sondern aus allen Teilen dieser Lebensgemeinschaft. Folglich sollten wir uns bemühen, kein Stück davon zu verlieren!

Aufklärung und Information sind dabei wichtig. So hat etwa der Deutsche Alpenverein mit dem Birkhuhnexperten Albin Zeitler Unterlagen und Richtlinien erarbeitet. Im Schweizer Kanton Graubünden kann sich heute jeder Tourengeher und Wanderer über Wildruhezonen und Wegegebote im Internet informieren. Auch die Schweizerische Vogelwarte empfiehlt für Kern-Lebensräume im Winter ein Betretungsverbot und für bestimmte Gebiete Wegegebote. In Österreich vermittelt man Wanderführern mittlerweile wildbiologische Grundlagen. Eine Vorreiterrolle könnten in dieser Hinsicht auch Nationalparks einnehmen. Sie wurden einerseits zum Schutz von außergewöhnlichen Lebensräumen und Landschaften eingerichtet, anderseits sollen sie auch Naturerlebnis und Umweltbewusstsein ermöglichen. Viele dieser besonders schützenswerten Landschaften haben als Nationalpark besonders hohe Anziehungskraft erlangt. Gerade in Österreich wurde zudem vielfach über den Fremdenverkehr für mehr Akzeptanz dieser Schutzgebiete geworben. Heute sind Nationalparks in Österreich ein bedeutender Faktor im Fremdenverkehr, über diese Schutzgebiete wird zum Beispiel für Schitouren geworben, und die Mittel, die dem Park zur Verfügung gestellt werden, orientieren sich am Besucherstrom. Die Konsequenz: Gerade dort sind heute Einschränkungen nur schwer durchzusetzen. Wildruhezonen sollten aber in Schutzgebieten eigentlich ein Mindeststandard sein!

Wintersport, Bauten und Technik

Schitourengehen, Mountainbiken, Wandern, Paragleiten, Beerenpflücken, Mondscheinabfahrten, Heli-Skiing, Langlaufen, Modellfliegen, Großveranstaltungen von Konzerten bis zu Wettkämpfen aller Art – den Menschen in seiner Freizeit beschäftigt zu halten, das ist die eine Seite der Medaille. Darüber hinaus werden die Alpen heute aber auch technisch immer mehr erschlossen. Gerade der Wintersport führt zu mehr und mehr Großbauten und technischen Anlagen im Gebirge. Das Leben der Birkhühner hat sich sehr zu ihrem Nachteil gewendet. Bergstationen von Lift- und Seilbahnen liegen oft auf ehemaligen Balzplätzen, tödlicher Anprall an Liftseilen in Schigebieten, wo die Kabel nicht markiert sind, außerdem verunglücken Vögel an den Glaswänden von Bergrestaurants, werden in der Nacht von Pistengeräten in ihren Schlafhöhlen niedergewalzt, bei Lawinenabsprengungen gleich mitgesprengt, sie verhungern, weil sie von ihren Nahrungsplätzen vertrieben werden, unterliegen einem höheren Feinddruck in der Umgebung von Schutzhütten und Bergstationen, weil diese mit ihren Abfällen Rabenvögel und Füchse anziehen (für Füchse legen Raupenfahrzeuge und Tourengeher leicht zu begehende Wege und Wechsel, die sie in sonst schwer zugängliche Hochlagen bringen), und zu Silvester runden Feuerwerke auf einsamen Berghütten das Jahresprogramm für Wildtiere ab. Und das ist nur ein Teil jener Einflüsse, die der riesige Aufwand für das Freizeitvergnügen von Millionen Menschen nach sich zieht. Weitere Themen wären: Verkehr, Schneekanonen, Wasserversorgung, Müllentsorgung ... die Liste ist fast beliebig verlängerbar. Man muss aufpassen, um nicht angesichts der Folgen des Wirtschaftsfaktors „Tourismus" in Pessimismus oder in Zynismus zu verfallen. Wir wissen es schon: Der Fremdenverkehr stellt heute für viele Bewohner der Alpen eine nicht wegzudenkende Lebensgrundlage dar. Aber es wird auch immer deutlicher, dass bewusste Grenzziehungen unabdingbar sind. Grenzen zu akzeptieren, widerspricht zwar dem heutigen Zeitgeist, das zeitgeistige Ideal liegt im Sprengen und Überschreiten derselben. Wenn wir aber die schädigenden Auswirkungen des Tourismus auf die alpinen Lebensgemeinschaften – und schließlich auch auf uns selbst – hintanhalten möchten, wird an Grenzziehungen kein Weg vorbei führen!

Nicht um das Einzeltier geht es hier, nicht um eine einzelne Art, sondern um die Qualität von gesamten Lebensräumen und um die Stabilität von gesamten Wildtierbeständen. Wie man diese erhalten kann, soll hier an einigen Beispielen aufgezeigt werden.

Auf drei Punkte betreffend Wintersport und Birkhuhn möchte ich nun genauer eingehen:

- auf den Anprall an Kabeln und Seilen,
- auf die räumliche und zeitliche Abstimmung zwischen Schibetrieb und Bedürfnissen des Birkhuhns und
- auf die Umweltprüfungen und Planungen im Zusammenhang mit Schigebieten.

Ein paar Forschungsergebnisse sollen zeigen, mit welchen Einflüssen gerechnet werden kann. Wer meint, die höchste Ausbaustufe für Wintersportgebiete sei in den Alpen ohnehin bereits erreicht, der irrt. Der Druck nach weiterem Ausbau, Steigerung der Kapazitäten und nach Gebietserweiterung steigt immer noch. Immer öfter kommt man dabei in letzte wertvolle und wirklich sensible Lebensräume.

Kabel und Seile

Im Naturpark Veglia-Devero hat Luca Rotelli auch die Todesursachen bei den Birkhühner erhoben. Es gibt dort nur ein kleines Schigebiet, weshalb vergleichsweise wenig Seile und Kabel den Luftraum durchspannen. Es gab drei Schilifte, eine Stromleitung und ein Telefonkabel. Trotzdem starben von 37 Vögeln 4 durch Anflug an Leitungen. Nicht viel? Immerhin über 10 Prozent aller erhobenen Todesursachen – annähernd so hoch war auch die Jagdstrecke. Im selben Zeitraum wurden 5 Vögel erlegt und 25 fielen Raubfeinden zum Opfer, in 3 Fällen war die Todesursache nicht festzustellen. Wie gesagt: Es geht hier nur um ein kleines, eher unbedeutendes Schigebiet im Piemont…

Eine Studie aus Frankreich belegt, dass Raufußhühner im Allgemeinen zu jenen Vogelarten zählen, die am meisten durch Seile und Kabel gefährdet sind. In den Alpen waren Birkhühner deutlich am stärksten betroffen. Im April des Jahres 2007 stellte der französische Raufußhuhnexperte Emmanuel Menoni an der Universität für Bodenkultur in Wien die Ergebnisse der Arbeit der französischen Forscher vor. Über fünf Jahre haben die Wildbiologen und Vogelkundler systematisch 252 Schigebiete in den Alpen und in den Pyrenäen kontrolliert. Jeder Schlepplift und Sessellift, jede Seilbahn, alle Seile für die Absprengung von Lawinen wurden berücksichtigt und kartiert. Insgesamt waren dies über 3.000 Anlagen mit einer Länge von knapp 2.600 Kilometer in den französischen Bergen. Dazu kamen dann noch 700 Kilometer elektrische Leitungen. Um einen

Zusammenhang mit den Ostalpen herzustellen, möchte ich ergänzen: In Österreich gibt es derzeit 970 Seilbahnen und rund 2.000 Schlepplifte, insgesamt rund 3.000 Anlagen. Wir bewegen uns also in einer ähnlichen Größenordnung wie bei dem französischen Projekt. – Wenn wir schon bei den Zahlen sind, hier noch weitere. Wir wollen die Zahlenflut nicht zu weit anwachsen lassen, aber die Transportleistung dieser Anlagen ist so enorm, dass sie die paar zusätzlichen Daten rechtfertigt: 2005/06 wurden damit in Österreich 630 Millionen Personentransporte durchgeführt, 602 Millionen davon im Winter. Seither gab es noch Steigerungen im Winterfremdenverkehr. Dagegen nehmen sich die 20.000 Hektar an Schipisten beinahe unwesentlich aus. Nun aber zurück zum französischen Projekt.

Man erhob dort über das Personal der Liftgesellschaften, an welchen Teilabschnitten der einzelnen Anlagen wenigstens einmal ein toter Vogel gefunden worden war. Es waren 636 Vögel in 146 Schigebieten; zwei Drittel der Gebiete waren also betroffen. Um die Anzahl der verunglückten Vögel ging es dabei nicht, sondern um die gefährlichen Strecken. Es stellte sich heraus, dass es in manchen Schigebieten ein sehr hohes Unfallrisiko gab, während in anderen kaum Verluste auftraten. Am Schluss konnte man von den über 2.500 Kilometern rund 200 Kilometer an Todesstrecken ausweisen – das entspricht ungefähr einer Fahrt von Graz nach Wien.

Die Untersuchung der elektrischen Freileitungen ergab: Auf 16 Abschnitten mit einer Gesamtlänge von 9 Kilometern wurden 21 Kollisionen nachgewiesen. Wieder war das Birkhuhn mit 12 Vögeln am stärksten betroffen. Auch hier möchte ich anfügen: Wer glaubt, das sei zu vernachlässigen, dem sei gesagt: 9 Kilometer ist im Vergleich zu den gesamten Leitungsstrecken minimal. Norwegische Erhebungen gehen davon aus, dass dort Stromleitungen über 26.000 Birkhühnern alljährlich das Leben kosten. Auch die Franzosen schließen aus ihren Ergebnissen, dass der Einfluss von Freileitungen stark unterschätzt wird. Was zeichnet nun aber gefährliche Strecken aus, wie kann man sie erkennen?

Seile von Schiliften werden generell gefährlich, wenn sie in einer Höhe von über 8 Meter vom Boden gespannt sind, besonders kritisch sind mehrere Spannungen, die etwa 10 Meter vom Boden übereinander verlaufen. Das ist eher selten, es kann dann auftreten, wenn etwa vor einer Geländekante ein Sicherheitsseil zwischen zwei verschieden hohen Seilen gespannt ist. Besonders gefährlich sind Seile in Waldschneisen oder im Waldgrenzbereich, weil sie dort oft unvermittelt auftauchen, nicht gut sichtbar sind, und weil Vögel die Lifttrassen gern als Flugschneisen verwenden. Die wichtigste und einfachste Maßnahme ist: Kabel und Seile entlang der gefährlichen Abschnitte sichtbar machen! Das können rote Kunststoffbojen bei Schleppliften sein, rote Spiralen, die man um die Tragseile von Sesselliften gibt, wenn die Sessel im Sommer abgenommen werden, Bänder, Schleifen oder Ähnliches. Die Signale müssen nicht unbedingt rot sein, aber diese Farbe hat bei Vögeln hohen Signalwert und wird gut erkannt. Nachdem man in Frankreich die gefährlichen Abschnitte der Liftanlagen markiert hatte, wurden sechs Jahre lang 70 der gefährlichen Strecken kontrolliert. Das Ergebnis: ein einziges Kollisionsopfer!

Planung und Projektierung

Bei der Beurteilung des Einflusses von Bauten oder Erschließungen im Birkhuhn-Lebensraum, gilt es verschiedene räumliche Ebenen zu betrachten. Zunächst hat jeder das örtliche Vorkommen im Auge, das direkt durch den Bau eines Liftes, einer Schipiste oder Straße beeinflusst wird. Der zweite Blick fällt auf den Birkhuhnbestand des ganzen Bergrückens. Dieser muss unbedingt vor Baubeginn erhoben werden. Die dritte Ebene bezieht sich auf die „Meta-Population", also auf all jene Birkhuhn-Vorkommen, die mit dem direkt betroffenen irgendwie in Kontakt stehen oder zusammenhängen. Letzteres wird selten beachtet, ist aber von Bedeutung. Warum? Einfach deshalb, weil das Birkhuhn-Vorkommen, um das es geht, ein wichtiger Trittstein im ganzen Verbund sein kann – wenn er ausfällt, geht der Zusammenhang verloren, kleinere Vorkommen können verinseln und schließlich erlöschen. Das betroffene Vorkommen kann auch ein wichtiges „Quellgebiet" für Nachbarn sein. Das heißt: Jungvögel, die aus diesem Gebiet abwandern, sorgen für die Stabilität benachbarter Bestände, sie werden durch diese Zuwanderer gesichert.

Im ersten Schritt sollte die aktuelle Lebensraumqualität des örtlichen Birkhuhn-Vorkommens beurteilt werden. In der Regel gibt es dort bereits Wintersporteinrichtungen, denn meist geht es um den Ausbau oder die Erneuerung schon vorhandener Anlagen. Dabei gibt es einen unmittelbaren Einflussbereich mit einer anschließenden Pufferzone. Am einfachsten ist es, wenn man in diesem Fall einen Raster mit 1 Hektar-Quadraten über das Projektgebiet legt. Darin wird dann in fünf Kategorien die Lebensraumqualität je Rasterquadrat eingetragen – von „ungeeignet" bis „beste Qualität". Dies wird einmal ohne und einmal mit den geplanten Maßnahmen durchgeführt. Man erhält also ein Bild von vorher und nachher, wodurch ersichtlich wird, um wie viel sich die Qualität des Gebietes ändert; gleichzeitig kann aber auch festgelegt werden, wie groß Ausgleichsflächen mindestens sein müssen, um den Verlust zu kompensieren.

Neben diesen Flächenauswertungen sind Störeinflüsse zu beurteilen, der Verlust von Brut- und Aufzuchtgebieten, von Balzplätzen, von Überwinterungsbereichen, günstigen Orten für Schneehöhlen, die Gefahr von Kollisionen sowie der Einfluss von Raubfeinden. Letzteres ist schwer einzuschätzen. Die Deutschen Ilse Storch und Christian Leidenberger haben dazu das Vorkommen von Krähenvögeln in der Umgebung von Berghütten untersucht. Krähenvögel sind effiziente Nesträuber, und durch die Erschließung der Hochlagen dringen neben Raben und Dohlen auch Krähen immer mehr in Almgebiete vor. Das Ergebnis: Alle Krähenvögel – Elstern, Eichelhäher, Zirbenhäher, Krähen, Alpendohlen, Kolkraben – hielten sich deutlich mehr in der Umgebung von Berghütten auf als in vergleichbaren Kontrollgebieten. Günstigere Bedingungen für Krähenvögel in der Umgebung der Hütten sind also wahrscheinlich; womit aber noch keine Auswirkungen auf Raufußhühner nachgewiesen wären. Dazu allerdings gibt es eine Studie aus Schottland mit recht eindeutigen Ergebnissen.

Adam Watson und Robert Moss haben viele Jahre ihres Lebens dem Studium von Raufußhühnern gewidmet. So verfolgten sie fast dreißig Jahre lang – von 1967 bis 1996 – die Entwicklung eines Schneehuhnbestandes im schottischen Schigebiet Cairn Gorm. Dabei beobachteten sie vorerst die Zuwanderung von Krähen *(Corvus corone)*. Im Zentrum des Schigebietes, nahe dem Hauptparkplatz, kamen Schneehühner zunächst in hohen Dichten vor. Sie verloren aber die Gelege durch die zugewanderten Krähen, brachten nur mehr wenige Küken auf und verunglückten auch immer wieder an den Liftseilen. Der Bestand nahm mehr und mehr ab, und schließlich gab es über viele Sommer keinen Bruterfolg mehr. Auch in dem benachbarten, etwas höher gelegen Vorkommen mit weniger Seilen blieb der Bruterfolg aufgrund der Krähen aus – die Schneehühner kollidierten dort aber weniger oft mit Seilen. Es gab jedoch auch weiterhin noch Schneehühner, wenn auch die Anzahl deutlich sank. Natürliche Bestandesschwankungen blieben nun aus. Dennoch hielten sich die Vögel über weitere zwei Jahrzehnte. Wie konnte es das geben? – Es war nur deshalb möglich, weil Schneehühner immer wieder aus Nachbargebieten zugewandert sind! Deutlich entfernt vom Schigebiet, wo weder Seile noch Krähen Einfluss hatten, verlief die Bestandesentwicklung nämlich ebenso wie im unberührten Teil des Bergmassivs. Für uns entscheidend: Allein die Tatsache, dass Schnee- oder Birkhühner in Schigebieten noch immer da sind, sagt wenig. Die Bestandesdynamik ist es, über die man Bescheid wissen muss!

Nach dem Ausflug ins Schottische Hochland nun noch ein paar abschließende Worte zur Planung und Begutachtung von Bauvorhaben. Im Falle, dass gebaut wird, können Begleit- und Ausgleichsmaßnahmen helfen, damit der Eingriff in die Umwelt möglichst schonend erfolgt. Begleitmaßnahmen wären: die besprochene Markierung von Seilen, eine Einschränkung der Betriebszeiten, Bauarbeiten nur außerhalb von Balz-, Brut- sowie früher Aufzuchtzeit, Wege- und Pistengebote, Ausgleichsmaßnahmen für den verlorenen Lebensraum und schließlich langjährige Kontrollbeobachtungen, um den Einfluss auf den Birkhuhnbestand zu erheben. Und nicht zu vergessen: ein Finanzierungsplan!

Auch wenn Projektbetreiber es immer wieder anführen: Schipisten sind kein geeigneter Lebensraum für Birkhühner. Sie dienen allenfalls als Balzplätze, sind im Winter aber ohnehin besetzt, und im Sommer fehlt ihnen jegliche Struktur und Deckung. Höchstens die Randzonen sind für Birkhühner wertvoll. Deshalb sind Ausgleichsflächen notwendig.

Abstimmung Schibetrieb – Birkwild

Traditionelle Balzplätze werden bei starker Störung aufgegeben, berichtet der deutsche Birkwildexperte Albin Zeitler aus langjähriger Beobachtung. Die Hahnen balzen dann einzeln weit verstreut und an wechselnden Orten. Störungen seien umso kritischer, je weniger gut geeignete Ausweichräume es gibt, führt Zeitler weiter aus. Bei Stellungnahmen schlage auch ich zumeist vor, den Liftbetrieb Mitte April einzustellen, damit die Balz möglichst störungsfrei abläuft – meist ist die Schisaison dann ohnehin vorbei. Albin Zeitler hat seine Studien vor allem in den Bayerischen Alpen durchgeführt. Auch hier ein paar Zahlen: In den Bergen Bayerns gibt es derzeit noch rund 60.000 Hektar Birkhuhn-Lebensraum, in diesem ganzen Raum findet Wintersport statt. Insgesamt verbringen heute Schitourengeher in den Bayerischen Alpen zwischen 20 und 25 Millionen Stunden ihrer Freizeit. Allein im Birkwild-Lebensraum gibt es 60 Schigebiete mit 4.000 Hektar an präparierten Pisten. In vielen der Gebiete ist ein hoher Anteil an Variantenfahrern abseits der Pisten unterwegs. Soweit ein Bild von den Gegebenheiten. Es führt uns zu einer ganz wesentlichen Frage: Können sich Birkhühner an Schifahrer gewöhnen? Zeitler sagt: Ja – allerdings mit gewissen Einschränkungen.

Auftauchen aus der Übernachtungshöhle.

In Schigebieten, die täglich regelmäßig von Touristen frequentiert werden, können sich Birkhühner nach Zeitler an den Menschen gewöhnen. Sie brauchen aber unbedingt störungsfreie Ausweichräume mit guter Lebensraumqualität, mit Ruheplätzen, mit Nahrungsangebot und tiefem lockeren Schnee für die Schneehöhlen. Besonders wichtig sind die ungestörten Nahrungsplätze – oft sind dies zum Beispiel Grünerlenhänge. Nur eigens ausgewiesene Schutzzonen führen hier zum Ziel. Vögel, die im Winter immer wieder bei der Nahrungsaufnahme gestört wurden, seien tatsächlich verhungert, führt Zeitler an. Zur Klarstellung: Wir sprechen hier nicht von Tourengehern. Auch in regulären Schigebieten ist es wichtig, dass menschliches Verhalten für Birkwild vorhersehbar bleibt. Das heißt: Es geht nur ohne Variantenfahrer! Überwacht wird dies in Bayern durch die Pistenpolizei. Zusätzlich sind auch zeitliche Einschränkungen einzuhalten: kein Schibetrieb, wenn die Vögel morgens und abends Nahrung aufnehmen – also vor 9 Uhr und nach 16 Uhr. Birkhuhnjagd und Schitourismus im selben Gebiet sind für Zeitler unvereinbar, weil sich die Hühner durch die Jagd nicht an den Menschen gewöhnen würden. Sein Vorschlag: räumliche Trennung von Wintersport, Tourismus und Jagd – und darüber hinaus ein gut durchdachtes Netzwerk von ungestörten Wildruhezonen.

Ein Kapitel für sich: Windkraft-Anlagen

Ein Kraftwerk mitten auf der Alm? Noch vor ein paar Jahren wäre man in Mitteleuropa mit so einer Behauptung ausgelacht worden. In der Steiermark gibt es mittlerweile schon mehrere Windparks hoch oben am Berg, mitten im Birkhuhn-Lebensraum. Im Jahr 2002 wurde der höchstgelegene Windpark Europas auf 1.800 Meter Seehöhe gebaut. Bei der Planung von Windkraftanlagen stellte sich in der Steiermark heraus, dass von 28 möglichen Standorten 24 im Birkhuhn-Lebensraum liegen. Die besten Standorte decken sich meist mit Balzplätzen. Besonders am Alpen-Ostrand, der östlichen Verbreitungsgrenze des Birkhuhns in den Alpen, kollidierten die Interessen des Birkhuhns sehr häufig mit jenen der Kraftwerksbetreiber.

Die ersten Windkraft-Anlagen wurden in einem ehemals sehr guten Birkwild-Lebensraum errichtet. Wir haben dort die Bestandesentwicklung über die Jahre verfolgt. Zuerst wurden auf dem Höhenrücken elf Windkraftwerke mit einer Nabenhöhe von 60 Metern und einem Rotor-Durchmesser von 66 Metern errichtet, 2004 wurde der Park um zwei Anlagen erweitert. Die Zählungen in allen betroffenen Jagdrevieren erbrachten einen Bestandesrückgang von einem Höchststand mit 41 meldenden Hahnen im Jahr 2002 auf 9 Hahnen im Jahr 2007 – der niedrigsten Zahl, die bisher jemals dort festgestellt wurde. Ein langjährig bekannter, traditionell sehr guter Balzplatz in unmittelbarer Nähe der Windräder wurde mittlerweile vom Birkwild aufgegeben. Zu Baubeginn hatten dort noch 12 Birkhahnen gemeldet. Balzende Hahnen waren während der Bauzeit und auch danach genau unter den Windturbinen zu beobachten. Dies zeigt die strenge Bindung der erwachsenen Birkhahnen an ihre Balzterritorien. Die anfängliche Hoffnung, dass die Kraftwerke keine Auswirkungen hätten, bestätigte sich nicht. Der Bereich um den Windpark ist mittlerweile verwaist, der Anteil an einzeln balzenden Hahnen nahm im Gebiet deutlich zu. Die angrenzenden Vorkommen zeigten in keinem Fall diesen auffällig rückläufigen Trend. Worin die Ursachen für den starken Rückgang genau liegen, weiß man derzeit noch nicht. Kollisionen mit den Türmen sind bestätigt, nicht aber mit den Rotorblättern. Sie können aber nicht allein die Ursache für den auffälligen Bestandesrückgang in kurzer Zeit sein. Lärm, Schattenwurf, Störungen durch Besucher und Wartungsmannschaft sind Einflüsse, die sich ungünstig auswirken können. Auch auf einem zweiten Bergrücken, zwischen Stuhleck und Pretul im Semmeringgebiet, zeichnen sich ähnlich drastische Auswirkungen der Windenergie auf die Birkhühner ab.

Der Zusammenhang zwischen dem Windpark und der starken Bestandesabnahme sowie der räumlichen Verteilung beim Birkwild ist offensichtlich. Eine eindeutige Ursache dafür ist heute noch nicht ausgemacht. Insgesamt scheint der Nachwuchs in dem Gebiet auszubleiben. Es ist auch möglich, dass keine Hennen mehr zugewandert sind und der örtliche Bestand über fünf Jahre allmählich erloschen ist. Im Abschnitt über Abwanderung *(Seite 82ff.)* sehen wir, dass Birkhahnen sehr sesshaft sind, während ein großer Teil der jungen Birkhennen in benachbarte Gebiete abwandert – sie sorgen für den genetischen Austausch. Wie und wonach sich die Hennen genau orientieren, weiß man nicht. Optisch könnten die Windräder auf dem Bergrücken störend wirken. Akustisch ist das Rodeln der Kleinen Hahnen je nach Wetterlage zwei bis drei Kilometer zu hören. Der Lärm der Rotoren schluckt die Laute der balzenden Birkhahnen aber zum Teil vollkommen, sodass bei Betrieb auch in unmittelbarer Nähe kein Hahn zu hören ist. Von Wiedereinbürgerungsprojekten weiß man, dass ein Netzwerk von Balzplätzen wichtig ist, damit junge Vögel angezogen werden und auch bleiben. Wie gesagt: Im alpinen Raum sind gerade die Birkhuhnbalzplätze ideale Standorte für Windräder…

Wiedereinbürgerung

Es gibt keine andere Raufußhuhnart, mit der mehr Einbürgerungsversuche unternommen worden sind, als mit dem Birkwild. Wo Wiedereinbürgerung oder Bestandesaufstockung ein letzter Rettungsanker sind, verstehe ich sehr gut, dass man auch diesen Strohhalm ergreift. Grundsätzlich aber stehe ich diesen Maßnahmen skeptisch gegenüber, vor allem auch, weil dabei in der Regel Brut und Aufzucht von Volierenvögeln im Vordergrund stehen. Das ist auch zweifellos ein wichtiger Teil des Gesamtprogramms, Wiedereinbürgerung macht aber nur dann Sinn, wenn vorher der Lebensraum bestens vorbereitet worden ist. Lebensraumverlust ist meist die Hauptursache für das Erlöschen von Beständen. Will man unerfahrene, in Gefangenschaft großgezogene Vögel freisetzen, dann sollte die Qualität des Lebensraumes im Freilassungsgebiet sehr gut sein. Die Vorbereitung des Lebensraumes ist mühsam und langwierig, braucht Jahre, und die Arbeit muss deshalb in Angriff genommen werden, lange bevor man mit der Errichtung von Volieren oder dem Brüten von Zuchtvögeln beginnt. Auch die Reduktion von Krähenvögeln, Raubwild oder Wildschweinen kann da miteinzubeziehen sein. Vögel auszusetzen und gleichzeitig mit der Verbesserung des Lebensraumes zu beginnen, halte ich für unsinnig. Es kommt aber häufig vor.

Es gibt viele Aussetzungsprojekte ohne Aufzeichnungen, über die Zahl der Versuche ohne Genehmigung und fachliche Begleitung weiß man nichts. Detail am Rande: Sogar aus Nordamerika, wo das Birkhuhn gar nicht heimisch ist, sind zehn erfolglose Einbürgerungsversuche bekannt. Genaue Angaben über Versuche zur Wiedereinbürgerung sind schwer zu bekommen. Eine Untersuchung gibt es aber, die aus 29 dokumentierten Projekten Schlussfolgerungen zieht. Christiane Seiler, Per Angelstam und Hans-Heiner Bergmann haben die Unterlagen zu über 5.500 ausgebürgerten Auer-, Birk- und Haselhühnern unter die Lupe genommen. Darunter waren in den vergangenen zwanzig Jahren 14 Birkhuhnprojekte mit insgesamt 2.900 ausgewilderten Vögeln. Man sieht dabei, dass die Anzahl der freigelassenen Vögel und die Projektdauer zwei ganz wichtige Faktoren sind. Jene Projekte, die mehr als sechs Jahre dauerten und wo jährlich zumindest 30 Vögel ausgesetzt wurden, waren erfolgreich. Wer also vorhat, Raufußhühner auszusetzen, sollte demnach Planung und Finanzierung zumindest auf die nächsten sechs Jahre ausrichten. Wer den langen Atem nicht hat, sollte sein Geld lieber anderweitig einsetzen. Bevor man mit dem Aussetzen beginnt, sollte man auch wenigstens eine Ahnung davon haben, warum die Vögel aus einem Gebiet verschwunden sind.

Es gibt „harte“ und „sanfte“ Aussetzungsmethoden. Mit der Zucht von Birkwild möchte ich mich hier nicht lange aufhalten; es wird aber immer wieder darauf hingewiesen, dass es sehr unterschiedliche Erfolge gibt, je nachdem, ob die Küken von Hand aufgezogen wurden oder von Hennen. Bei handaufgezogenen Küken können die Stückzahlen bei der Aussetzung erhöht werden, da man von Birkhennen in Gefangenschaft zwischen 20 und 30 Eier erhält. Am besten sind die Erfolge aber mit Wildfängen. Bei harten Aussetzungsmethoden entlässt man eine Anzahl nachgezüchteter Vögel einfach in die Freiheit. Bei weichen Methoden gibt es Eingewöhnungsvolieren, oder es werden Hennen ausgewildert, die Küken führen. In manchen Fällen wird auch hart und weich kombiniert. Der Erfolg hängt aber in der Regel mit der sanften Methode zusammen.

Ein Teil der Vögel wandert bei Aussetzungen immer ab. Wenn es überhaupt kein Birkwild mehr gibt, dann gehen viele Vögel ganz einfach verloren, weil die Bindung zum Aussetzungsgebiet nicht da ist. Es nützt wenig, wenn man 300 Hektar Lebensraum schafft, und die ausgesetzten Hühner wandern dann kilometerweit ab. Entgegenwirken kann man dem, indem mit Hilfe von Eingewöhnungvolieren im April oder Juli ausgesetzt wird. Man kann auch versuchen, in einem Gebiet einige Balzplätze mit Hahnen aufzubauen, um umherstreichende Vögel dort zu binden. Bei Hennen gibt es auch gute Erfolge, wenn man sie – mit oder ohne Küken – im Juli auslässt. Entscheidend ist auf jeden Fall, dass man nicht zu viele Vögel durch Abwanderung verliert. Erfahrungen aus England zeigen, dass es mit den erwähnten Maßnahmen möglich ist, die ausgewilderten Vögel in einem Gebiet mit 2 Kilometer Radius zu halten. Brut- und Aufzuchtgebiete sollten möglichst ruhig und ungestört sein. Dennoch ist mit jährlichen Ausfällen von 50 Prozent und mehr zu rechnen. Raubfeindkontrolle ist bei vielen Projekten deshalb eine der zusätzlichen Maßnahmen. Wichtig ist auch, dass im Zuge der sanften Methode den Vögeln Zeit gegeben wird, sich auf das natürliche Nahrungsangebot umzustellen. Vögel in Gefangenschaft haben viel kürzere Blinddärme und können daher vor allem Winternahrung weniger gut aufschließen. Setzt man sie im Herbst aus, können sie verhungern.

Restbestände

Manchmal geht es nicht um Wiedereinbürgerung, sondern um die räumliche Ausweitung des Bestandes und um die Verbindung noch bestehender Vorkommen. Hier werden also Maßnahmen ergriffen, bevor es zu spät ist. Generell sollte man nicht so lange warten, bis die Vögel aus einem Gebiet verschwunden sind. Der Engländer David Baines führt an, dass die Besiedlung von Randgebieten nur sehr langsam vor sich geht, weil die Hahnen recht standorttreu sind. Er stellte in einigen Vorkommen leichte Zunahmen fest, trotzdem gab es aber keine Gebietserweiterung. Im Norden Englands wurden Abwanderungsentfernungen von durchschnittlich 0,8 Kilometer für Hahnen im ersten Lebensjahr festgestellt, für die Hennen dagegen 8 Kilometer. Unter diesen Voraussetzungen werden freie Randgebiete nur sehr langsam wiederbesiedelt, weil es lange dauert, bis sich neue Balzplätze in den Randzonen etablieren. Die Engländer betonen, dass die Aussetzungsorte nicht mehr als 10 Kilometer von guten Balzplätzen entfernt sein sollen. Man hat für die Versetzung nur Hahnen aus angrenzenden Gebieten verwendet. Die Wildfänge wurden gleich nach dem Fang in der Nacht auf geeigneten Balzplätzen ausgelassen. Die Auswilderung in der Nacht sei mit weniger Stress verbunden, meint Baines. Als günstig hat sich das Aussetzen von Balzgruppen mit zwei bis drei erwachsenen

Hahnen und einigen Schneidern erwiesen. Die Einjährigen bleiben eher, Ältere versuchen häufig zurückzukehren. Mit der Aussetzung versucht man, neue Gebiete für Hennen attraktiv zu machen. Fehlende Abwanderungsdynamik ist vor allem bei kleinen Restbeständen ein Problem. Dies geht aus einer Reihe von Beispielen in Niedersachsen, Baden-Württemberg und England hervor. Dabei wird jedes Mal darauf hingewiesen, dass die Jagd eingestellt wurde, dass sich der Lebensraum sogar verbessert hat, dass Störungen minimiert worden sind – trotzdem haben sich die Hühner nicht wieder ausgebreitet. Ein Grund dafür liegt sicher auch im starken Raubfeinddruck. Es ist also notwendig, Raubwild zu kontrollieren und ausgedehnte Pufferzonen rund um gute Birkwild-Lebensräume zu erhalten. Ein zweiter Grund kann in der Sesshaftigkeit der Hahnen liegen.

Wo es nur noch kleine Bestandesreste und isolierte Vorkommen gibt, ist die Wahrscheinlichkeit für das Erlöschen dieser Vorkommen selbst dann sehr hoch, wenn es noch geeigneten Lebensraum gibt. Je kleiner ein Bestand, desto geringer seine Überlebensaussichten. Sinkt die Zahl unter 100 Hühner, dann ist das Risiko sehr hoch. Dänemark, das erste europäische Land, in dem die Art ausgestorben ist, liefert ein gutes Beispiel dafür, in Holland scheint sich dies zu wiederholen. Diese Fälle zeigen: Wenn man Birkhühner unterstützen will, dann muss dies frühzeitig und auf großer Fläche geschehen. Meist fehlen dafür aber bis heute Konzepte auf Landschaftsebene. Die Erhaltung und Ausweitung der Lebensräume sollte dabei im Vordergrund stehen.

Geht es um Wiedereinbürgerung und kleine Vorkommensreste, dann ist aber auch die Genetik ein Thema. Der Schwede Jacob Höglund spricht in diesem Zusammenhang vom „Strudel des Aussterbens“. Was meint er? – Kleine Vorkommen verlieren an genetischer Variabilität. Dies führt zum Verlust an Fitness. Fit sein heißt: Gut angepasst sein. Wo dies nicht der Fall ist, sinken die Überlebens- und auch die Nachwuchsrate. Das führt zur Bestandesabnahme. Weniger Vögel sind wiederum gleichzusetzen mit geringer genetischer Variabilität – und die Spirale dreht sich weiter. Das Birkwild gehört in vielen Ländern Europas zu den am meisten gefährdeten Vogelarten. Dennoch zählt es weltweit nicht zu den bedrohten Arten, weil es in dem riesigen eurasischen Verbreitungsgebiet noch ausreichend große Vorkommen gibt. Warum sollte man sich also hier bei uns überhaupt um diese Vogelart bemühen? Die Antwort ist einfach: Weil wir unsere Verantwortung für Lebensgemeinschaften nicht einfach nach Sibirien abschieben können…

Räuber und Beute

Im Zusammenhang mit dem Erlöschen von Birkhuhnbeständen wird immer wieder auf die Rolle der Raubfeinde hingewiesen. Es gibt auch eine ganze Reihe von Studien, die den Einfluss von Beutegreifern anschaulich belegen. Bevor wir hier aber ins Detail gehen, sollten wir uns zunächst die natürlichen Beziehungen zwischen Räuber und Beute ansehen – also ohne gravierenden Einfluss oder Störung durch den Menschen. Das ist notwendig, um zu begreifen, dass Birkhühner ganz einfach zum Nahrungsspektrum von Habicht, Steinadler und Fuchs gehören. Von Natur aus ist die Vogelart daran auch gut angepasst und kann Verluste durchaus ertragen. Wo aber die Lebensräume stark verändert werden, wo Raubfeinde durch die Landnutzung begünstigt sind oder Vorkommen verinseln, da wird die Beziehung zwischen Räuber und Beute stark beeinflusst – in vielen Fällen zugunsten von anpassungsfähigen Raubfeinden.

Gefährdung – quer durchs Jahr

Bei erwachsenem Birkwild, wie auch beim Auerwild, ist der Frühling kritisch. Hahnen und Hennen sind zu dieser Zeit viel aktiver und damit leichter für Beutegreifer ausfindig zu machen. Da Raufußhühner nur geringe Fettreserven haben, müssen vor allem die Hennen im Frühling in der Vorbrutzeit selektiv viel eiweißreiche Nahrung aufnehmen. Dies ist wichtig für die Eiproduktion. Je nach Frühlingstemperatur ist die Vegetation oft aber ganz unterschiedlich weit. Damit im Zusammenhang steht nun nicht nur das Nahrungsangebot, sondern auch die Deckung. Je weiter die Vegetation, desto besser die Deckung für die Hennen und desto geringer auch der Einfluss von Raubfeinden. Manche Raufußhuhnforscher gehen sogar so weit, dass sie über die Temperaturen in der Vor-Legeperiode und in der frühen Kükenaufzuchtzeit Bestandesentwicklungen vorhersagen. Die geringsten Ausfälle durch Raubfeinde bei Birkhennen gibt es offensichtlich gegen Ende der Jungenaufzucht im späten Juli und im August.

Bei den erwachsenen Birkhahnen ist vor allem das Ende der Balz kritisch, insgesamt haben sie nicht nur einiges an Gewicht, sondern auch an Kondition verloren. Generell gilt, dass einzeln balzende Hahnen stärker durch Raubfeinde gefährdet sind. Birkhahnen leben im halboffenen

Gelände und sind grundsätzlich geselliger als Auerhahnen. Die großen Wintertrupps der Birkhahnen sind auch eine Strategie, um sich besser vor Feinden zu schützen – viele Augen sehen eben mehr. Wintergruppen von Birkhahnen bewegen sich oft auch im Tages- oder Wochenrhythmus zwischen verschiedenen Nahrungsplätzen. Damit wird ebenfalls der Kontakt mit Beutegreifern verringert. Die Schneehöhlen, welche Birkwild im Winter anlegt, dienen nicht nur dem Energiesparen, sondern auch dem Schutz vor Feinden. Auch bei der Balz gehen Birkhahnen nach dem Motto „Viele Augen sehen mehr". Deshalb liegen große Gruppenbalzplätze auf übersichtlichen freien Geländekuppen, von wo man die Annäherung von Feinden aus der Luft und am Boden schon früh erkennt. Somit ist klar: Viele Verhaltensweisen werden ganz eindeutig von Beutegreifern mitbeeinflusst.

Gelege

Raufußhuhngelege werden zwar in der Regel nur nebenbei erbeutet, Nestraub ist aber für diese Bodenbrüter ein wichtiger bestandesregulierender Faktor. Wie hoch Gelegeverluste sein können, das ist im Abschnitt über Nachwuchs und Sterblichkeit nachzulesen. Birkhennen tarnen ihre Nester besser als etwa die Auerhennen, sie sind also schwerer zu finden. Schlecht getarnte Nester werden vor allem von Krähenvögeln im offenen Gelände leicht entdeckt. Wo es genügend Bodenvegetation und Deckung gibt, ist es auch für Krähenvögel schwer, Birkhuhnnester zu finden, dazu müssen sie sehr nahe an das Gelege herankommen. Der Bruterfolg hängt generell auch mit der Vegetationsentwicklung im Frühjahr zusammen. Je früher Heidelbeeren und Zwergsträucher austreiben, umso besser ist nicht nur die Deckung für die Hennen, sondern auch jene für die Gelege. Damit steigt der Bruterfolg für Erstgelege. Dies ist für die Bestandesentwicklung von enormer Bedeutung. Warum? – Grundsätzlich können die Raufußhühner den Ausfall des Erstgeleges mit einem Nachgelege kompensieren. Untersuchungen an Birkwild haben sogar ergeben, dass Zweitgelege oft bessere Chancen haben, gerade weil dann die Vegetation und damit die Deckung schon viel weiter ist. Aber: Einjährige Hennen legen kaum Zweitgelege an, und die Eizahl in Nachgelegen ist durchwegs geringer. Das heißt: Die zweite Chance ist nur eine Notlösung, die auch meist viel weniger Nachwuchs bringt.

Fuchs und Marder: Fallbeispiele aus Skandinavien

Bei der Übertragung von Fallstudien ist immer Vorsicht geboten. Um Räuber-Beute-Beziehungen besser zu verstehen, sind zudem Langzeit-Untersuchungen wichtig. Eine bekannte Studie in Zusammenhang mit Raubsäugern und Raufußhühnern wurde auf zwei Inseln im nördlichen Golf der Bottnischen See durchgeführt. Die beiden benachbarten Inseln Bergön (18 Quadratkilometer) und Ranön (23,5 Quadratkilometer) sind 3 bis 4 Kilometer vom Festland entfernt. Das interessante, über neun Jahre laufende Experiment des schwedischen Wildbiologen Vidar Marcström sah folgendermaßen aus: Zuerst wurden auf Bergön von 1976 bis 1980 alle Füchse und Marder erlegt, auf Ranön wurde Raubwild nicht bejagt. Von Herbst 1980 bis Frühling 1984 wurden die beiden Raubwildarten auf Ranön streng bejagt; die Insel Bergön konnten Füchse und Marder über das vereiste Meer wieder besiedeln. Die Auswirkungen auf Auer- und Birkwild waren anschaulich:

Wo die beiden Raubwildarten stark verfolgt wurden, dort hatten die Gesperre im August durchschnittlich 5,5 Jungvögel, und 77 Prozent der Hennen führten Küken. Auf jener Insel, auf der die Beutegreifer nicht bejagt wurden, gab es im August im Schnitt 3,3 Küken je Gesperre, und 59 Prozent der Hennen hatten Küken. Zwei Jahre nach der Raubwildbejagung stellte man bei erwachsenen Auer- und Birkhühnern im Juli und August eine Zunahme von 56 bis 80 Prozent fest. Auf den Balzplätzen ergaben sich Zunahmen von 166 bis 174 Prozent.

Diese Studie zeigt zunächst einmal nur, wie viel der Ausfälle auf das Konto von Fuchs und Marder gehen. Sie sagt nichts darüber aus, ob es dadurch zu einer Bestandesgefährdung kommt. Auf der Insel, wo jeweils keine Raubwildbejagung stattfand, gab es zwar weniger Vögel und auch weniger Nachwuchs, weil ein Teil von den beiden Beutegreifern abgeschöpft wurde, aber deshalb waren dort die Bestände nicht gefährdet. Als Jäger kann man sich fragen, ob die Jagdstrecken erhöht werden könnten, wenn man Beutegreifer reguliert.

Auch eine zweite Langzeitstudie gab es in Schweden. In den 1980er-Jahren wurden in Skandinavien die Fuchsbestände durch die Räude stark dezimiert. Der schwedische Wildbiologe Erik Lindström verfolgte fast zwanzig Jahre lang die Entwicklung der Rotfuchsbestände, wie auch jener von Auer-, Birk- und Haselwild. Neben Jagdstrecken kamen Losungszählungen sowie Fragebögen für die Einschätzung der Bestandesentwicklung zum Einsatz. Nicht nur bei Raufußhühnern, sondern auch bei Schnee- und

Feldhase zeigte sich zur Zeit des Räudeeinbruches beim Rotfuchs ein deutlicher Bestandesanstieg. Schlussfolgerung: Die Annahme „Der Rotfuchs nimmt nur den ohnehin ausfallenden Überschuss (doomed surplus)“ trifft für die oben genannten Arten in Skandinavien nicht zu!

Zyklische Bestandesschwankungen

Generell treten in Skandinavien zyklische Bestandesschwankungen bei Raufußhühnern auf. Erklärt wird dies mit dem Auf und Ab von Kleinsäugern. Alle drei bis vier Jahre erreichen die Bestände der Wühlmäuse einen Gipfel und brechen dann wieder zusammen. In Jahren mit hohen Mäusedichten ernähren sich Raubsäuger wie der Rotfuchs vornehmlich von Mäusen, wodurch der Druck auf die Raufußhühner sinkt. Brechen die Wühlmausbestände zusammen, werden wieder stärker Raufußhühner gejagt. Diese Zusammenhänge sind vor allem im Norden von Norwegen, Schweden und Finnland gegeben, je weiter man nach Süden geht und je mehr der Mensch die Lebensräume prägt, umso mehr verschwinden sie.

In der Studie von Vidar Marcström hatte die Entnahme von Füchsen und Mardern keinen Einfluss auf die Wühlmäuse. Dabei wurden zwei Vierjahreszyklen durchlaufen. Auf jener Insel, wo die Räuber nicht bejagt wurden, stellte man einen Einfluss der Wühlmauszyklen auf die Raufußhühner fest: In guten Wühlmausjahren hatten Fuchs und Marder ausreichend Beute und daher die Raufußhühner mehr Nachwuchs. In schlechten Jahren mussten die Raufußhühner als alternative Beute herhalten. Über zyklische Bestandesschwankungen im Alpenraum ist nur wenig bekannt, es wäre aber denkbar, dass sich das Beerenangebot (Heidelbeere, Preiselbeere) auf die Bestandesentwicklung auswirkt.

Räuber, Beute, Lebensraum

Es gibt grundsätzlich keinen Beutegreifer, der ganzjährig auf Raufußhühner spezialisiert wäre. Wir wissen jedoch, dass in den stark vom Menschen geprägten Lebensräumen Mitteleuropas wenig spezialisierte Raubwildarten insgesamt ein erhöhtes Nahrungsspektrum vorfinden und dass dann diese Beutegreifer vor allem die Dichte seltener Beutetiere beeinflussen können. Zu den wichtigsten Beutegreifern zählt in diesem Zusammenhang heute der Rotfuchs, daneben kommt vor allem Krähenvögeln aber auch dem Wildschwein eine immer bedeutendere Rolle zu. In

Thüringen ging Mitte der 1980er-Jahre ein Drittel aller zerstörten Auerhuhngelege auf das Wildschwein zurück. Die Verluste reichen aus, um dort den Rückgang des Auerhuhns zu erklären.

Vor allem finnische und schottische Studien zeigen deutlich, dass mit der zunehmenden Zerstückelung und Verschlechterung des Lebensraumes der Einfluss von Beutegreifern kritisch werden kann. In guten Lebensräumen gleichen Raufußhühner den Einfluss von Raubfeinden weit besser aus; in schlechten ist deren Einfluss um so dramatischer, weil die Vögel zum einen auch ohne Raubwild schon geringere Überlebensraten haben, zudem aber aufgrund schlechter Deckung auch noch leichter erbeutet werden.

In Großbritannien ging David Baines der Frage nach, welche Rolle zunehmenden Raubwilddichten in stark rückläufigen Birkhuhnbeständen zukommt. Kann die Kontrolle von Beutegreifern den Lebensraumverlust beim Birkhuhn abfangen?, fragte er sich. Die Studie bezog sich auf Füchse, Krähen, Hermeline und Mauswiesel. Diese Arten wurden in drei Gebieten stark reduziert. In jedem Fall stieg der Bruterfolg beim Birkhuhn. Sowohl die Zahl der balzenden Hahnen als auch der brütenden Hennen nahm zu. Nach Ende der Versuche in zwei Gebieten fiel die Anzahl der Hühner wieder ab. Baines meint: Der Einfluss der Beutegreifer ist klar ersichtlich und die Raubwildkontrolle daher eine nützliche Erhaltungsmaßnahme. Aber er weist auch darauf hin, dass am Ende des Projektes die Bestandeszahlen erneut abfielen. Vorübergehend kann also damit geholfen werden. Was aber kommt danach?

Das Verhältnis von Raubfeinden und Raufußhühnern gerät vor allem als Folge von Veränderungen des Lebensraumes aus dem Gleichgewicht. Die Regulierung von Beutegreifern wirkt sich durchaus positiv aus. Wenn parallel dazu aber nicht die Qualität des Lebensraumes angehoben wird, dann setzt man mehr bei den Symptomen als bei den Ursachen an. Das heißt: Neben der Bejagung des Raubwildes ist die Gestaltung des Lebensraumes ein langfristig besseres Konzept, um die Räuber-Beute-Beziehung wieder ins Lot zu bringen. Die Regulierung von Raubfeinden ist von Bedeutung, wenn es gilt, rückläufige Bestände oder verinselte Vorkommen wieder zu stabilisieren, aber wenn sich parallel dazu beim Lebensraum nichts ändert, so ist dies langfristig eine Sisyphusarbeit mit wenig Zukunft.

Kurz zusammengefasst, sind für das Birkhuhn folgende Beutegreifer von Bedeutung: In den Alpen zählt der Steinadler zu den wichtigsten

Beutegreifern, daneben Habicht und Fuchs. In Skandinavien kommt dem Habicht in naturnahen Wäldern eine bedeutende Rolle zu, daneben dem Uhu; wo intensive Forstwirtschaft betrieben wird, dem Marder, Hermelin und Rotfuchs. Wo Wald und landwirtschaftliche Flächen abwechseln, treten Krähen und Rabenvögel besonders hervor. In England zählt man neben Füchsen, Mardern und Wieseln auch Weihen zu den Raubfeinden. In Deutschland wird das Schwarzwild für die kleinen Vorkommen in Tief- und Mittelgebirgslagen zum ernsten Problem.

Jagd

Hinsichtlich der Bejagung des Birkwildes prallen gegensätzliche Meinungen oft hart aufeinander: Die einen verstehen nicht, wie man auf eine in Mitteleuropa gefährdete Wildart überhaupt noch jagen kann, die anderen berufen sich auf alte Rechte, Traditionen sowie darauf, dass man nicht alle Birkwildvorkommen in einen Topf werfen könne. In Österreich ging es bei den Debatten in den vergangenen Jahren besonders um die Frühjahrsjagd, die viele Fachleute deshalb ablehnen, weil sie gerade dann in die Bestände eingreift, wenn diese nach dem Winter ihren jährlichen Tiefpunkt erreichen, und weil sie zur besonders sensiblen Fortpflanzungszeit stört. Im Zuge der Balz haben wir es bereits besprochen: Der Abschuss der stärksten Hahnen zur Balzzeit kann Balzgruppen sprengen, ebenso wirkt sich ein jagdlicher Zugriff auf die dominanten Hahnen mit Sicherheit ungünstig aus, weil gerade diese von den Hennen bevorzugt werden. Einfach, schnell umsetzbar und für weite Kreise populär wäre also: die Jagd generell einstellen. Damit mag zwar ein Einflussfaktor ausgeschaltet werden, ob es dem Birkhuhn aber damit tatsächlich besser ginge, ist fraglich. Die Bejagungsgegner werden argumentieren, mit der Einstellung der Jagd gäbe es wenigstens einen Negativfaktor weniger. Doch diese Argumentation greift zu kurz.

Ohne Zweifel ist die Bejagung von langjährig rückläufigen Beständen nicht zu verantworten; wenn gejagt wird, dann müssen entsprechende Grundlagen vorhanden sein, um überhaupt zu erkennen, wie man in die Bestände eingreift, und es muss klare Regeln für eine möglichst bestandesschonende, nachhaltige Jagd geben. Dazu gleich mehr. Wenn die Jagd aber eingestellt wird, dann verliert das Birkhuhn eine wichtige Lobby. Für manche ist das vielleicht schwer zu verstehen: Einerseits schießen die Jäger Birkhühner, anderseits soll gerade diese Gruppe den Vögeln auch helfen? – *„Für die Erhaltung von Wildtieren ist heute vor allem anderen eine Lobby von grundlegender Bedeutung"*, hat bereits der erste Wildbiologe, Aldo Leopold, gemeint. Viele Maßnahmen, die dem Birkhuhn helfen können, wurden in diesem Buch angeführt: Tourismuslenkung, Markierung von Seilen, Weidewirtschaft, Rodung usw.; gleichzeitig wurde auf die Gefährdung durch bestimmte Landnutzungsformen aufmerksam gemacht. Wenn nicht jemand Zeit und Geld einsetzt, um einiges davon umzusetzen

Birkwild in der Jägersprache

Bezeichnungen:

– männliches Tier ***Birkhahn, Kleiner Hahn, Spielhahn, Schildhahn***
(Mehrzahl: ***Birkhahnen***)
– weibliches Tier ***Birkhenne***
– Beisammensein mehrerer Hahnen bzw. Hennen ***Flug***

Körperteile:

– Schnabel ***Schnabel***
– Beine ***Ständer***
– Schwanzfedern ***Stoß, Spiel, Leier, Schere, Schar***
– gekrümmte äußere Schwanzdeckfedern ***Sicheln, Krumme***

Lautäußerungen:

– Zischen des balzenden Hahnes ***blasen, rauschen, fauchen, zuschen***
– Gurren des balzenden Hahnes ***kullern, rodeln, kollern, grugeln***
– Unterbrechen des Balzgesanges bei Sonnenaufgang ***Morgengebet***
– Balz nach Sonnenaufgang ***Sonnenbalz***

Nahrung, Stoffwechsel:

– Nahrung ***Äsung***
– Nahrung aufnehmen ***äsen***
– Exkremente ***Losung (Gestüber)***

Aufenthalt und Bewegung im Revier:

– Trittreihe ***Geläuf***
– Hahn umkreist Henne mit schleifenden Schwingen ***Rad schlagen***

Jagd, Behandlung des erlegten Wildes:

– Locken des balzenden Hahnes durch Nachahmen ***reizen, spotten***
– Birkhahn nähert sich dem reizenden Jäger ***zustehen***
– Hahn, der dem Lockruf nicht mehr folgt ***verreizter Hahn***

Im Übrigen gelten sinngemäß auch die jagdlichen Ausdrücke, die beim Auerwild verwendet werden. (Siehe z. B. im Buch *„Jägersprache in Wort und Bild"* von Hermann Prossinagg, oder im Buch *„Auerwild"* von Hubert Zeiler, beide erschienen im Österreichischen Jagd- und Fischerei-Verlag, Wien.)

oder Bauern, Waldbesitzer, Tourismusbetriebe, Kraftwerksbetreiber, Wandervereine und Landesregierungen zu informieren und zu überzeugen, dann bleiben all die Vorschläge für Maßnahmen graue Theorie.

Schon Aldo Leopold hat in den 1930er-Jahren erkannt, dass einer der Arbeitsschwerpunkte eines Wildbiologen – abseits von jeder Forschung – im Gespräch mit den Menschen besteht. Der Umgang mit Wildtieren sei leicht, meinte er, die Lenkung und Überzeugung von Menschen hingegen das Schwierige an der Arbeit. Die beiden Amerikaner Decker und Goff haben Ende der 1980er-Jahre noch viel deutlichere Worte gefunden: *„Wer beruflich mit natürlichen Ressourcen zu tun hat und glaubt, sich auf biologisches und ökologisches Wissen zurückziehen zu können, ohne soziale und ökonomische Faktoren zu berücksichtigen, ist entweder naiv, irregeleitet oder beides."* In unberührten Lebensräumen gibt es keinen Konflikt zwischen Landnutzungsinteressen und wilden Tieren. Genau in diesem Spannungsfeld bewegen wir uns aber, wenn wir Wildtiere mitten in Kulturlandschaften erhalten wollen. Die Kenntnis ihrer Lebensbedürfnisse ist dabei eine grundlegende Voraussetzung; wer aber nicht mit den Menschen draußen umgehen kann, der wird dabei kaum etwas zuwege bringen. Wo noch gejagt wird, sind Jäger eine wichtige Lobby für Raufußhühner – diese Wildarten haben einen hohen Stellenwert für Jäger. Wer diese Lobby verliert, der verliert viel Wissen, ein gut organisiertes landesweites Organisationsnetz und vor allem: viel unentgeltlichen Einsatz. In einem Revierjagdsystem – wie in Österreich – ist Jagd mit Grund und Boden verbunden. Viele Jäger sind selbst Grundbesitzer oder haben guten Kontakt zu den Grundbesitzern. Hier ist direkte Einflussnahme auf die Lebensraumgestaltung möglich. Viele Maßnahmen werden unentgeltlich von Jägern durchgeführt. In meiner Zeit als Wildbiologe bei den steirischen Jägern haben wir etliche Projekte zur Lebensraumverbesserung für Raufußhühner durchgeführt. Ich selbst habe nur beraten; Zeit, Arbeit und Kosten wurden von den Jägern vor Ort aufgebracht – alles freiwillig, ohne einen Cent Förderung durch die Öffentliche Hand. Insgesamt waren dies in fünf Jahren über 40 Projekte, die meisten davon für Auerwild, einige auch für Birkhühner. Auch die Bestände wurden landesweit erhoben und kartiert.

Aber auch in einem Lizenzjagdsystem, wo die Jagd nicht mit Grund und Boden verbunden ist, leisten Jäger beachtliche Beiträge. In Finnland werden beispielsweise die Bestandesdichten und Bestandesentwicklungen von 30 verschiedenen Wildarten über das so genannte „Wildlife Triangle

Scheme“ erfasst. Das Programm wurde 1989 begonnen und wird fast ausschließlich von Jägern durchgeführt – freiwillig! Dabei werden über das gesamte Land etwa 1.500 Wildlife „Triangles“ gelegt, das sind Dreiecke mit 4 Kilometer Seitenlänge. Mitte August werden diese Strecken von einer Drei-Mann-Gruppe kontrolliert und alle Beobachtungen aufgezeichnet. Die Daten dienen einerseits der Jagdplanung, anderseits greift eine Reihe wissenschaftlicher Studien über Raufußhühner auf diese Daten zurück. Ergänzt sei dazu: In Finnland gibt es mit Ausnahme des Nordens keine größeren Berge oder Täler, das ganze Land ist aus der Sicht eines Alpenbewohners beinahe eben, eine Folge des Gletscherschliffs der letzten Eiszeiten – in den Alpen wäre diese Methode nicht anwendbar.

Die Frage, ob man grundsätzlich ja oder nein zur Jagd sagt, hat jeder für sich selbst zu beantworten. Geht es um die Zukunft des Birkhuhns, dann sollten unmittelbar mit der Antwort aber auch Überlegungen für die nächsten notwendigen Schritte verbunden werden – sowohl von jenen, die mit „Ja“, als auch von denen, die mit „Nein“ antworten! Auch wenn die Standpunkte noch so gegensätzlich ausfallen, eines vereint beide: nämlich der Wille, diese Wildart zu erhalten.

Lizenzjagd in den Alpen – Herbstjagd in der Schweiz

Graubünden ...

Der Wildbiologe Hannes Jenny vom Amt für Jagd und Fischerei in Graubünden zeigt anschaulich, wie man auf hundertfünfzig und mehr Jahre alte Rahmenbedingungen ein gutes Wildtiermanagement aufbauen kann. Im Schweizer Kanton Graubünden steht das freie Jagdrecht seit dem Jahr 1526 jedem Bürger zu. Erst 1877 wurde die Patentjagd eingeführt: Nun musste man für ein Jagdpatent, das zur freien Jagd im ganzen Kanton berechtigt, bezahlen. Die Frühjahrsjagd auf Raufußhühner wurde bereits vor hundertfünfzig Jahren abgeschafft – in einem Patentjagdsystem macht dies auch Sinn, da ja jeder überall jagen darf und somit die Störung und Bejagung einzelner Balzplätze im Frühling nicht mehr kontrollierbar wäre. Lizenzjagd ist also in jedem Fall gleichzusetzen mit Herbstjagd.

Auerhühner werden in Graubünden nicht mehr bejagt, die Birk- und die Schneehühner von 16. Oktober bis 30. November. Pro Jäger ist nur ein Birkhahn frei, er muss vorgewiesen werden. Beim Niederwild stellt man sich in Graubünden die Frage: Welcher Abschuss kann getätigt werden, ohne die Art zu gefährden? Beim Hochwild steht die Frage im Raum:

Welcher Abschuss muss getätigt werden, um den Lebensraum nicht zu gefährden? – Es gibt rund 1.700 Niederjäger im Kanton, für die Behörde arbeiten 60 Wildhüter und Jagdaufseher. Die professionelle Wildhut wird von den Jägern über die gelösten Patente finanziert. Das Jagdregal des Kantons muss eigenfinanziert sein. Um die Raufußhuhnbestände nicht zu übernutzen, arbeiten die Schweizer mit einem professionellen Beobachtungssystem durch die Wildhüter, es gibt Testgebiete, wo alljährlich gezählt wird, daneben werden die Jagdstrecken und die Abschussverteilungen analysiert. Eines gibt es allerdings in Graubünden nicht: Abschusspläne! In diesem freien System arbeitet man mit ganz anderen Mitteln, um den Jagddruck zu begrenzen. Will man, dass weniger Birkhahnen oder Schneehühner erlegt werden, dann dürfen Motorfahrzeuge für die Jagd nur mehr sehr eingeschränkt verwendet werden. Das kann bedeuten: Die Anfahrt mit dem Auto ist nur mehr bis zum letzten Dorf gestattet – ab der Ortstafel geht es zu Fuß auf die Jagd in die Berge! Dies ist sehr effizient, um den Jagddruck zu verringern. Daneben gibt es noch ein Netz von Wildschutzgebieten, wo nicht gejagt wird. Neben den Wildschutzgebieten gibt es auch Wildruhezonen, wo vor allem die Störung durch Touristen gemindert werden soll. Hannes Jenny meint, dass die Jäger heute von Machtpositionen herunter steigen müssen und Leistungsnachweise brauchen. Diese Ruhezonen, die gemeinsam mit Gemeinden und Jägern vor Ort erarbeitet werden, sowie eine professionelle Wildhut sind solche Leistungsnachweise!

Tessin ...

Auch im Schweizer Kanton Tessin werden Birkhühner im Herbst bejagt – auch hier im Rahmen eines Lizenzjagdsystems. Der Birkhuhnforscher Niklaus Zbinden hat gemeinsam mit Marco Savioni die Birkhuhnjagd im Tessin untersucht. Zur Verfügung standen ihnen Daten aus über dreißig Jahren. Bejagt wurden nur Birkhahnen. Anhand der Unterlagen konnten die beiden zeigen, dass stark rückläufige Strecken in den 1970er-Jahren auf einen markanten Rückgang des Birkhuhns zurückzuführen waren – die Bestände wurden übernutzt. Nachdem man ab 1980 den Jagddruck verringerte, zeigte sich nun, dass die Strecken mit der Nachwuchsrate zusammenhängen. Das heißt: Die jährliche Entnahme durch die Jagd blieb nun offensichtlich unter dem Zuwachs. Gleichzeitig zeigte sich: Wurden im Herbst mehr Hahnen erlegt, weil der Bestand höher war, sind auch im darauf folgenden Frühling mehr Hahnen auf den Balzplätzen gezählt worden. Während in Graubünden die Erschwernis der Jagd ein wirksames Regulativ für die Drosselung der Jagdstrecke war, haben im Tessin verschiedenste Maßnahmen zur Regelung der Jagdstrecken nicht gegriffen. In einem Lizenzjagdsystem sind folgende Maßnahmen möglich, um den Jagddruck zu mindern: Beschränkung der Jagdstrecke pro Jäger, Anzahl der Jagdtage sowie die Festlegung der Jagdzeit. Wie gesagt: Keine dieser Maßnahmen hat im Tessin gegriffen. Lediglich die Anzahl der gelösten Jagdpatente war letztlich ausschlaggebend für die Höhe der Jagdstrecke.

Die Streckenauswertungen durch Zbinden und Savioni endeten Mitte der 1990er-Jahre. Im Tessin gab es zu dieser Zeit etwa 1.500 Jäger, die ein Patent für die Niederjagd lösten. Die Anzahl der freigegebenen Hahnen je Jäger waren in den dreißig Jahren davor immer wieder verringert worden. Zwischen 1991 und 1994 waren es noch drei Stück gewesen. Bezogen auf den gesamten Birkwild-Lebensraum war damals durchschnittlich 1 Jäger je 100 Hektar unterwegs. Die Jagd konzentriert sich aber auf die besten Gebiete und ist an den ersten Tagen nach Aufgang der Jagd am höchsten. In diesen Tagen sind auch die Strecken am größten. Obwohl verschiedenste Raufußhuhnforscher empfehlen, möglichst früh im Herbst mit der Jagd zu beginnen, weil damit mehr Junghahnen zur Strecke kommen und der Ausfall der Jungvögel ohnehin höher ist, hat sich im Tessin gezeigt, dass ein später Jagdbeginn sinnvoller ist, einfach deshalb, weil später im Jahr weniger Vögel erlegt werden. Vor allem bei Schnee ist die Jagd mit dem Vorstehhund schwierig. Zur Erinnerung: Anhand biologischer Grundlagen allein zu entscheiden, greift oft zu kurz, wenn es um die Nutzung natürlicher Ressourcen geht. – Bei der Jagd mit dem Vorstehhund im Herbst ist zusätzlich zu bedenken, dass damit große Flächen beunruhigt werden. Dazu gibt es Untersuchungen aus den Pyrenäen und dem Schwarzwald. Der Schweizer Dominik Thiel hat die Fluchtdistanzen von Auerhühnern ausgewertet. In den Französischen Pyrenäen werden die Auerhahnen von Mitte September bis Ende Oktober bejagt. Die Studie zeigte, dass der Jagddruck die Fluchtdistanz der Auerhahnen beeinflusst. Sie flüchten im Spätherbst und Winter in bejagten Gebieten nicht nur vor Jägern, sondern auch vor Touristen auf größere Entfernungen. Detail am Rande: Hennen wurden nicht bejagt. Sie zeigten keine Unterschiede in der Fluchtdistanz zwischen bejagten und unbejagten Gebieten. Niklaus Zbinden und Marco Savioni werten die Feststellung, dass die mittlere tägliche Birkhahn-Jagdstrecke im Verlaufe der Jagdsaison abnimmt, als Zeichen für einen hohen Jagddruck. Das hängt aber nicht nur mit der Verringerung des

Hahnenbestandes zusammen, sondern mehr noch mit dem Druck, der durch Störungen zunimmt. Eine Auswirkung davon ist, dass der Jagderfolg abnimmt. Jeder Raufußhuhnjäger, der im Herbst mit dem Hund jagt, weiß das. Die beiden Schweizer Autoren kommen zu dem Schluss, dass Birkhuhnpopulationen empfindlich auf Bejagung reagieren und nur einen geringen Jagddruck vertragen. Sie weisen auch darauf hin, dass es im Lizenzsystem bei der Herbstjagd in wichtigen Quellgebieten deutlich mehr Jagddruck gibt.

Zwischen Lizenz- und Reviersystem: Südtirol

In Südtirol hat jeder Bürger das Recht, in seiner Gemeinde zu jagen. Es gibt dort zwar ein Revierjagdsystem, das Jagdrecht ist aber nicht an Grundeigentum gebunden. In Südtirol gilt das Wild als unverfügbares Vermögen des Staates. Die Jagd auf Raufußhühner wird in Italien von Naturschutzverbänden deutlich stärker kritisiert als die Jagd auf anderes Wild. Das führte dazu, dass Auerwild 1983 das letzte Mal im Frühjahr bejagt wurde. Im Jahr 1987 wurde die Jagd auf Auerwild wie auch auf Haselhühner überhaupt eingestellt. Dass man die Jagd auf eine bedrohte Tierart einstellt, ist unbestritten notwendig; wer aber glaubt, damit sei die Tierart über den Berg, der irrt. Die wichtigste Rückgangsursache ist der Lebensraumverlust, wenn dieser nicht aufgehalten wird, hilft gar nichts. In Südtirol verringerte sich die Anzahl der Auerhuhnbalzplätze nach Einstellung der Jagd in nur zwölf Jahren von 1990 bis 2002 um ein Drittel von 458 auf 298. Birkwild wird heute in Südtirol noch bejagt, aber nicht in der Balz. Die Umstellung auf die Herbstjagd von 15. Oktober bis 15. Dezember hat die Jahresstrecke auf etwa die Hälfte sinken lassen. Derzeit bemühen sich die Jäger, Raufußhuhnbestände zu erfassen.

Revierjagd in den Alpen – Frühjahrsjagd in Österreich

Birkwild wird heute auch noch – ich schreibe diese Zeilen im Jahr 2008 – in Österreich bejagt, Grundlage dafür ist das Revierjagdsystem mit Bezug zu Grund und Boden. Auch in einem Lizenzjagdsystem hat jeder Jäger Vorlieben für bestimmte, ihm bekannte Gebiete – allein schon, weil er in den Bergen nur bei entsprechender Geländekenntnis erfolgreich jagen wird. Es gibt also im Revier- und im Lizenzjagdsystem einen Bezug zum Jagdgebiet; unmittelbare Verantwortung für den Wildtierlebensraum wie für den dortigen Wildbestand besteht aber nur im Revierjagdsystem. Das Verantwortungsbewusstsein sollte also im Revierjagdsystem größer und weitreichender sein. Tatsächlich gibt es auch viele Beispiele, wo diese Verantwortung von Generation zu Generation weitergegeben wird. Gleichzeitig nimmt aber auch die Zahl jener Jagdgebiete zu, wo die Jagd mit verschiedensten Formen der Wirtschaft verknüpft ist. Das muss nicht in jedem Fall negativ sein, gerade die Birkhuhnjagd kann für einen Bergbauern und Eigenjagdbesitzer ein zusätzliches Einkommen darstellen. Über seine Almwirtschaft bewahrt er den Lebensraum und nimmt dafür einen Kleinen Hahn. Der Bezug zwischen Lebensraumerhaltung und der Nutzung ist hier etwas Selbstverständliches – die Jagd ist wichtig für dieses Selbstverständnis! Man muss nur wollen, dann kann man als Eigenjagdberechtigter im Revierjagdsystem viel effizienter Lebensraum gestalten als im Lizenzjagdsystem. Dies ist ein ganz zentraler Punkt – vor allem, wenn man sich vor Augen hält, dass Lebensraumverlust generell die Hauptursache für den Rückgang der Birkhuhnbestände ist. – Wenn Wildtierbestände aber „bewirtschaftet“ werden, dann kommen häufig auch Wirtschaftsregeln zur Anwendung: Kosten-Nutzen-Rechnung, Vermarktung, Konkurrenzdruck, Wachstumssteigerung, Konzentration auf wenige einträgliche Wildarten, Produktion von Wild und so weiter – mit allen Nachteilen für Wild, Jagd und Natur. Die Andeutungen mögen in diesem Zusammenhang genügen. Das Thema wäre Stoff für ein eigenes Buch.

Ich habe den Vergleich zwischen dem Lizenz- und Revierjagdsystem gewählt, weil er zur Frage „Frühjahrs- oder Herbstjagd?“ hinführt. Wie gesagt, die Frühjahrsjagd ist nur im Revierjagdsystem denkbar. Im Allgemeinen wird sie heute kritisiert. Warum also nochmals darauf eingehen? – Wichtig für die Erhaltung einer Wildart sind die Rahmenbedingungen. Österreich beherbergt derzeit große Teile der Alpenpopulation des Birkhuhns. Diese Vorkommen sind heute in Mitteleuropa von überregionaler Bedeutung. Die Verantwortung für deren Erhaltung liegt also auch bei Österreich. Hinsichtlich dieser Verantwortung spielen die Jäger im Revierjagdsystem, wo die Jagd an Grund und Boden gebunden ist, eine wichtige Rolle. Ob man sich für oder gegen eine Bejagung ausspricht, ändert nichts daran: Man muss die Jäger einbinden, wenn es um die Erhaltung dieser Wildart geht. Die Jagd ist heute eine von vielen Landnutzungsformen. Immer mehr Menschen sehen sie als eine antiquierte Freizeitbeschäftigung an, nicht mehr zeitgemäß, mit dem Leid von Tieren verbunden, bestandesgefährdend und so weiter. Jeder mag das sehen, wie er will, je nach Einstellung und Wissensstand. Bedenkt man die Tausenden Kilometer Liftanlagen und die Zigtausend Hektar Schipisten im Birkhuhn-Lebensraum, welche Menschen für ihr Freizeitglück zu brauchen glauben, dann relativiert sich vieles. Auch über die 1,5 Millionen Kilometer Entwässerungsgräben in finnischen Wäldern könnte man nachzudenken anfangen, über die Windkraftwerke auf den Balzplätzen und über vieles andere mehr.

Jäger wollen Birkhühner erlegen, und in Österreich wollen sie dies im Frühling tun. An dieser Stelle ist zu erwähnen: In einem Revierjagdsystem lässt sich der Abschuss besser als bei der Lizenzjagd auf bestimmte Jagdgebiete verteilen. Auch die Zahl der freigegebenen Hahnen kann von vornherein besser kontrolliert werden. Bei der Lizenzjagd kann man hier zwar auf Erfahrungswerte zurückgreifen, im Revierjagdsystem gibt es aber von Anfang an konkrete revierbezogene Zahlen. Die Abschusserfüllung kann nur unter der Freigabe liegen. Niklaus Zbinden hat auf die Bedeutung der gelösten Patente für den Jagddruck im Tessin hingewiesen. Im Revierjagdsystem hingegen spielt die Zahl der Jäger bei der Birkhahnbejagung keine Rolle.

Bei der Frühjahrsjagd ist eine der Voraussetzungen, dass nicht zu früh begonnen wird. Hier greifen Regelungen der Europäischen Union ganz unverständlich daneben, welche die Winterjagd bis Ende März erlauben: Das ermöglicht die Bejagung im Hochwinter bis knapp vor Beginn der Hauptbalzzeit. Argumente, welche die Jagd zu einem späteren Zeitpunkt mit Störung während der Brut- und Aufzuchtzeit in Verbindung bringen, gehen bei einer polygynen Art, bei der sich die Männchen weder um die Brut noch um die Jungenaufzucht kümmern, ins Leere. Wenn im Frühling gejagt wird, dann würde ich mit 10. Mai die Bejagung beginnen lassen, nach Ende der Hauptbalz. Im Gegensatz zur Herbstjagd ist im Frühling die Wahl des richtigen Hahnes von großer Bedeutung – der Stärkste soll es nicht sein! Im Frühling kann man auch am besten einen bestimmten Hahn auswählen; und es werden sicher auch weniger Vögel verschossen als im Herbst.

Ob Herbstjagd oder Frühjahrsjagd: Die Regelungen müssen eine nachhaltige Nutzung ohne Gefährdung des Bestandes gewährleisten. In beiden Systemen – Lizenzjagd und Revierjagd – ist dies möglich. Eine zentrale Frage dabei ist: Wie hoch kann der Abschuss sein, damit er nicht zusätzlich zur natürlichen Sterblichkeit wirkt?

Bereits im Auerwildbuch haben wir über die kompensatorische Sterblichkeit gesprochen. Der Begriff tauchte erstmals im Zuge der Studien an Virginia-Wachteln auf. Man fand dort heraus: Die Wintersterblichkeit bei bejagten Wachtelvorkommen machte nur etwa 10 Prozent aus, während sie in unbejagten Beständen bei rund 28 Prozent lag. Die Jagd schöpfte also offensichtlich lediglich einen Teil vom herbstlichen Überschuss ab, der sonst ohnehin dem Raubwild oder dem Winter zum Opfer gefallen wäre. Mit anderen Worten: Wenn ein vorsichtiger Abschuss die Dichte nur bis zu einem bestimmten Niveau absenkt, dann wird diese begrenzte Entnahme durch eine geringere Sterblichkeitsrate bei den verbleibenden Vögeln ausgeglichen oder eben „kompensiert“. Die entscheidende Voraussetzung dabei: Die natürliche Sterblichkeit sollte von der Wilddichte abhängen. Und genau das ist nur selten der Fall. Bei Raufußhühnern ist dies eindeutig nur für das Schottische Moorschneehuhn nachgewiesen und, mit Einschränkung, für das nordamerikanische Kragenhuhn. In der Regel ist die natürliche Sterblichkeit nur teilweise kompensatorisch, weil sie nicht vollkommen von der Wilddichte abhängt. Für das Birkhuhn fehlen eingehende Studien dazu bisher.

Wie kann man sich das aber überhaupt vorstellen? Wie soll es möglich sein, dass es so viele Birkhühner gibt, dass der Lebensraum voll ausgefüllt ist und innerartliche Konkurrenz auftritt? Wer in einem Birkwildgebiet über eine Alm wandert, der mag das für Unsinn halten. Wenn wir aber nicht die ganze Alm im Auge behalten, sondern einmal nur das Brut- und Aufzuchtsgebiet für den Nachwuchs, dann sieht die Sache schon etwas anders aus. Wenn man nach besonders guten Brutgebieten auf dieser Alm sucht, dann soll dort der Schnee früh ausapern, damit die Hennen im Frühjahr einen Brutplatz finden. Gleichzeitig sollte es dort ausreichend Deckung für die Küken geben, daneben reiches Insektenangebot und sonnige, trockene Stellen, damit die Jungen nach Regen und Schlechtwetter wieder rasch trocken werden und sich aufwärmen können. Das Ganze soll dann noch dazu gut ineinander verzahnt und verschachtelt sein, sodass ein richtiges Mosaik an Kleinstlebensräumen vorhanden ist. Unter diesen Gesichtspunkten betrachtet, bleiben nur mehr Teile der Alm übrig. Wo die Lebensraumqualität nicht entspricht, werden Gelege eher ausfallen, Küken verhungern, auskühlen oder Fuchs und Habicht zum Opfer fallen – der Nachwuchs wird gering sein oder ganz fehlen. Um die besten Brutgebiete wird es Konkurrenz geben. Dasselbe kann man mit guten Überwinterungsgebieten durchspielen. Auch hier sind hochqualitative Nahrung, Deckung und wenig Störung bedeutsam, daneben lockerer Schnee, um Höhlen anzulegen. Wie viele solche Orte gibt es im Revier? Wenn wir noch einen Schritt weitergehen, dann sind auch im Frühjahr Plätze mit ausreichend Nahrung für die Hennen und wiederum Deckung gegen Raubfeinde wichtig, damit die Gelege nicht zerstört werden und die Hennen höhere Überlebenschancen in der kritischen Zeit im Frühling haben. Durchaus vorstellbar, dass Lebensräume ausgefüllt werden und nur bestimmte Dichten möglich sind – auch Birkhuhnbestände wachsen nicht in den Himmel, und wenn wir von innerartlicher Konkurrenz sprechen, dann geht es um Ressourcen, die zum Überleben wichtig sind.

Eine genaue Analyse der österreichischen Birkhuhnjagdstrecken weist darauf hin: Die Jagd ist nicht der Schlüsselfaktor, sondern spiegelt – ähnlich wie im Tessin – nur die jährlichen Bestandesschwankungen wider. Es gibt ganz offensichtliche Beispiele dafür, dass sich die Frühjahrsjagd beim Birkhuhn nicht negativ auf die Bestandesentwicklung auswirkt. Wenn Jagdstrecken im vier- bis fünfjährigen Zyklus über Jahrzehnte regelmäßig schwanken, dann kann man daraus schließen, dass die Bestände nicht durch die Jagd, sondern durch andere Einflüsse reguliert werden. Die Strecke spiegelt nur das Auf und Ab der Bestände wider. Wir wissen in den Alpen nicht, welche Faktoren hier tatsächlich eine Rolle spielen. Dem alternativen Beuteangebot durch Mäuse dürfte keine so entscheidende Rolle zukommen wie in Nordeuropa. Denkbar wäre ein wechselndes Nahrungsangebot durch Zwergsträucher, Niklaus Zbinden hat im Tessin immer wieder auf die Bedeutung der Juli-Temperaturen hingewiesen. Hinweise auf enge Zusammenhänge zwischen Jagdstrecke und Bestandesentwicklung von Hühnervögeln geben etliche Studien, allerdings beziehen sich diese Untersuchungen fast ausnahmslos auf die Herbstjagd. Zbinden stellte aber im Tessin auch Zusammenhänge zwischen der Herbststrecke und den meldenden Hahnen im darauf folgenden Frühjahr fest. Es gibt jedenfalls Streckenmeldungen in Österreich, die über Jahrzehnte zyklisch

schwanken – eine direkte Beziehung zu den tatsächlichen Bestandeszahlen ist aufgrund mangelnder Daten nicht herzustellen, sie liegt aber nahe. Hinzufügen möchte ich hier, dass nach dem Überschreiten bestimmter Abschusshöhen diese Schwankungen verschwinden – aus meiner Sicht ein deutlicher Hinweis für zu hohe Entnahmen!

Fazit:

- Grundlage für jede jagdliche Nutzung sollten auf jeden Fall Bestandeserhebungen und Sterberaten sein.
- Neben Zählungen ist aber auch ein Konzept zu empfehlen, das besonders gute Quellgebiete innerhalb eines Netzes von verschiedenen Vorkommen erhält und fördert. Diese Quellgebiete nennt man in der Schweiz etwa „Wildschutzgebiete" oder „Banngebiete"; sie sind gleichsam die stabilen Säulen, wie auch die Kontrollgebiete für die Gesamtpopulation.
- Wenn im Frühling gejagt wird, dann sollte auf keinen Fall zu früh begonnen werden.
- Die dominanten Hahnen auf den Balzplätzen sind zu schonen.

Ausblick

Sieben Jahre, bevor ich dieses Buch schrieb, brachte der Österreichische Jagd- und Fischerei-Verlag mein Buch „Auerwild" heraus. Gegen Ende dieses Buches geht es um die Jagd, und auf den letzten Seiten werden Zukunftsaussichten diskutiert. In der Zwischenzeit weiß ich – durch zahlreiche Beobachtungen am Auerwild – noch viel besser um die Bedeutung der alten, dominanten Platzhahnen Bescheid. Wer im Frühling Birk- oder Auerhahnen jagen will, sollte sich der entscheidenden Rolle von hochrangigen Hahnen und von großen Balzplätzen bewusst sein. Sie werden nicht nur von den Hennen bevorzugt, gute Balzplätze sind auch wichtig für die Jungvögel, wenn sie im Frühling abwandern und neue Gebiete aufsuchen. In dem Auerwildbuch stellen wir am Ende fest, dass die Jagd auf Raufußhühner eigentlich jeder Notwendigkeit entbehrt. Die Jäger führen aber ins Feld, die Jagd sei Triebfeder, sich verstärkt für die Vögel einzusetzen: *„Die Möglichkeit der Jagd auf Raufußhühner gewährleistet, dass das Interesse an der Erhaltung dieser Wildarten wachgehalten wird, was sich in lebensraumerhaltenden Maßnahmen niederschlägt."*

Nun, vor sieben Jahren habe ich hinzugefügt, dass eine Kartierung der Bestände wichtig wäre und dass es nicht nur bei Lippenbekenntnissen bleiben dürfe, wenn man als Jäger glaubwürdig sein wolle. Heute kann man sagen: Bis auf zwei Ausnahmen haben alle österreichischen Bundesländer eine professionelle flächendeckende Kartierung sowie länderweite Bestandeserhebungen von Auer- und Birkwild erarbeitet! Die Zahl der Vorträge, Artikel, Exkursionen, Symposien, Arbeitsgruppen und vor allem Projekte zur Verbesserung von Lebensräumen ist stark gestiegen. Öffentliche Geldmittel haben dabei keine Rolle gespielt, die Mittel kamen von den Jägern. Selbst in den Übungen für Waldbau-Studenten wurde das Auerhuhn berücksichtigt. Es hat sich also sehr viel getan in den letzten Jahren, das Interesse wurde wachgehalten.

Österreich beherbergt die derzeit bedeutendsten Birkhuhnpopulation in Mitteleuropa. Vor allem am Alpen-Ostrand brechen heute Bestände auseinander, gleichzeitig nimmt das Interesse an der Erschließung und an der wirtschaftlichen Nutzung der Berggebiete deutlich zu, auch der Alpinsport erreicht noch nie dagewesene Ausmaße. Die Almwirtschaft ist in Randgebieten rückläufig, aber in weiten Teilen Österreichs noch intakt. Die Alpen – das letzte große Birkhuhn-Vorkommensgebiet in Mitteleuropa – unterliegen heute einem intensiven Druck durch verschiedenste Landnutzungsinteressen. Das Birkhuhn ist eine der typischen Leitarten im besonders artenreichen Waldgrenzbereich. Der Einsatz für diesen Vogel ist heute sehr oft vor allem mit Überzeugungsarbeit verbunden. Dabei geht es immer auch um die Abwägung verschiedener Interessen, und dies führt auch immer wieder zu der Frage: Haben Wildtiere überhaupt Anspruch auf Lebensraum – auf einen Platz zum Dasein? Ist diese Frage zu philosophisch? Irrtum! Als Wildökologe werde ich beinahe täglich mit genau dieser Frage konfrontiert, etwa bei der Erschließung von Wintersportgebieten, bei Straßenprojekten, bei der Errichtung von Kraftwerken, von Modellflugplätzen, von Überlandleitungen, bei der Beurteilung von Schirouten oder bei Wildbach- und Lawinenverbauungen. Meist stehen wirtschaftliche oder landeskulturelle Interessen den Lebensraumansprüchen von Wildtieren gegenüber. Wirtschaft bestimmt heute unser Handeln, und man braucht schon gute Argumente, um die Ansprüche von Wildtieren gegenüber immer neuen Erschließungen und Ideen durchzusetzen.

Wild braucht Freiheit, Platz zum Leben! Viele Wildtiere sind keine Kulturflüchter, aber ohne Land können auch sie nicht überleben. Die Alpen sind Jahrtausende altes Kulturland. Letztlich baut unser Wohlstand aber auf dem Verlust einer ganzen Reihe von Lebensräumen und Wildtieren auf. Gerade die Alpen verbinden wir mit Bildern von grünen Almmatten und schneebedeckten Gipfeln. Es ist höchste Zeit, den Blick zu schärfen und wieder ein Gespür für die Vielfalt unserer Lebensräume zu bekommen! Denn mit dem Verschwinden von Tierarten verlieren wir auch unsere Sensibilität und vieles von dem Wissen, das für unsere Vorväter noch ganz selbstverständlich war. Goethe drückt es im Faust sehr schön aus: *„Was du ererbt von deinen Vätern hast, erwirb es, um es zu besitzen."*

HASELHUHN

Steckbrief Haselhuhn	
Gewicht:	0,3 – 0,5 kg
Spannweite:	48 – 54 cm
Stoßlänge:	10 – 13 cm
Eiablage:	April bis Mai
Gelegegröße:	7 – 11 Eier
Brutdauer:	25 – 27 Tage
Bruterfolg:	30 – 70 %
selbständig:	mit 4 Wochen, Ende August löst sich der Familienverband auf
Geschlechtsreife:	im 1. Jahr
Höchstalter:	ältester beringter Vogel über 7 Jahre
Generationslänge:	3,3 Jahre

Das Haselhuhn zählte einst in den Ostalpen zu den sehr geschätzten Wildarten. Besonders in Kärnten, in der Steiermark und in Slowenien hatte die Jagd auf das kleine Waldhuhn seit jeher einen besonderen Stellenwert, sodass es in diesen Ländern eine Reihe von „Haselhuhnspezialisten“ gab. Wenn man dies weiß, dann ist es auch nicht verwunderlich, dass die erste deutschsprachige Monographie über das kleinste aller Raufußhühner aus diesem Raum stammt. Der Verfasser, Professor Franz Valentinitsch, hat 1891 einen umfangreichen und auch heute noch in weiten Bereichen durchaus aktuellen Band zum Haselhuhn herausgebracht. Wenn man sich vor Augen hält, dass er kaum auf Literatur oder Forschungsergebnisse zurückgreifen konnte – seine Literaturliste füllt gerade eineinhalb Seiten – dann wird einem bewusst, wie viel Möglichkeiten es zur Beobachtung dieser Wildart in freier Natur damals wohl noch gegeben hat. Vieles wurde im Zuge der Jagd erkundet. Tatsächlich übertrafen zu jener Zeit die Jahresstrecken der Haselhühner in den angeführten Gebieten bei weitem jene von Rotwild oder Rehwild. Jagd und Vogelkunde waren alles andere als ein Gegensatz.

Insgesamt ist die zweite Hälfte des 19. Jahrhunderts sicher eine spannende Zeit gewesen. Man sollte sich in Erinnerung rufen, dass Charles Darwin vor fast genau zweihundert Jahren geboren wurde und dass sein Werk über die Entstehung der Arten erst 1859 veröffentlicht wurde. Es ist heute kaum noch nachvollziehbar, aber er brachte mit seinen Erkenntnissen das damalige Bild der westlichen Welt ins Wanken. Zur gleichen Zeit lebte in Deutschland ein bekannter Ornithologe und Schriftsteller, der hierzulande auch heute noch jedem Naturinteressierten ein Begriff ist: Alfred Brehm. Brehm brachte schon damals in Aufsätzen und Reiseberichten in populärwissenschaftlichen Zeitschriften die Tierwelt einem breiteren Publikum näher. Nach Valentinitsch ist im deutschsprachigen Raum unter den Haselhuhnforschern vor allem auch noch Baron Anton von Krüdener zu nennen. Er hat seine Erfahrungen im Baltikum gesammelt und später die Monografie von Valentinitsch überarbeitet.

Mittlerweile hat sich unser Wissen über das kleinste heimische Waldhuhn deutlich erweitert. In diesem Zusammenhang muss man den sympathischen Amerikaner Jon Swenson hervorheben. Er unterrichtet heute als Professor in Norwegen und hat im Zuge seiner Doktorarbeit in Schweden sehr viel Neues über die Lebensraumnutzung des Haselhuhns ans Licht gebracht. Vor allem der Einsatz der Radiotelelemetrie hat wesentlich dazu beigetragen, dass wir mehr über diese schwer zu beobachtende Wildart erfahren haben. Wir werden im Folgenden noch öfter auf Swensons Ergebnisse zurückgreifen. Neben Untersuchungen in Skandinavien und Finnland gab und gibt es eine Reihe von Studien aus Russland – dort zählt das Waldhuhn nach wie vor zum häufig bejagten Wild. Die Raufußhuhnexpertin Ilse Storch gibt an, dass das Haselhuhn in Finnland und Russland nach dem Moorschneehuhn die am häufigsten erlegte Wildart ist. Das Wildbret der Hühner ist beliebt, und noch Anfang der 1990er-Jahre wurde für Russland eine Jahresstrecke von ungefähr 2 Millionen Haselhühnern gemeldet. Auch in Japan war das kleine Waldhuhn über viele Jahre eine beliebte Beute bei Freizeitjägern, doch fiel dort aufgrund dramatischer Bestandesrückgänge die Jahresstrecke von 50.000 Vögeln in den späten 1960er-Jahren auf weniger als 1.000 Stück im Jahr 2003. Auch in Mitteleuropa ist das Haselhuhn aus vielen ehemaligen Vorkommensgebieten verschwunden. Maßnahmen zur Lebensraumerhaltung sind daher dringend notwendig.

In Deutschland haben sich Zoologen wie Wolfgang Scherzinger, Siegfried Klaus, Hans-Heiner Bergmann und Manfred Lieser besonders intensiv mit dieser Raufußhuhnart auseinandergesetzt. Von Bergmann und Kollegen gibt es eine sehr gute Haselhuhn-Monographie aus den 1990er-Jahren. Aus Frankreich kamen in den letzten Jahren einige interessante Ergebnisse. Darüber hinaus hat sich in Südkorea und China viel getan. In Mitteleuropa wird das Haselhuhn zwar kaum mehr bejagt, dennoch ist dieses kleine Waldhuhn bei vielen Jägern immer noch sehr beliebt. Leider ist diese Raufußhuhnart aber nur schwer zu beobachten, und die Redewendung „Aus den Augen, aus dem Sinn" kommt nicht von ungefähr. Dabei ist es gar nicht einmal so schwer festzustellen, ob Haselwild im Revier steht – und wenn ja, wo. Werfen wir also einen genaueren Blick auf diese Wildart, die seit den Tagen von Valentinitsch nichts von ihrer Faszination verloren hat.

Aussehen

Größe und Färbung

Haselhühner sind die kleinsten heimischen Raufußhühner, sie erreichen nur in Ausnahmefällen ein Körpergewicht von 500 Gramm. In der Regel sind sie ungefähr so groß wie eine Ringeltaube – auch wenn diese in der Hand größer wirkt – und wiegen meist um die 400 Gramm. Im Spätherbst, von Oktober bis Dezember, nimmt das Gewicht etwas zu, von Dezember bis Februar wieder ab. Zwischen Hahn und Henne gibt es beim Haselhuhn nur geringe Unterschiede. Beide Geschlechter sind ungefähr gleich groß und auf den ersten Blick sehr ähnlich gefärbt. Wie schon ganz am Anfang des Buches erwähnt, gehören die Haselhühner zu den sehr ursprünglichen Raufußhuhnarten, dies dürfte mit ein Grund sein, dass der Unterschied zwischen Hahn und Henne wenig ausgebildet ist.

Schon auf kurze Entfernung verschmelzen die Vögel aufgrund ihres kryptischen Gefieders gleichsam mit dem Waldboden. Ich war darüber immer wieder erstaunt und konnte dies beim Freilassen nach dem Fang der Hühner oft unmittelbar beobachten. Wie wir gleich sehen werden, erfordert die Beschreibung des Haselhuhngefieders etwas mehr Vorstellungsvermögen als etwa bei einem prachtvollen Birkhahn. Mehr als alle Worte sagen natürlich Bilder, wie sie im Fototeil zu sehen sind. Versuchen wir aber trotzdem einmal, einen Haselhahn mit Worten ganz aus der Nähe zu betrachten. Ich bin selbst immer wieder verwundert über die vielen Farben, die es im Federkleid gibt.

Auf dem Rücken ist das Huhn beinahe einfarbig graubraun meliert, mit feinen Querstreifen. Im Schulterbereich schließt eine Reihe dunklerer Federn an das Rückengefieder an, gleich darunter erstreckt sich ein aus etwa sechs weißen Flecken zusammengesetzter Streifen. Auch auf beiden Seiten des Halses gibt es je einen weißen Streifen, der sich von der Kehle Richtung Rücken zieht. Die Kehle des Hahnes ist – anders als bei der Henne – tief schwarz mit einem weißen Saum herum. Bei der Henne ist die Kehle weniger auffällig, mehr rahmfarben und braunschwarz gesprenkelt. Im Sommer und zur Mauserzeit kommt der Kehlfleck des Hahnes deutlich weniger zur Geltung. Weiße Federn treten kontrastreich noch an der schwarz befiederten Schnabelwurzel und hinter dem Auge hervor.

Charakteristisch für Haselhühner ist auch die Federholle auf dem Kopf. Sie kann, je nach Erregung, aufgerichtet werden. Die schmalen Federn auf der Kopfoberseite sind braun mit einem dunklen Fleck am Federschaft. Dadurch kommt die typische Querbänderung der Holle zustande. Diese Bänderung zieht sich vom Hinterkopf über den Hals bis zum Rücken, wird dort immer breiter und hört schließlich auf. Die roten Rosen treten beim Haselhuhn viel weniger in Erscheinung als beim Birk- und Auerhahn. Im Herbst, und vor allem zur Balzzeit im Frühjahr, ist der rote Hautfleck über den Augen dennoch ein Farbtupfer, der nicht wegzudenken ist. Im Bauch- und Brustbereich überwiegt hellgraues bis fast weißes Gefieder – allerdings nur auf den ersten Blick. Wenn man die Brustfedern genauer untersucht, dann sieht man, dass sie eigentlich mehr dunkelgraue und rotbraune Töne aufweisen, lediglich der Rand und oft ein Querstreifen sind weiß. Liegen diese Federn übereinander, so entsteht durch die breiten weißen Federränder der insgesamt lichte Eindruck mit den dunklen, hufeisenförmig nach oben gebogenen Flecken. Zu den Flanken hin nimmt das

Weiß ab, und es überwiegen hier immer stärker auffallend schöne tief rotbraune Farbtöne. Dies gilt vor allem für jene Unterart, die in den Alpen und Karpaten vorkommt. Im Norden und in weiten Teilen Sibiriens überwiegen häufig lichte Grautöne. An den Schwingen sitzen graubraune Federn mit schwarzen und weißen Sprenkeln dazwischen. Die 16 Stoßfedern sind bis auf die zwei mittleren Deckfedern grau mit hellen Querstreifen, einer breiten, dunklen Binde und hellem Endsaum. Die mittleren beiden Deckfedern sind bräunlich grau meliert – ist der Stoß geschlossen, decken sie die darunter liegenden kontrastreichen Federn ab. Die Läufe der Haselhühner sind je nach Jahreszeit und Unterart bis zu zwei Drittel, in kälteren Gegenden auch vollkommen befiedert.

Federkleid der Küken und Jungvögel

Junge Haselhuhnküken sind wenig kontrastreich gezeichnet. Die Dunen im Brust- und Bauchbereich sind blassgelb, die Oberseite des Kopfes ist zimtbraun, der Rücken dunkelbraun. Zwischen Auge und Schnabel gibt es einen schwarzbraunen Fleck, hinter dem Auge einen ebenso gefärbten Streifen bis über die Ohren. Das Jugendkleid ähnelt dem Gefieder der Henne, man kann daran Hahnen und Hennen noch nicht unterscheiden. Die Jungvögel sind vor allem am Rücken kryptisch erdfarben, im Bauchbereich erinnert die Färbung an jene von Drosseln. In den ersten drei Lebensmonaten verändert sich das Federkleid der Jungen aber ständig.

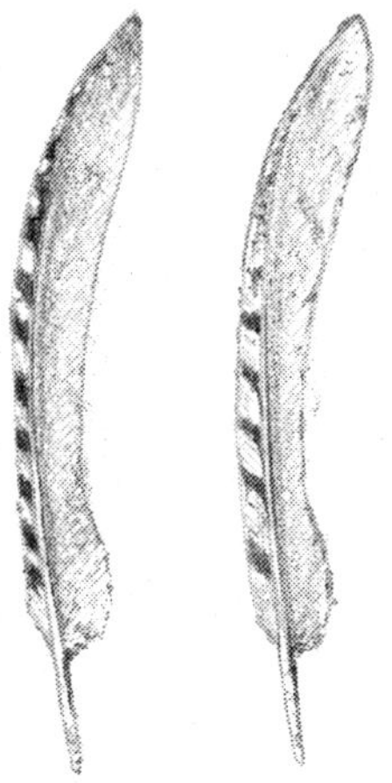

äußerste Feder der Handschwinge
li Jungvogel (im 1. Jahr) re Altvögel

Mauser und Altersbestimmung

Nach dem Schlüpfen brechen bei den Küken die Federn der äußeren Hand- und Armschwingen aus den Hornscheiden. Bereits am 10. Lebenstag ragen die Handschwingen über das Körperende hinaus. Zu diesem Zeitpunkt sind Haselhuhnküken bereits in der Lage, kurze Strecken zu flattern, und können sich auf diese Weise schon vor Feinden auf Sträucher und tiefer liegende Äste in Sicherheit bringen. Sie verstehen es aber viel weniger gut als die Altvögel, sich dort zu verstecken. Am 10. Tag kommen auch die ersten Stoßfedern durch. Die ersten Konturfedern erscheinen schon am 5. Tag im Schulterbereich. Mit rund 20 Tagen ist auch die Holle bereits zu erkennen. Die letzten Konturfedern kommen nach ungefähr 30 Tagen im Kopfbereich durch, womit der Wechsel vom Dunenkleid in das Jugendkleid abgeschlossen ist.

Mit gut 2 Wochen baumen die Jungen zum Schlafen auf. Nun ist ihr Gefieder so weit entwickelt, dass sie nicht mehr von der Henne gehudert werden müssen. Ungefähr zu diesem Zeitpunkt beginnt schon wieder die Jugendmauser, und zwar bei der ersten, also der innersten Handschwinge. Die Federn der Handschwingen werden von innen nach außen erneuert. Gleich wie beim Birkwild geht diese Mauser nur bis zur 8. Handschwinge, die beiden äußersten – also die 9. und 10. Handschwinge – bleiben aus dem Jugendkleid stehen. Daran können vom Herbst bis Ende des nächsten Frühjahrs junge Haselhühner von älteren unterschieden werden. Diese äußeren Schwungfedern laufen bei jungen Haselhühnern spitz zu und haben an der schmalen Außenseite eine kontrastreiche Zeichnung mit hellen und dunklen Streifen. Bei älteren Vögeln sind sie deutlich abgerundet, und die Bänderung verwischt zur Federspitze hin, zudem werden die schwarzen Flecken immer kleiner und auch weniger. Bei Jungvögeln heben sich die dunklen Felder deutlich gegen den lichten Federsaum ab, in der Regel gibt es sieben oder mehr Flecken, bei Altvögeln sind es meist weniger als sechs.

Um den 25. Lebenstag fallen auch bereits wieder die ersten Armschwingen aus, gleichzeitig beginnt die Mauser des Kleingefieders. Nach rund 5 Wochen werden auch die Stoßfedern ersetzt, und zwar von außen nach innen. Nach 10 Wochen, etwa Mitte August, werden auch die Kopffedern des Jugendkleides vermausert – nun können die Junghahnen am schwarzen Kehlfleck von den Junghennen unterschieden werden. Mit 14 Wochen ist die Mauser des Jugendgefieders abgeschlossen, das ist in Mitteleuropa etwa Mitte September. In den weiter nördlich gelegenen

Vorkommen kann dies aber auch erst Mitte Oktober sein. Nun tragen die Jungvögel ihr erstes Alterskleid und sind in freier Natur nicht mehr von den Altvögeln zu unterscheiden.

Zur Brutzeit mausert der Hahn teilweise, vor allem im Kopf- und im Halsbereich, sodass die typischen Merkmale, die ihn von der Henne unterscheiden, nicht mehr sehr deutlich hervor kommen. Die Federn im Sommerkleid sind kürzer, die Afterfedern kaum ausgebildet. Das so genannte Sommerkleid entsteht nur durch eine Teilmauser; etwa Ende Mai, Anfang Juni beginnt die eigentliche Jahresmauser, bei der nun auch die Stoß- und Flügelfedern gewechselt werden. Das Kleingefieder wird nach und nach über den ganzen Sommer vermausert, die Schnabelmauser geht unbemerkt vor sich, die Zehenstifte wachsen langsam bis in den Herbst wieder zur vollen Länge aus. Beim Hahn kommen die dunklen Kehlfedern erst wieder im September durch, sodass er zu der Zeit, wo er nun wieder territorial wird, vollkommen erneuert ist. Die Hennen beginnen erst später mit ihrer Vollmauser.

Haselhühner bleiben während der ganzen Mauserzeit voll flugtauglich.

Körperbau

Das Haselhuhn ist zwar in Europa das kleinste Waldhuhn, es weist jedoch im Vergleich mit den größeren Verwandten einige Besonderheiten auf. Wie die anderen Raufußhühner, hat auch das Haselwild einen ausgesprochen großen Kropf, um Nahrungsvorräte für lange Winternächte zu speichern; im Muskelmagen werden diese durch kräftige Reibplatten und Magensteinchen zerrieben. Nachdem die Nahrung den Darm passiert hat, wird sie in den zwei außergewöhnlich langen Blinddarmfortsätzen weiter aufgeschlossen und gelangt erst danach in den Enddarm. Außergewöhnlich ist beim Haselhuhn das große Brustbein. Dort sitzt eine kräftige Brustmuskulatur, sie ist im Vergleich mit anderen Raufußhühnern am stärksten entwickelt. Dieses Muskelfleisch ist weiß, im Gegensatz zu dem von Auer-, Birk- oder Schneehuhn. Mit der gut entwickelten Brustmuskulatur wird das besonders wendige Flugverhalten des Haselhuhnes erklärt. Das Herzgewicht ist sehr gering, weshalb die Vogelart nicht zu den besonders ausdauernden Fliegern gehört. Nach dem Kaukasus-Birkhuhn haben Haselhühner auch die relativ längsten Läufe aller Raufußhühner. Sie laufen zwar selten längere Strecken, sind aber unglaublich schnell. Haselwild klettert sehr geschickt und balanciert selbst noch auf dünnen Zweigen.

Biologie und Verhalten

Zu zweit durchs Leben

Haselhühner leben etwa von September/Oktober bis April/Mai paarweise. Sie verteidigen in dieser Zeit Reviere, und zwar die Hahnen gegen Hahnen und die Hennen gegen Hennen. Die Henne führt die Jungen im Sommer alleine. Sowohl die Gefiederfärbung als auch das Überwintern zu zweit werden – ebenso wie die eher unauffällige Balz und die Bevorzugung von unterwuchsreichen Lebensräumen – von einigen Haselhuhnforschern als Hinweise auf die wichtige Rolle der Feindvermeidung gesehen. Wer sich mit dem Vogel mehr auseinandergesetzt hat, der weiß, dass ein misstrauisches Haselhuhn gleichsam unsichtbar werden kann und mit seiner Umgebung verschmilzt.

Schon der Haselhuhnkenner Valentinitsch wusste um 1890, dass in einem Bestand die Zahl der Hahnen gegenüber den Hennen überwiegt.

Die Hühner sind in der Regel sehr sesshaft und nutzen in guten Lebensräumen nur kleine Reviere.

Soviel zunächst ganz allgemein zur Biologie. Nun zu den Einzelheiten.

Burren, Spissen, Plittern

Weil die Hühner in wenig übersichtlichen Lebensräumen mit viel Unterwuchs leben, sind für die Verständigung optische Signale viel weniger bedeutend als akustische. Zu den Lautäußerungen gehören aber nicht nur Gesang-, Alarm- oder Kontaktlaute, sondern auch das so charakteristische Flügelburren. Laute burrende Fluggeräusche sind beim Haselhuhn kein Zufall – wenn es will, kann es auch völlig lautlos selbst durch dichtes Unterholz streichen.

Das auffällige, für das Haselhuhn so typische Flügelburren ist zu hören, wenn ein Huhn unerwartet aufgescheucht wird. Das burrende Fluggeräusch könnte dazu dienen, einen Feind oder Verfolger für einen Augenblick zu irritieren oder abzulenken. Tatsächlich ist man im ersten Augenblick überrascht, wenn ein Haselhuhn plötzlich laut burrend wegstreicht. Dieses Geräusch kommt durch sehr schnelle Flügelschläge zustande und liegt bei einer Frequenz von ungefähr 20 Hertz, das heißt: Es werden zumindest 20 Flügelgeräusche je Sekunde erreicht. Dazu gibt es auch eine Sage im Norden Europas. Sie erzählt über den Schrecken eines Heiligen, dessen Pferd vor einem davonburrenden Haselhuhn scheute. Dieser Geschichte nach soll das Haselhuhn früher einmal viel größer gewesen sein. Als Strafe für den Schreck, den es dem heiligen Manne angetan hatte, wurde es von nun an immer kleiner, und wenn es schließlich so weit zusammengeschrumpft sein wird, dass es durch ein Nadelöhr fliegen kann, dann wird das Ende der Welt da sein …

Das Burren ist auch zu hören, wenn die Hühner ihr Revier markieren. Vor allem im Frühling, wenn man einen Hahn mit der Lockpfeife herbeispisst, burrt er oft auffällig, wenn er zusteht. In diesem Fall ist das der Revierflug – der Hahn überstellt sich dabei geräuschvoll ein paar Mal von einem Baum oder Strauch zum nächsten und signalisiert dem vermeintlichen Rivalen dadurch seine Anwesenheit. Zu sehen ist der Vogel dabei in der Regel nicht, weil er immer wieder in Fichten oder sonstiger guter Deckung landet. Erst wenn man hört, dass er zu Boden geht – oft ist dies am raschelnden Laub zu erkennen –, dann wird es spannend, denn nun kommt er zu Fuß und taucht manchmal nur wenige Meter neben dem Beobachter auf. Das Burren entsteht auch, wenn der Haselhahn Flattersprünge ausführt. Dabei fliegt er nur etwa einen Meter hoch und wenige Meter weit. Ganz ähnlich wie beim Auerhahn besteht das dabei zu vernehmende Fluggeräusch aus zwei Teilen, weil der Flügelschlag während einer kurzen Gleitphase unterbrochen wird.

Neben den Lauten, die durch Flügelschlag erzeugt werden, hat das Haselhuhn ein breites Stimminventar. Viele Rufe sind zwar für den Ungeübten schwer zu erfassen, das Spektrum ist aber deutlich größer als jenes anderer heimischer Raufußhühner. Die Nachahmung der Haselhuhnlaute hat die Jäger bereits sehr früh beschäftigt, weshalb man gerade den Lautäußerungen schon in den ersten Monographien viel Platz einräumte. Am bekanntesten ist das Spissen. Dies ist eine Gesangsstrophe in hohen Tönen. Die Tonhöhe entspricht etwa dem Gesang von Goldhähnchen, den kleinsten unserer Singvögel. Sie kann mit „tsieh-tsie, tsitserit tsitsitsui" umschrieben werden. Dazu gibt es verschiedene Merksprüche:

> *„Zieh, zieh, bei der Hitz in die Höh",*
> *„Bua schiess mi nit von dem Baum"* oder
> *„Bua hier sitz i, siechst mi nit".*

Der erste Merkspruch trifft meiner Meinung nach am besten. Selbst bei den Strophen verschiedener Haselhahnen gibt es Unterschiede, man geht heute sogar so weit, dass man verschiedene Dialekte zwischen den einzelnen Vorkommen unterscheidet. Für den Lockjäger möchte ich dazu nur erwähnen, dass es meiner Erfahrung nach nicht so sehr darauf ankommt, ganz genau die Strophe wiederzugeben, viel wichtiger ist es, die eigene Strophe beizubehalten. Leicht wird man nach der Antwort des Hahnes verleitet, sich auf dessen Melodie und deren Feinheiten umzustellen – ich kann nur raten: Wenn man einmal Antwort erhalten hat, dann sollte man stur beim eigenen „Gsetzl" bleiben! Damit sind wir aber schon viel zu weit vorgeprescht, nämlich zum Locken. Sehen wir uns zunächst an, was es noch an Lauten gibt und wie der Gesang überhaupt vorgetragen wird.

Es gibt viele präparierte Haselhahnen, die wenig mit einem lebenden Vogel gemein haben. Am häufigsten kommt es vor, dass der Haselhahn mit hoch erhobenem Kopf, breit gefächertem Stoß und weit geöffnetem Schnabel – ähnlich einem kleinen Auerhahn – präpariert wird. Wenn das kleine Waldhuhn spisst, dann ist aber genau das Gegenteil der Fall: Der Kopf wird eingezogen, sodass der schwarze Kehlfleck kaum zu sehen ist. Der Stoß ist bestenfalls leicht geöffnet, in der Regel aber geschlossen, der Schnabel wird am Ende der Strophe weit geöffnet. Unter günstigen Umständen ist das Spissen bis zu hundert Meter weit zu hören, weiter sicher nicht. In Ausnahmefällen wird auch von einem Hennenruf berichtet, der ähnlich dem Spissen sein soll. Ich selbst habe dies nie gehört. Hennen stehen aber manchmal auf das Spissen zu – aus meiner Erfahrung eher im Herbst, wenn sie auf der Suche nach einem Partner sind. Zwischen den einzelnen Gesangsstrophen lassen sich Haselhahnen ziemlich viel Zeit. Es kann vorkommen, dass zwei Strophen kurz aufeinander folgen, aber sonst vergehen von einem „Gsetzl" zum nächsten oft sogar einige Minuten. Der Hahn wartet auch immer die Strophe eines Konkurrenten ab und antwortet dann, es geschieht eigentlich nie, dass sich zwei Strophen überschneiden.

Alle Laute hier im Detail zu beschreiben ist schwer, da es immer nur mit Buchstaben ausgedrückte Vergleiche sind – es ist wenig zielführend, darauf in allen Einzelheiten einzugehen, weil jemand, der nicht damit vertraut ist, dadurch wenig an Erkenntnis gewinnt. Es gibt weiche Kontaktlaute, die von beiden Geschlechtern zu hören sind. Darunter fällt ein glucksender einsilbiger Laut, den ich mit „blib, blib" umschreiben würde. Wenn die Vögel vertraut sind und sich annähern, kann man diesen Laut hören. Ein Hahn ist im Frühling einmal zu Fuß genau zu meinem Tarnzelt gekommen, er hat dabei andauernd diese Kontaktlaute abgegeben und ist schließlich direkt bei der Zeltwand geblieben – für mich war es ein besonderes Erlebnis, der Hahn wusste nicht, dass ihn von mir nur ein Flecken Stoff trennte. Neben den Kontaktlauten gibt es auch Warnrufe, die bei Erregung meist in schneller Abfolge vorgetragen werden. Sie klingen etwa wie „wid-wid-wid-wid".

Bekannt ist neben dem Spissen vor allem noch das so genannte Plittern. Es wird von Hahn und Henne vorgetragen und mit „pllorrrit" umschrieben, ich würde es eher mit „plrrr-it" beschreiben, wahrscheinlich ist es mit Erregung oder Beunruhigung verbunden.

Vom Plittern ist das Bisten der Henne zu unterscheiden. Es wird mit dem Hennenwusperl nachgeahmt und wird bei Franz Valentinitsch mit „schi-schischischi-schische", bei Hans Fuschlberger mit „schi-sisisisisi" umschrieben. Entfernt erinnern diese Töne an das Quietschen von Kinderspielzeug. – Damit lassen wir es nun aber genug sein und sehen uns das Revierverhalten der Haselhühner an.

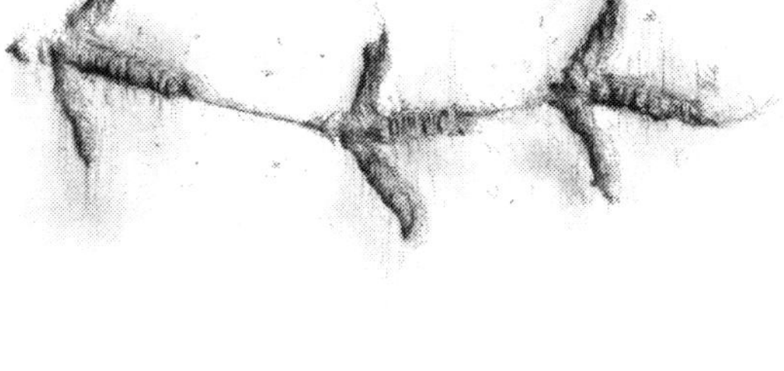

Revierverhalten

Wie erwähnt, ist der Gesang eine wichtige Form, um das Revier zu markieren und bekannt zu geben: „Hier bin ich, dieser Teil des Waldes ist besetzt!“ Die Hahnen antworten im Frühjahr nach meiner Erfahrung besser auf den nachgeahmten Reviergesang als im Herbst. Ist der Hahn in der Nähe einer Henne, dann ist er im Herbst oft nur schwer zum Zustehen zu bewegen, da kann es dann vorkommen, dass eher die Henne dem vermeintlichen Freier zusteht und ihr der Hahn notgedrungen folgt. Kommt der Hahn auf dem Boden daher, dann nutzt er meist jede Deckung und ist oft nur schwer auszumachen. Je nach Gelände kann er den Eindringling auch umkreisen. Er läuft dann mit waagrecht getragenem Stoß um den Ort, von wo er das Spissen vernommen hat, um zu erkunden, wer sich hier wo eingefunden hat.

Beim Imponieren läuft der Haselhahn mit hängenden Schwingen und dachförmig gespreizten Stoßfedern (so beschreibt es etwa der Haselhuhnexperte Wolfgang Scherzinger). Der Vogel wirkt leicht aufgeplustert, die Holle und das Halsgefieder sind aber nicht aufgerichtet. Erst wenn der Hahn droht, dann spreizt er die Halsfedern wie ein worgender Auerhahn, dabei hebt und senkt er den Kopf gegen den Kontrahenten.

Kämpfe sind selten, wenn sich zwei Hahnen jedoch in den Federn liegen, dann kann es leicht geschehen, dass sie ihre Umgebung vollkommen außer Acht lassen. Ich erinnere mich an eine solche Auseinandersetzung zweier Hahnen. Es war im Herbst, genauer gesagt: an einem 2. November. Mein Bruder und ich waren mit dem Auto im Revier unterwegs, als wir auf der Forststraße zwei kämpfende Haselhahnen erblickten. Nachdem wir ihnen eine Weile zugeschaut hatten, stiegen wir aus und konnten die Raufbolde auf wenige Meter – vollkommen ohne Deckung – vor uns auf dem Weg beobachten. Es war unglaublich, aber sowohl das herankommende Fahrzeug als auch die beiden Menschen wurden nicht beachtet, erst nach einigen Minuten nahmen sie uns wahr und flüchteten dann zu Fuß in den angrenzenden Bestand. Möglich ist aber auch, dass der Kampf entschieden war und der Unterlegene geflüchtet ist. Ich kann die Einzelheiten dieses Kampfes hier nicht mehr genau wiedergeben, in Erinnerung geblieben ist mir nur, dass die beiden Raufhähne auf einem Knäuel beieinander waren, zwischen Schnabel- oder Flügelkampf war dabei nicht mehr zu unterscheiden.

Haselhuhnzüchter berichten immer wieder von der Aggressivität der Vögel. Es kann dabei sogar vorkommen, dass Hahnen ihre Hennen in der

Voliere töten. Dies sind aber immer Ausnahmefälle, die sicher auch mit der unnatürlichen Situation im Gehege zusammenhängen, wo die Vögel ja nicht voreinander ausweichen können. Jon Swenson hat bei seiner Arbeit über Haselhühner in Schweden nachgewiesen, dass auch Hennen in freier Natur Revierverhalten zeigen und aggressiv gegenüber der Nachahmung von Hennenrufen reagieren. Wer das Werk von Valentinitsch genau studiert, der findet darin bereits vor über hundert Jahren Hinweise dazu. Professor Valentinitsch meinte: *„Aus der außerordentlichen Hitze der auf den bloßen Hennenruf zustehenden Henne wäre ich geneigt anzunehmen, dass diese sogar eine Nebenbuhlerin abzukämpfen bereit wäre, sollte eine solche eben anwesend sein."*

Rund acht bis neun Monate im Jahr kann man Revierverhalten bei beiden Geschlechtern beobachten. Swenson hat mit Hilfe besenderter Vögel jedoch zeigen können, dass die Reviere zumindest teilweise überlappen.

Balz und Paarung

Auch wenn Haselhühner einen Großteil des Jahres paarweise zusammenleben, so eng wie zum Beispiel bei Schneehühnern ist der Zusammenhalt bei weitem nicht. „Einehe“ heißt beim Haselwild also nicht, dass man die ganze Zeit beieinander ist. Jon Swenson hat erhoben, dass Hahn und Henne im Herbst nur etwa ein Viertel der Zeit gemeinsam verbringen, im Winter überhaupt nur ein Fünftel. Swenson meint, dass man eher von einer „kooperativen Allianz“ sprechen kann – sie dient im Herbst und Winter vor allem der Feindvermeidung, im Frühling steht dadurch ein Brutpartner zur Verfügung.

Da es mehr Hahnen gibt, sind Hennen einem Seitensprung auch durchaus nicht abgeneigt, für Hahnen ergibt sich dazu kaum die Gelegenheit. Der Schweizer Naturforscher Friedrich von Tschudi fasste dies bereits um 1850 kurz und bündig zusammen und sagte: *„Die Haselhühner leben paarweise in etwas treuloser Monogamie.“*

Etwa Anfang September lösen sich die Gesperre auf, die Paarbindung erfolgt in Mitteleuropa in der Regel im Herbst. Es ist aber auch möglich, dass Haselhühner ihre Sommerstreifgebiete verlassen und gemeinsam in Wintertrupps geeignete Überwinterungsgebiete aufsuchen. Dann erfolgt die Verpaarung erst nach der Rückkehr im Frühjahr. Dazwischen gibt es immer auch Vögel, die den Winter alleine verbringen, sie versuchen ebenfalls im Frühling, einen Partner zu finden.

Die Balz des heimlichen Waldhuhns erfolgt von Mitte März bis Ende April oder Mitte Mai, je nach Höhenlage oder Breitengrad. Am intensivsten ist sie hierzulande nach meiner Erfahrung im April. Spissen hören kann man den Hahn aber noch bis fast Ende Mai. Das Werben kann in allen Einzelheiten wohl nur durch Beobachtung im Gehege beschrieben werden.

Bereits beim Birkhuhn haben wir festgestellt, dass der Begriff „Balz“ häufig Revierverhalten und Werbung gleichzeitig umfasst. Beim Birkhuhn kann dies gut verfolgt werden, beim versteckt lebenden Haselhuhn führt die Vermengung der beiden Verhaltensweisen aber oft zu Verwechslungen. Die meisten Verhaltensweisen, die wir draußen beobachten, sind in der Regel nicht der Balz, sondern dem Revierverhalten zuzuordnen. Nur selten gelingt es in freier Wildbahn, einen um die Henne werbenden Haselhahn zu entdecken. Hahn und Henne kennen sich, das macht einen großen Unterschied zum Auerwild oder Birkwild aus, wo die Hahnen auf Balzplätzen gemeinsam um die Hennen werben. Offensichtlich kommt beim Haselhuhn auch der Henne eine aktive Rolle zu. Ich selbst konnte das Werben in freier Natur nur einmal beobachten – auf dem Heimweg von der Auerhuhnbalz, und wieder war es, ganz ungewöhnlich, auf einer Forststraße. Noch heute habe ich das Bild des Hahnes vor Augen, der – ohne uns zu beachten – um seine Henne zirkelte. Dabei stellte er seinen Stoß auf und spreizte die Federn zum Fächer, ähnlich wie ein Auerhahn. Beim Kreisen um die Henne schleifen die Schwingen am Boden, und der Stoß wird ihr zugewandt: eine intensive Form des Imponierens. Gleichzeitig wird das Halsgefieder gesträubt und der Kopf etwas eingezogen. Ist die Henne bereit, dann setzt sie sich ihm abgewandt nieder und schwenkt den Kopf. Dabei zeigt sie dem Hahn ihre Kehlfärbung. Das Treten erfolgt ähnlich wie bei den anderen Hühnern. Der Hahn steht hinter der Henne, steigt auf sie, hält sich am Halsgefieder fest und stützt sich dabei, falls notwendig, mit einer Schwinge ab. Die Kopula ist rasch beendet. Nach dem Treten schüttelt sich die Henne, ordnet ihr Gefieder, und der Hahn kreist weiter mit breit gefächertem Stoß und schleifenden Schwingen um sie.

Brut und Jungenaufzucht

Haselhühner sind Bodenbrüter, wie alle anderen Raufußhühner. Bei der Wahl der Nistplätze kann sich auch der Hahn beteiligen, indem er der Henne geeignete Nist-Orte zeigt.

Häufig liegen Nester am Stammfuß von Bäumen, Wurzelstöcken, Jungfichten, bei Wurzeltellern umgestürzter Bäume oder an liegenden Stämmen, an Felsen oder Steinen. Nester in Bäumen sind Ausnahmen. Nur ausnahmsweise liegen die Nester frei, häufig ist eine Überschirmung nach oben vorhanden. Immer wieder kommt es auch vor, dass Nester in Weggabelungen angelegt werden. Eine der von mir besenderten Hennen brütete genau an der Abzweigung zwischen zwei auseinander führenden Wegen. Menschliche Aktivitäten scheinen brütende Hennen nicht unbedingt zu stören. Berichte über Hennen, die dort brüteten, wo Waldarbeiten durchgeführt wurden, habe ich mehrfach erhalten. Die erwähnte Henne in der Weggabelung hat ihren Nistplatz dort auch erst gewählt, nachdem bereits in unmittelbarer Nähe Forstarbeiten in Gang gekommen waren.

Um ein Ei zu produzieren, braucht die Henne mehr als 24 Stunden. Ein Gelege besteht in der Regel aus 7 bis 11 Eiern, meist sind es 8. Sie werden in einem Zeitraum von rund 10 bis 12 Tagen gelegt. Bei größeren Gelegen kann dazwischen auch immer wieder ein ganzer Tag ausgesetzt werden, sodass dann etwa 2 Wochen für ein Gelege benötigt werden. Wenn die Haselhenne das Nest verlässt, wirft sie Blätter oder Nadeln hinter sich, dadurch können die Eier bedeckt werden. Das Material wird später nicht entfernt, sondern in die Nestmulde eingebaut. Dieses „Verlegen" hört auf, wenn die Henne zu brüten beginnt, das heißt, wenn das Gelege vollständig ist.

Es gibt in der Regel eine Brut im Jahr. Geht das Erstgelege verloren, ist ein Nachgelege möglich. Zweitgelege enthalten aber weniger Eier und sind bei einjährigen Hennen kleiner als bei älteren. Die Brut dauert 25 bis 27 Tage. Etwa zwei Mal täglich verlässt die Henne ihr Nest für etwa eine halbe Stunde, das erste Mal ungefähr eine Stunde nach Sonnenaufgang am Morgen, das zweite Mal am Nachmittag etwa drei Stunden vor Sonnenuntergang. Vor dem Brutbeginn vertragen die Eier sogar leichten Frost, während der Brutpausen, wenn die Henne das Nest verlässt, kühlen sie etwas aus und brauchen danach wieder einige Zeit, um die Bruttemperatur zu erreichen.

Sind Haselhühner monogam?

Der Hahn kann in der Nähe des Nestes bleiben, er steht mit der brütenden Henne auch weiterhin in Kontakt und begleitet diese von Fall zu Fall, wenn sie das Nest verlässt. Selbst wenn es in Gehegen in Ausnahmefällen vorgekommen ist, dass der Hahn ebenfalls auf dem Gelege saß: die Henne brütet alleine, und der Hahn beteiligt sich für gewöhnlich nicht an der Jungenaufzucht. Sowohl das Paarungssystem wie auch die Brutpflege weisen darauf hin, dass Haselhühner nicht strikt monogam sind. Der geringe Unterschied zwischen Hahn und Henne sowie der gelegentliche Partnerwechsel deuten auf eine Zwischenstellung dieser Raufußhuhnart hin: Haselhühner sind zwar nicht mehr streng monogam, aber auch noch weit entfernt von Polygamie. Seitensprünge sind aber keine Seltenheit – auch in der Vogelwelt nicht.

Jon Swenson hat an markiertem Haselwild im Freiland festgestellt, dass die Bindung der Haselhuhnpaare sehr lose ist. Die Vögel in seinem schwedischen Untersuchungsgebiet lebten zwar paarweise, verbrachten aber auch in der Zeit vor der Eiablage nur knapp 40 Prozent der Zeit miteinander. Aufgrund des Hahnenüberschusses bietet sich den Männchen kaum Gelegenheit für Partnerwechsel. Bei Jon Swensons Untersuchungen hatten hingegen rund 40 Prozent der Hennen die Möglichkeit für eine

Paarung mit einem zweiten Hahn. All diese Hennen wurden nämlich während der Fortpflanzungszeit im Frühjahr nicht nur mit „ihrem“ Hahn beobachtet, sondern auch noch mit zumindest einem weiteren. Die Gründe für die „Untreue“: Der lose Zusammenhalt der Paare und werbende Nachbarhahnen. Dazu kommt, dass unverpaarte Hahnen große Reviere besetzen und recht weit umher streichen. Aufgrund des Männchenüberhanges kommt es auch vor, dass sich zwei Hahnen abwechselnd die Henne teilen – oder umgekehrt formuliert: dass sich eine Henne zwei Hahnen nimmt.

Unverpaarte Hahnen verlassen ihr Revier öfter, sie können dabei über Strecken von 2 bis 14 Kilometer abwandern. Diejenigen, die sesshaft bleiben und auf eine Henne warten, nutzen dabei annähernd doppelt so große Flächen wie verpaarte Hahnen. Hat ein Haselhahn eine Partnerin gefunden, bleibt er aber fest in seinem Revier. Die Hennen wechselten ihr Frühjahrsrevier in Südschweden nach dem 15. März nicht mehr.

Es kann durchaus vorkommen, dass Haselhühner nicht paarweise, sondern in kleinen Wintertrupps überwintern. Valentinitsch berichtet über solche Beobachtungen in Kärnten, in der Steiermark und in Slowenien. Wie er richtig vermutet, geht es dabei um gemeinsame Nutzung günstiger Nahrungsquellen wie auch um Feindvermeidung. Die Vereinigung von Haselhühnern zu größeren Wintergemeinschaften ist bei uns aber sicher die Ausnahme, im Nordosten Sibiriens kommt dies hingegen häufiger vor. Vor allem in laubholzreichen Wäldern entlang von Flüssen sind Gruppen von fünf bis sechs Hühnern im Winter keine Seltenheit.

Jugendentwicklung

Bereits vor dem Schlüpfen gibt es akustischen Kontakt zwischen der Henne und den Küken. Kontaktrufe sind also schon vor dem ersten Tag wichtig. Sind Küken allein oder frieren sie, dann weinen sie mit fallender Tonhöhe. Diese Laute sind bis fünfzig Meter weit zu hören, die Henne sucht daraufhin das verlassene Küken oder lockt es zur Familie. Haselhuhnküken sind flink und wendig, nach einer Woche springen sie bereits auf liegende Stämme oder Stöcke, schlüpfen durch das Gewirr von Zwergsträuchern oder liegenden Ästen und jagen nach Insekten.

Vor allem in der ersten Zeit ist tierisches Eiweiß für die Entwicklung der Jungen nötig. Kleine Küken picken nach Wiesenplankton, meist auf den Blattunterseiten. Größere „Beute“, wie Raupen, Spinnen oder Heuschrecken, wird von den Küken weichgeschlagen.

Die Jungen entwickeln sich rasch und sind bereits nach einer Woche in der Lage, auch pflanzliche Nahrung aufzunehmen – etwa kleine Blattstücke. Sie sind sehr wärmebedürftig und verbringen viel Zeit an sonnigen Stellen oder unter dem Gefieder der Henne. Häufige Störung kann sich daher selbst bei Schönwetter ungünstig auf den Haselhuhnnachwuchs auswirken, zum einen, weil das Gesperre von warmen, sonnigen Plätzen vertrieben wird, zum andern, weil die Küken in den ersten Tagen sehr leicht unterkühlen, wenn sie allein in Deckung gehen müssen. Frisch geschlüpfte Haselhuhnküken sind sehr klein und unternehmen in den ersten Tagen immer nur kurze Ausflüge zur Nahrungsaufnahme, um dann rasch wieder unter die Mutter zu schlüpfen. Die höchsten Küken-Ausfälle gibt es bei Schlechtwetter, was oft zu deutlichen Schwankungen in der Siedlungsdichte führt. Lufttemperatur, Niederschlag oder Wind beeinflussen in den ersten Wochen die Überlebensraten, das örtliche Kleinklima ist also neben Deckung, Nahrungsangebot und der Lebensraumstruktur wichtig für die Qualität eines Hennenreviers. Um dem Wärmebedürfnis der Jungen entgegenzukommen, führt die Henne das Gesperre in Bereiche mit niedriger Vegetation, an Wegränder, Lichtungen oder lockere Althölzer. Obwohl es im Sommer keine Reviergrenzen gibt, die eingehalten werden, gehen die Gesperre einander aber eher aus dem Weg.

Zum Anteil der Jungvögel, die bis Herbst ausfallen, gibt es nur wenig Zahlen. Beobachtungen aus dem Urwald von Bialowies in Polen zeigten, dass in einem trockenen Sommer bereits im Juni etwa ein Fünftel der Küken ausgefallen waren. Der Ausfall erhöhte sich im Juli bei gutem Beerenangebot auf ein Drittel der Jungen. In einem Jahr mit Schlechtwetter und wenig Heidelbeeren gab es im selben Gebiet im Juli bereits Verluste von annähernd der Hälfte der Jungen. – Im Juni überwiegt der Anteil an tierischer Kost bei weitem, darunter sind Blattläuse, Insektenlarven, Käfer, Spinnen, Raupen, Schmetterlinge, Zikaden, Milben oder Schnecken. Um Chitinpanzer oder Pflanzenteile zu zerkleinern, nehmen die Küken vom ersten Tag an Magensteinchen auf. Im Juli kommt bereits immer mehr pflanzliche Nahrung dazu, darunter sind Beeren, Sämereien, Blüten und Blattteile. Bereits im August ist der Anteil an tierischer Nahrung nur mehr gering.

Mit rund 10 Tagen ist der Nachwuchs schon in der Lage, gewandt zu klettern und kurze Strecken zu flattern oder fliegen. Rund 2 Wochen lang werden die Küken von der Henne gehudert, weil sie selbst bis dahin noch nicht ihre Körpertemperatur aufrecht erhalten können. Sobald sie das schaffen, sind sie auch in der Lage, einigermaßen zu fliegen, und fangen dann an aufzubaumen und übernachten nun etwas sicherer auf Sträuchern oder Bäumen. In der ersten Zeit ist das Feindmeide-Verhalten bei den Jungen wenig entwickelt, sie reagieren zwar auf den Warnlaut der Henne, erstarren und verschmelzen darauf gleichsam mit dem Erdboden; selbständig sichern und warnen, das tun sie aber erst nach etwa 10 Tagen. Je nach Temperatur fangen die Küken aber nach einiger Zeit zu weinen an. Zahme Vögel halten oft nur ein paar Minuten still, im Freiland kann die Schreckstarre der Küken aber auch zwanzig bis vierzig Minuten dauern. In der Regel kehrt die Henne nach etwa einer halben Stunde zu ihren Jungen zurück – in Ausnahmefällen auch schon in fünf Minuten oder erst in einer Stunde.

Bei handaufgezogenen Vögeln ist das Feindverhalten insgesamt wenig ausgeprägt. Wenn man sie in Freiheit setzt, kommt es dadurch meist zu hohen Ausfällen. Um Aussetzungsaktionen erst gar nicht zu benötigen, sollte man daher zuerst versuchen, jedes noch bestehende Vorkommen zu erhalten und dessen Lebensraum zu verbessern.

Streifgebietsgrößen

Diesem Kapitel sei ein Satz vorangestellt: „Haselhühner sind sehr standorttreu." – Dass es dabei natürlich wieder Ausnahmen gibt, davon wird im Zusammenhang mit den Wanderungen berichtet. Grundsätzlich trifft die Feststellung aber zu. Wer sich nur ein wenig mit der Wildart auseinandersetzt, der weiß, dass man diese Waldhühner über Jahre, oft Jahrzehnte immer wieder an denselben Stellen im Revier antrifft. Der deutsche Raufußhuhn-Experte Siegfried Klaus gibt an, dass er Haselhuhnreviere im Böhmerwald seit über fünfundzwanzig Jahren kennt. Ich weiß ebenfalls von Revierteilen, die seit meiner Kindheit von vielen Haselhuhngenerationen bewohnt werden. Fragt man ältere Jäger, dann kann man noch weiter zurück verfolgen, wie lange ein und dasselbe Revier schon besetzt ist.

Die Größe der Reviere schwankt je nach Qualität des Lebensraumes. Im schwedischen Untersuchungsgebiet von Jon Swenson waren die Territorien der Hahnen im Durchschnitt rund 17 Hektar groß, jene der Hennen 14 Hektar. Die Territorien von unverpaarten Hahnen waren mehr als doppelt so groß (rund 32 Hektar) als jene von verpaarten (14 Hektar). Für Haselhühner im Schwarzwald errechnete Manfred Lieser Wohngebietsgrößen von rund 30 Hektar im Jahresdurchschnitt. In Kärnten konnte ich in meinem Untersuchungsgebiet auf 20 Hektar sowohl im Herbst als auch im Frühjahr zwei Paare und daneben noch zwei unverpaarte Hahnen nachweisen. In optimalen Gebieten können Reviere auch nur 2 Hektar groß sein. Andreas Kämpfer-Lauenstein hat über Haselwild im Bayerischen Wald gearbeitet, er spricht im Aufichtenwald von hohen Dichten bei rund 3 Hahnen je 100 Hektar. Im Bergfichtenwald gibt er geringe Dichten mit 0,7 Hahnen je 100 Hektar an. Ich halte die Reviergröße für ein besseres Maß, beim Vergleich von Dichten (Stück je 100 Hektar) kommt es immer darauf an, welche Gesamtfläche in die Erhebungen miteinbezogen wird – ich kann entweder nur Haselhuhn-Vorkommensgebiete erheben oder aber große Gebiete, die auch viel „Niemandsland" beinhalten. Niklaus Zbinden gibt dazu ein Beispiel aus den Buchenwäldern des Chasserals im Faltenjura der Schweiz. Bezogen auf die gesamte Untersuchungsfläche kam er dort auf 5,3 Paare je 100 Hektar, berücksichtigte er aber nur die besiedelte Fläche, dann waren dies 8 Paare je 100 Hektar.

Die Dichten können von Jahr zu Jahr stark schwanken. Um eine Vorstellung und auch einige Vergleichswerte zu den eben angeführten Daten zu bekommen, möchte ich nur einige Beispiele aus dem Handbuch der Vögel der Sowjetunion bringen. Der Übersichtlichkeit halber wurden die Werte gerundet.

Vorkommensgebiet	**Haselhuhndichten** (Vögel/100 Hektar)		**Autor/Jahr**
	Frühling	*Herbst*	
Halbinsel Kola	-	3 - 10	Semenov-Tjan-Sanskij (1959)
(Süden Finnlands)	6 - 35	13 - 41	Pynnönnen (1954)
Bezirk Leningrad	3 - 16	2 - 23	Potapov (1985)
(Weißrussland)	3 - 16	4 - 48	Garvin (1969)
Petschora Ili	11 - 18	11 - 81	Teplov (1947)
(Naturschutzgebiet)	-	5 - 118	Jurgenson (1961)
Westsibirien	-	2 - 27	Sorokina (1974)
(Nordost-Altai)	-	7 - 33	Potapov (1975)
Amurgebiet (Fichtenwälder der Täler mit Weidengebüsch)	-	114 - 120	Michajlovskij & Zalesov (1979)

Die Tabelle zeigt, dass es überall große Schwankungen gibt, sie belegt jedoch auch, dass im Herbst in optimalen Lebensräumen sogar Dichten von 120 Haselhühnern je 100 Hektar möglich sind. In manchen Gebieten treten diese zyklisch auf, das heißt, die Bestände schwanken in mehrjährigen Abständen. So hohe Dichten werden aber nur dann erreicht, wenn wirklich alles zusammenpasst: Überwinterungsbedingungen, gute Frühjahrsnahrung für die Hennen, ein hoher Bruterfolg, klimatisch günstige Aufzuchtbedingungen, optimaler Lebensraum und geringer Feinddruck. Bereits nach ein bis zwei Jahren sinkt die Dichte aber schon wieder markant ab, weil Jungvögel abwandern und ein Teil der Hühner Raubfeinden zum Opfer fällt oder strenge Winter mit ungünstigem Wetter und wenig Nahrung ihren Tribut fordern. Die Zahl sinkt dann über mehrere Jahre, bis zum nächsten Mal, wenn wieder günstige Bedingungen zusammentreffen. Nach dem russischen Vogelkundler Potapov liegen die optimalen Brutgebiete im zentralen Teil des Verbreitungsgebietes im Süden der Taiga, wo ein stark kontinentales Klima vorherrscht. – Aussagekräftiger als die Herbstdichten sind die Frühjahrsdichten. Potapov gibt als normale Dichte im Frühjahr 10 bis 15 Paare je 100 Hektar an; wenn die Vögel annähernd gleichmäßig verteilt sind, ergeben sich daraus Reviergrößen von ungefähr 10 Hektar für ein Paar. Im Herbst sollten es dann etwa 35 bis 50 Hühner je 100 Hektar sein. In Jahren mit geringen Dichten kann aber auch nur ein Haselhuhnpaar auf 500 bis 600 Hektar geeignetem Lebensraum vorkommen. Die Bestandesschwankungen können also enorm sein.

Wanderungen

Auch wenn man weiß, dass Haselhühner in der Regel an ihrem einmal gewählten Revier festhalten, so bleibt dennoch die Frage offen: Wie weit streifen sie umher, um ein eigenes Revier zu finden? In letzter Zeit gab es einige Forschungsergebnisse, die das Bild vom sesshaften Haselhuhn aufweichen. Das Neue daran ist aber nicht, dass es beim Haselwild auch weitere Ortswechsel gibt – darüber hat Valentinitsch schon vor mehr als hundert Jahren berichtet – neu ist, dass wir heute mit Hilfe der Technik die Strecken messen können, welche von den Vögeln tatsächlich zurückgelegt werden. Aufmerksamkeit erregten die neueren Studien, weil sie das übliche Bild vom ortstreuen Haselwild in ein etwas anderes Licht rückten. Je nach Lebensraum und vor allem auch je nach Bestandesdynamik müssen wir unsere Vorstellung vom sesshaften Haselhuhn also neu einordnen.

Für Wanderbewegungen gibt es hauptsächlich drei Gründe: Zum einen muss im Herbst ein Teil der Jungvögel abwandern, um ein eigenes Revier zu besetzen. Zum zweiten können bei strengem Winter einzelne Vögel oder ganze Gruppen in günstige Winterlebensräume ausweichen. Der dritte Grund hängt schließlich mit den unverpaarten Hahnen zusammen – sie legen auf der Suche nach Hennen immer wieder größere Strecken zurück. In den Alpen kann noch ein weiterer Anlass für einen Ortswechsel dazu kommen. Der Kärntner Vogelkundler F.C. Keller gibt bereits Ende des 19. Jahrhunderts an, dass das Haselhuhn im Herbst häufig in höhere Lagen zieht, um dort Preiselbeeren zu äsen. Gegen den Winter kehrt es von dort wieder in tiefere Lagen zurück. Ein weiterer Grund wäre also das Nahrungsangebot im Herbst. Ich selbst habe zwar das Thema „Ortswechsel" weniger genau verfolgt, kann aber bestätigen, dass Haselwild zu dieser Jahreszeit oft nahe der Waldgrenze oder sogar darüber vorkommt. Auch nach meiner Ansicht geht es den Hühnern um das Beerenangebot. Solcherart bedingte Wanderbewegungen gibt es vor allem in den Zentralalpen auf Silikatgestein, dort ist das Angebot an Beeren bedeutend höher als im Kalkgebirge. Für Graubünden wird ebenfalls angegeben, dass die Hühner außerhalb der Brutzeit bis auf 2.000 Meter Seehöhe vorkommen.

Um die möglichen Verhaltensweisen von „reviergebundenen" und „wandernden" Haselhühnern zu skizzieren, möchte ich nun die Ergebnisse aus einigen Studien gegenüberstellen. Bei diesen Studien wurde mit ganz unterschiedlichen Methoden gearbeitet.

Johan Aberg hat in seinem Untersuchungsgebiet in Schweden Haselhuhn-Lebensräume in drei verschiedenen Landschaftstypen ausgeschieden und dort nach Haselhuhn-Nachweisen gesucht. Ein wichtiges Kriterium für die Unterteilung der Landschaften war der Wechsel zwischen offenen, landwirtschaftlich genutzten Flächen und Wald. Wenn eine Waldinsel in die Untersuchung miteinbezogen wurde, dann musste diese mindestens 20 Hektar groß sein und wenigstens 5 Prozent Laubhölzer enthalten, darunter auch Erle. Fasst man seine Ergebnisse kurz zusammen, dann konnte er Haselhühner in Waldinseln nur dann nachweisen, wenn diese näher als 100 Meter zu geschlossenen Wäldern lagen. Mit anderen Worten: Nach Abergs Ergebnissen sind 100 Meter offenes Land eine Barriere, die von Haselhühnern nicht mehr überwunden wird. Im Wald können von einem geeigneten Haselhuhn-Lebensraum bis zum nächsten hingegen durchaus 2 Kilometer überwunden werden, selbst wenn es dazwischen völlig ungeeigneten intensiv genutzten Wirtschaftswald gibt. Je größer eine Waldinsel war und je mehr ein geeigneter Lebensraum von Wald umschlossen wurde, umso höher war die Wahrscheinlichkeit, dort Haselwild zu finden. Aberg kommt zu dem Schluss, dass man sein Augenmerk nicht nur auf einzelne für Haselhühner geeignete Lebensräume lenken sollte, sondern dass die Vernetzung dieser Lebensräume von größter Bedeutung ist!

Im Böhmerwald haben Andreas Sewitz und Siegfried Klaus mit einer ähnlichen Methode gearbeitet. Sie kommen dabei zu fast gleichen Ergebnissen. Von rund 60 untersuchten Waldinseln im Vorland des geschlossenen Böhmerwaldes waren 15 vom Haselhuhn bewohnt. Rund die Hälfte dieser Inseln war nicht weiter als 50 Meter von geschlossenen Wäldern entfernt. Die kleinste besiedelte Waldinsel war 18 Hektar groß. Die größte Entfernung, welche ein Haselhuhn über offenes Land zurücklegte, war 240 Meter. Entlang von bachbegleitenden Gehölzsäumen legte das Waldhuhn auch Strecken von 300 Meter durch die freie Feldflur zurück. Mit Sicherheit stellen in den Alpen die Erlen- oder Weidensäume entlang der Bäche wichtige Korridore für die Haselhühner dar, wenn diese von einer Talseite zur andern wechseln. Dabei werden größere Flüsse überflogen, wie etwa die Drau – die Strecke über den Fluss beträgt rund 50 Meter.

Offensichtlich gut vernetzt sind die Haselhuhn-Lebensräume im südlichen Teil der Französischen Alpen (Alpes-de-Haute-Provence). Dort breitet sich die Art derzeit aus, und die Bestände nehmen zu – eine eher außergewöhnliche Situation in Europa. Die beiden Franzosen Patrick Leonard und Marc Montadert haben in dem Gebiet über 70 Haselhühner besendert. Ihre Ergebnisse sind kein Gegensatz zu jenen von Aberg, dennoch sind sie erstaunlich, wenn man sich vor Augen hält, wo Haselhühner bereits Schwierigkeiten bekommen, wenn es um die Eroberung neuer Lebensräume geht. Auf Lebensraumfragen kommen wir ein paar Seiten später zu sprechen. Vorwegnehmend hervorzuheben ist jedoch, dass in dem 6.500 Hektar großen französischen Untersuchungsgebiet der Waldanteil 76 Prozent betrug. Auch wenn eine Fläche mit einem Radius von 40 Kilometer rund um das Gebiet miteinbezogen wird, so ist diese immer noch zu 46 Prozent bewaldet – insgesamt also günstige Voraussetzungen für einen waldgebundenen Vogel, der neue Lebensräume erobern möchte. Zur Erinnerung: Ganz Österreich ist zu 47 Prozent bewaldet. In der Steiermark, Österreichs waldreichstem Bundesland, wo Valentinitsch vor über hundert Jahren viele seiner Haselhuhnbeobachtungen durchführte, liegt der Flächenanteil heute sogar über 60 Prozent. – Sehen wir uns nun aber die Ergebnisse der Franzosen im Einzelnen an.

Genau hat man das Abwanderungsverhalten der Jungvögel verfolgt. Hierzu wurden die Daten von 18 Vögeln zusammengefasst. Die diesjährigen Hahnen sind im Herbst durchschnittlich 4 Kilometer von jenem Gebiet abgewandert, in dem sie aufgewachsen sind. Die Hennen haben ihr neues Frühjahrsrevier im Schnitt 2 Kilometer entfernt von jenem Platz gefunden, wo sie im Herbst gefangen wurden. Um besseren Einblick zu erhalten, haben die Franzosen die Jungvögel in drei Kategorien eingeteilt. Generell muss der diesjährige Nachwuchs abwandern; dabei gibt es Jungvögel, die in unmittelbarer Nähe ihrer Eltern bleiben. Sie hatten ihr Frühjahrsterritorium nicht weiter als 500 Meter von dem Platz entfernt, wo sie im Herbst gefangen wurden. Dies waren 43 Prozent der Hahnen und die Hälfte aller Hennen. Als „mittlere Distanz" haben die Franzosen eine durchschnittliche Abwanderung von 1 bis 6 Kilometer eingestuft. Genau der gleiche Anteil von Hahnen und Hennen (43 und 50 Prozent) fällt in diese Gruppe. Zu den „Weitwanderern" wurden jene Vögel gezählt, die sich über 10 Kilometer entfernten, bevor sie ein eigenes Frühjahrsrevier besetzten. Dies waren zwar nur 2 Hahnen, aber die Werte zeigen immerhin, welche Strecken auch bei Haselhühnern möglich sind. Ein Hahn legte 25 Kilometer zurück, der zweite 15 Kilometer. Die meiste Wanderbewegung findet zwischen Oktober und November statt. Von 13 Hahnen, die abwanderten, hatten 11 im Dezember ein neues Revier besetzt. Möglich ist auch, dass einzelne Hühner nur vorübergehend ein Winterstreifgebiet besetzen und im Frühling ihre Wanderung fortführen. Wenn sie aber einmal ihr Revier gefunden haben, dann sind die Vögel ortstreu und bleiben dort. Von 31 Haselhahnen, die älter als ein Jahr waren, ist nur einer im Herbst über eine Strecke von 1,5 Kilometern abgewandert.

Dem Haselhuhn geringe Wanderlust zuzuschreiben, ist so vereinfacht also nicht richtig. Wie man sieht, macht sich ein beachtlicher Teil der Jungvögel auf den Weg, um ein eigenes Revier zu finden. Dem kleinen Waldhuhn müssen offensichtlich nur die rechten Wanderwege bereit stehen, dann kann es durchaus auch beachtliche Strecken zurücklegen. Wanderungen sind aber neben dem Lebensraum auch ganz eng mit der Bestandesdynamik verbunden: Wenn es viel Nachwuchs und überzählige Jungvögel gibt, dann ist sicher mehr Bewegung im Bestand!

Ernährung

Hinsichtlich der Ernährung der Haselhühner muss man grundsätzlich zwei Jahreshälften unterscheiden. Im Winter suchen die Vögel ihre Nahrung vorwiegend auf Bäumen und äsen Knospen und Kätzchen, im Sommerhalbjahr halten sie sich sehr viel Zeit auf dem Boden auf und leben von Sämereien, Gräsern, Kräutern, Blüten und Beeren. Die Jungen brauchen im ersten Monat vor allem Insekten. Was dabei auf ihrem Speisezettel steht, ist im Zuge der Jugendentwicklung beschrieben. In der Vor-Legeperiode, wenn die Haselhühner ihr Leben wieder auf den Boden verlagern, nehmen sie vor allem frische Blattspitzen und Bodenpflanzen auf. Entlang von Bachläufen kann dies zum Beispiel Brunnenkresse sein, daneben austreibende Heidelbeerknospen, aber auch frisch sprießende Buchenblätter oder Fichtensamen. Im Sommer kommen Heidelbeerblüten, Samen von Seggen oder Wachtelweizen, Sauerklee, später dann Erdbeeren, Holunder, Himbeeren, Heidel- und Preiselbeeren oder Vogelbeeren dazu. Im Herbst sind auch Bucheckern dabei. Etwa im Oktober, zur Zeit des Laubfalls, verlagern die Waldhühner ihr Leben wieder auf die Bäume, selbst wenn es noch genügend Beeren gibt. Im Winter werden vor allem Knospen und Kätzchen von Laubhölzern geäst. Am beliebtesten ist die Erle, außerdem Weide oder Hasel. Manfred Lieser hat erhoben, dass die Winternahrung im Schwarzwald zu drei Viertel aus Kätzchen von Hasel, Birke und Erle besteht. Zumindest 5 bis 10 Prozent hoch sollte der Anteil des Laubholzes in einem Winterrevier sein. In Einzelfällen kann es sogar vorkommen, dass die Hühner im Winter Obstbäume in der Nähe des Waldes aufsuchen. Auch Weißdorn, Schlehdorn, Heckenrose, Berberitze, Schneeball, die Vogelkirsche, der Holzapfel und die Wildbirne gehören zum Spektrum.

Die junge österreichische Raufußhuhnforscherin Monika Dönz-Breuss untersuchte das Nahrungsspektrum des Haselhuhns in einem Revier mit hoher Pflanzenvielfalt in den Gailtaler Kalkalpen Kärntens. Sie fand heraus, dass dort auch im Winter rund 30 verschiedene Nahrungspflanzen aufgenommen wurden. Das Angebot hatte allerdings deutlichen Einfluss auf die Nutzung. Da es wenig Schnee gab, wurden auch Bodenpflanzen aufgenommen – etwa Heidelbeertriebe, Preiselbeeren, Leberblümchen, Sauerklee und Süßgräser. Am wichtigsten waren aber auch hier Grauerle, Weiden und Hasel. Daneben wurden auch die Vogelbeere, Mehlbeere,

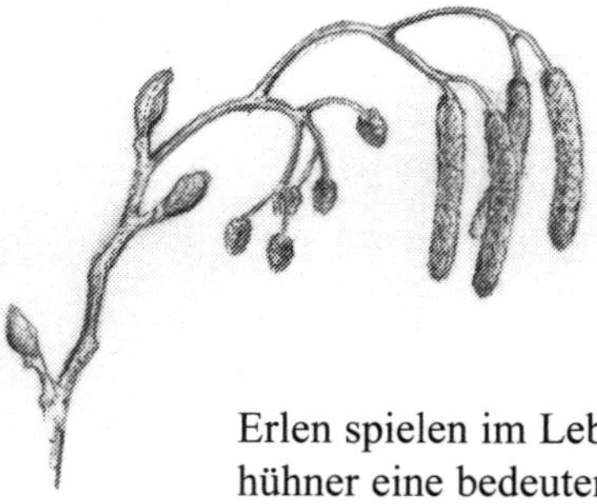

Erlen spielen im Leben der Haselhühner eine bedeutende Rolle.

Heckenkirsche, Zitterpappel, Rotbuche, Felsenbirne und vieles mehr genutzt. Sogar Nadeln und Knospen von Fichten waren dabei. Die Fichte spielt aber als Winternahrung keine Rolle, sie ist vor allem als Deckung in Verbindung mit Laubhölzern wichtig.

Nach meiner Erfahrung sind Grauerlen in Verbindung mit Fichten besonders beliebt – dort gibt es Äsung und Deckung zugleich. Jon Swenson hat gezeigt, dass Haselhuhn-Paare Winternahrung in einer größeren Entfernung von sicherer Deckung aufnehmen können, ganz einfach deshalb, weil vier Augen mehr sehen als zwei. Einzelvögel entfernen sich nicht so weit von sicherer Deckung. Die Feindvermeidung spielt also auch beim Äsen eine wichtige Rolle. Es reicht nicht allein, wenn Winternahrung da ist, sie sollte auch sicher genutzt werden können. Da Haselhühner weniger Nahrung brauchen als unsere großen Raufußhuhnarten, verbringen sie täglich nur etwa 2 Stunden beim Äsen, natürlich hängt der Zeitbedarf aber auch mit dem Angebot zusammen. Birkwild etwa braucht dazu täglich schon bis zu 6 Stunden, und die großen Auerhühner rund 9 Stunden. Was aber die Qualität der Nahrung betrifft, so stellt der Zwerg unter unseren Raufußhühnern die höchsten Ansprüche, mit zunehmender Größe nehmen diese Ansprüche ab.

Verbreitung

Vorkommensgebiete und Unterarten

Das Verbreitungsgebiet des Haselhuhns erstreckt sich von Frankreich bis nach Japan, man könnte auch sagen: von Norwegen bis ans Ochotskische Meer (zwischen der Halbinsel Kamtschatka, Sachalin und der japanischen Nordinsel Hokkaido). Im Norden geht das Verbreitungsgebiet bis an die Grenze der Taigawälder, reicht aber viel weiter nach Osten als jenes der Birkhühner. Der nordöstlichste Teil besteht allerdings aus mehreren voneinander isolierten Vorkommen. Man nimmt hier einen Zusammenhang

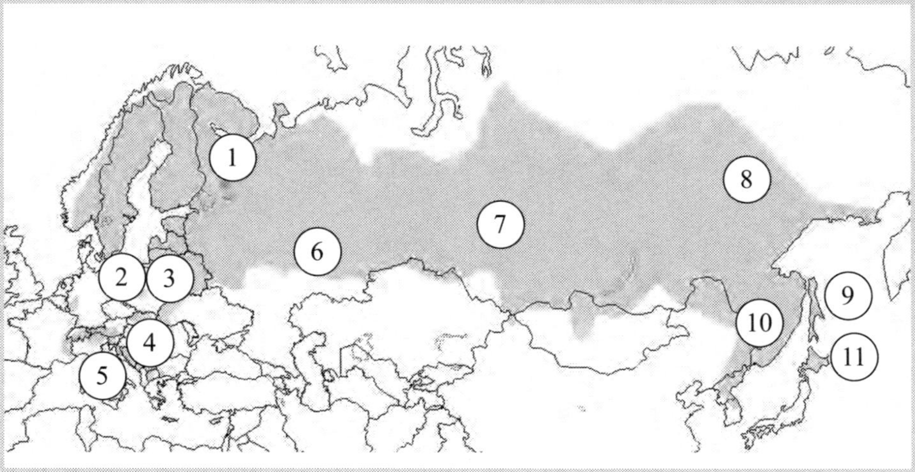

Vorkommensgebiete und Unterarten (1 bis 11) des Haselhuhnes.
Das Haselhuhn kommt von Westeuropa über den Balkan bis Japan vor.

Die einzelnen Unterarten:
(Beschreibung auf den Seiten 228/229)

1. Bonasa bonasia bonasia
2. Bonasa bonasia rhenana
3. Bonasa bonasia rupestris
4. Bonasa bonasia styriaca
5. Bonasa bonasia schiebeli
6. Bonasa bonasia volgensis
7. Bonasa bonasia septentrionalis
8. Bonasa bonasia kolymensis
9. Bonasa bonasia yamashinai
10. Bonasa bonasia amurensis
11. Bonasa bonasia vicinitas

Wissenschaftliche Bezeichnung und Systematik

Art:	Haselhuhn (*Tetrastes bonasia* oder *Bonasa bonasia Linné 1758*)
Gattung:	Haselhühner *(Tetrastes* oder *Bonasa)*
Unterfamilie:	Raufußhühner *(Tetraonidae)*
Familie:	Hühner *(Phasianidae)*
Ordnung:	Hühnervögel *(Galliformes)*

Erst kürzlich hat sich der Gattungsname *Tetrastes* durchgesetzt, davor war lange Zeit *Bonasa* üblich. Linné hat es *Tetrao bonasia* genannt. Die Artbezeichnung *bonasia* wird auf das schmackhafte Wildbret zurückgeführt (*bonus* = gut, *edere* = essen). Davon wusste schon Strasser von Kollnitz um 1630 zu berichten. Er beginnt in seinem Jagdbuch den Beitrag zum Haselhuhn mit den Worten: *„Das Haslhuen ist ain klaines aber meinem judicio und gusto nach das edliste und wolgeschmachiste Huen under allem Föderwiltprät.“* – Wer's kennt, wird ihm zustimmen! Interessant ist in diesem Zusammenhang, dass er schon vor fast vierhundert Jahren den Namen „Haselhuhn“ verwendet hat, denn „Erlenhuhn“ würde eigentlich viel besser passen. Die Hasel wird überall dort bevorzugt, wo es in tieferen und mittleren Lagen Waldweiden gab. Die kleinen Waldhühner ziehen aber im Allgemeinen Erlen den Haseln deutlich vor, und im Gebirge braucht man nur in der Nähe eines Wasserlaufs nach Grauerlen Ausschau zu halten, um einen für das Haselhuhn geeigneten Platz zu finden.

mit den Wuchsgebieten der Erle an, sie ist eine wichtige Winternahrung. Die Halbinsel Kamtschatka wird vom Haselhuhn nicht besiedelt, wohl aber die Insel Sachalin und auch Hokkaido. Am Festland reicht dort die Verbreitung vom Amurgebiet bis nach Nordkorea – neben den Beständen am Balkan sind dies also jene Vorkommen, die am weitesten nach Süden reichen. Über die Gebirgszüge Nordchinas, die Bergwälder der Mongolei und des Altai-Gebirges verläuft die südliche Verbreitungsgrenze entlang dem Rand der Nadelwaldzone. Entlang der Begleitvegetation von Flüssen gehen die Vorkommen oft noch deutlich weiter nach Süden. Im westlichen

„Haselhuhn“ in anderen Sprachen

Deutsch: *Haselhuhn*

Englisch: *Hazel grouse*
Französisch: *Gélinotte des bois*
Spanisch: *Grévol Común*
Italienisch: *Francolino di monte*
Slowenisch: *Gozdni jereb*
Niederländisch: *Hazelhoen*
Dänisch: *Hjerpe*
Norwegisch: *Jerpe*
Schwedisch: *Järpe*
Finnisch: *Pyy*
Russisch: *Ryabchik*

Teil von Russland verschiebt sich die südliche Verbreitungsgrenze heute immer weiter nach Norden, weil hier der Mensch die Wälder stark verändert oder gänzlich vernichtet. Hier gibt es also eine ähnliche Entwicklung wie in Westeuropa, wo das geschlossene Verbreitungsgebiet immer häufiger in einzelne voneinander isolierte Inseln zerfällt. Die Westgrenze des geschlossenen Verbreitungsgebietes endet derzeit in den Waldgebieten Ostpolens. Im restlichen Teil Europas lebt das Haselhuhn heute vor allem noch in Bergwäldern. Auf dem Balkan im Rhodopengebirge und in den Dinariden, in den Alpen, im Jura, im Schwarzwald und den Vogesen sind die Bestände bereits stark geschrumpft; im Schwarzwald befürchtet man sogar, dass die Art verschwinden wird. Das größte Vorkommen Mitteleuropas gibt es heute in den Alpen, danach folgt jenes im Böhmerwald.

Unterschiede in Größe und Färbung sind beim Haselhuhn in dem riesigen Vorkommensgebiet sehr gering. Im Norden ist das Rückengefieder mehr hellgrau, im Süden und Südwesten nehmen mehr Rottöne zu, und der Rücken ist dort deutlich gröber quer gestreift. Auf dem Balkan und in Korea gibt es die satteste rotbraune Färbung, die Vögel sind in diesen Gebieten auch schwerer und größer. Im eher kontinentalen Bereich in Innerasien nimmt der Anteil an Weiß im Gefieder vor allem am Bauch und im Schulterbereich zu.

Unterarten
(nach Potapov und Flint)

1. *Bonasa bonasia bonasia*
Die namensgebende Form kommt in weiten Teilen Ost- und Nordeuropas bis in den Westen Russlands vor. Die Hahnen sind oberseits leicht rötlich. An den Schulterfedern sind weiße Spitzen; dort fallen daher die sechs bis sieben aneinander gereihten weißen Flecken auf.

2. *Bonasa bonasia rhenana*
Diese Art kommt verinselt in Westeuropa noch in den Vogesen vor, im Pfälzer Wald sowie im Hunsrück, in der Eifel, im Taunus, im Westerwald und im Sauerland. Die Hahnen sind oberseits rotbraun mit deutlichen Querstreifen. Die Unterseite ist überwiegend weiß.

3. *Bonasa bonasia rupestris*
Diese Unterart gibt es in Deutschland und Tschechien, wird jedoch von einigen eher als Zwischenform angesehen, die sich nicht sehr deutlich von den benachbarten Unterarten abgrenzt. Sie kommt im Schwarzwald, in den Sudeten und im Böhmerwald vor. Die Vorkommen im Harz, in Thüringen und Sachsen sind erloschen. Die Hahnen sind oberseits braun, die dunklen Abzeichen an der Brust sind schwächer. An Brust und Körperseiten überwiegt Rostbraun.

4. *Bonasa bonasia styriaca*
„Styriaca“ bewohnt den Alpenbogen und die Karpaten. Diese Haselhühner sind verhältnismäßig groß, mit deutlicher rotbrauner Färbung auf der Körperoberseite und am Kropf.

5. *Bonasa bonasia schiebeli*
Die größte Unterart. Der rostrote Anflug ist weniger deutlich, unterseits sind große, dunkelbraune Flecken im Gefieder, die Brust ist rostgelb. Diese Hühner sind auf der Balkanhalbinsel daheim.

6. *Bonasa bonasia volgensis*
Oberseits und am Kropf ist diese Unterart stärker rot als die Nominatform. Sie bewohnt die südlichen Teile des Baltikums, Ostpolen, Weißrussland, die Ukraine sowie den europäischen Teil Russlands. Das zentrale Vorkommen umfasst die Einzugsgebiete der Wolga bis in die Vorberge des Ural.

7. *Bonasa bonasia septentrionalis*

Oberseits ist diese Unterart rauchgrau, hie und da mit leicht braunem Anflug, besonders im Süden. Das Weiß am Flügel und am Bauch ist besonders intensiv bei den Hühnern im Norden der Mongolei und im Südural. Ausgehend vom Ural bewohnt die Unterart die gesamte Nadelwaldzone Sibiriens.

8. *Bonasa bonasia kolymensis*

Diese Unterart ist gut von den anderen durch ihren starken Anteil an Weiß im Gefieder zu unterscheiden. Die Spitzen der weißen Schulterfedern bilden einen breiten weißen Streifen. Auch der weiße Streifen, der am Hals von der Kehle zum Rücken führt, ist breit und schließt an der Kehle unmittelbar mit der weißen Kehlumrandung zusammen. Im Brust- und Bauchgefieder ist der Weißanteil ebenfalls so groß, dass dieser Körperteil fast völlig weiß erscheint. Oberseits sind die Hahnen überwiegend grau. Die Läufe sind bis an die Zehen befiedert. Diese auffällige Unterart bewohnt den äußersten Nordosten bis an das Ochotskische Meer.

9. *Bonasa bonasia yamashinai*

Dies ist das Haselhuhn, das auf der Insel Sachalin lebt. Es ist ähnlich der Kolyma-Unterart, aber bereits mit etwas weniger Weiß und im südlichen Teil auch schon mit einem rötlichen Anflug im Gefieder. Der weiße Halsstreif erreicht hier nicht mehr die Kehlumrandung.

10. *Bonasa bonasia amurensis*

Bei diesen Haselhühnern gibt es oberseits bereits wieder deutlich mehr Rottöne. Die weißen Flecken auf der Schulter sind nur klein. Es bewohnt die Ussuri-Gebiete, Teile Nordkoreas und der Mandschurei im Nordosten Chinas.

11. *Bonasa bonasia vicinitas*

Die japanische Unterart ist gut zu erkennen, weil sie – wie die Vorkommen im Nordwesten – viel Weiß im Gefieder hat. Auf den Schultern gibt es breite weiße Flecken mit gelblichem Anflug. Diese Haselhühner bewohnen die Bergwälder der japanischen Insel Hokkaido.

Überblick über die Haselhuhnbestände in verschiedenen Ländern

Land	Rote Liste [1]	Schutzstatus [2]		Jagd [3]	Populationsgröße [4]	Gefährdung durch [5]						Schutzmaßnahmen [6]					
		VS	TS			P	L	V	B	Ü	S	Z	M	H	G	A	Ö
Albanien	?			?	?												
Belgien	x	x			< 60	x	x	x	x		x	x		x			
Bosnien/Herz.	?			?	sehr klein	x	x	x									
Bulgarien	x	x		W	?	x	x	x		x		x	x	x			x
China	x	x		W	?		x	x		x		x					
Deutschland	x	x			2-4.000	x	x	x						x	x	x	
Estland	--			G	30.000?			x	x			x					
Finnland	--		x	G, R, J	800.000		x	x					x	x			x
Frankreich	--		x	G, R, J, H	10.000	x	x	x	x			x	x	x			
Griechenland	x	x		W	?	x	x	x		x		x					
Italien	x	x		W	10-12.000		x	x									
Japan	x		x	G, J	?				x		x						
Kasachstan	--			?	150.000?												
Kroatien	--	x			?	x	x	x	x		x						
Lettland	--			G, J	30-60.000				x		x						
Liechtenstein	x	x			klein												
Litauen	--			?	?												
Luxemburg	?				< 60												
Mazedonien	--		x	G, W, J	3-15.000		x	x		x							
Mongolei	--		x	G, J	80.000	x	x	x				x					
Norwegen	--			G, J	> 75.000												
Nordkorea	?			?	?								x				

Land	Rote Liste [1]	Schutzstatus [2]		Jagd [3]	Populationsgröße [4]	Gefährdung durch [5]						Schutzmaßnahmen [6]					
		VS	TS			P	L	V	B	Ü	S	Z	M	H	G	A	Ö
Österreich	x		x	G, R, J, H	> 50.000		x	x	x	x		x	x	x			x
Polen	--		x	G	35-45.000			x	x		x	x					
Rumänien	--		x	G, W	18-24.000		x	x		x	x						x
Russland	--			G, W, J	> 30 Mio					x	x		x				
Schweden	--			G, J	200.000												
Schweiz	x	x			7-9.000			x				x					x
Serbien/Monte.	x	x		W	3.200-5.300	x	x	x			x	x	x	x			
Slowakei	x			G	6-10.000		x	x	x				x				
Slowenien	x	x			?	x	x	x	x								
Südkorea	x	x		W	?	x	x	x				x					
Spanien	x	x			Vorkommen fraglich												
Tschechien	x	x			4-8.000								x				
Ukraine	--	x		W	15.000	x	x	x		x							
Ungarn	x	x			160-180	x	x	x	x								
Weißrussland	--		x	G, J	80-95.000		x	x	x			x					

ILSE STORCH 2007

1) x = als bedroht angeführt / -- = nicht angeführt
2) VS = Vollschutz / TS = Teilschutz
3) G = gesetzlich erlaubt, W = Wilderei, R = regional eingeschränkt, J = jahreszeitlich eingeschränkt, H = nur Hahnen, -- = keine Jagd
4) geschätzte Anzahl an Vögeln im Frühjahr (Hahnen + Hennen)
5) P = geringe Populationsgröße, L = Lebensraumverlust/-zerstückelung, V = Lebensraumverschlechterung, B = Beutegreifer, Ü = Übernutzung, S = Störung durch Tourismus/Freizeitnutzung der Natur
6) Z = Zählungen, M = Monitoring, H = Habitatpflege, G = Zucht in Gefangenschaft, A = Aussetzungen, Ö = Öffentlichkeitsarbeit

Bestandesentwicklung in Mitteleuropa

Die Weltnaturschutzorganisation IUCN stufte 2006 die Gefährdung des Haselhuhns mit „geringem Risiko" ein *(„lower risk – near threatened").* Dies ist, wie auch beim Birkhuhn, auf das riesige Verbreitungsgebiet zurückzuführen. In einigen europäischen Ländern gilt die Tierart dennoch als gefährdet oder sogar stark gefährdet. In der Vogelrichtlinie der Europäischen Union wird sie in Anhang I und II/2 in der Liste der schützenswerten Arten geführt. Wie erwähnt, nehmen die Bestände vor allem in Mitteleuropa ab.

Deutschland

In Deutschland wird das Haselhuhn in all jenen Bundesländern, wo es noch vorkommt, als stark gefährdet in der Roten Liste geführt. Bestände gibt es heute nur noch in den Bayerischen Alpen, im Bayerischen Wald und im Rheinischen Schiefergebirge. Das Vorkommen im Schwarzwald ist in den letzten Jahren dramatisch zurückgegangen. Experten gehen mittlerweile davon aus, dass dieses Waldhuhn heute in dem größten zusammenhängenden Mittelgebirge Deutschlands so gut wie ausgestorben ist. Um 1960 soll es dort noch rund 400 Paare gegeben haben. Die Bestände im Rheinischen Schiefergebirge gehören zu jenen, die in Mitteleuropa am weitesten nach Nordwesten reichen. Sowohl in Großbritannien als auch in den Niederlanden und in Dänemark kommt das Haselhuhn nicht vor. Unter dem „Rheinischen Schiefergebirge" werden eigentlich mehrere Mittelgebirge links- und rechtsseitig des Rhein zusammengefasst. Ganz im Westen sind dies die Ardennen. Sie reichen bis nach Belgien und beherbergen dort die letzten Haselhuhn-Vorkommen dieses Landes. Die Ardennen sind auch die Heimat für die Haselhühner in Luxemburg – dort sind die Paare ebenfalls bis auf wenige Reste zusammengeschmolzen. Dasselbe gilt auch für jenen Teil der Ardennen, der nach Frankreich reicht. In den deutschen Teilen des Schiefergebirges kommt das Haselhuhn noch in der Eifel, im Hunsrück, im Siegerland, im Westerwald sowie im Sauerland und im Bergischen Land vor. Generell sind die Bestände dort rückläufig und der Gesamtbestand nur mehr gering. Im Bayerischen Wald, der eigentlich Teil des Böhmerwaldes ist, scheinen die Haselhuhnbestände gesichert. Der Böhmerwald reicht von Tschechien nach Bayern und in den Norden Österreichs. Heute gibt es dort mit 2.000 bis 4.000 Paaren das größte Haselhuhn-Vorkommen in Mitteleuropa außerhalb der Alpen. Die Bestände dürften dort stabil sein.

Österreich

In Österreich gibt es zwar Unterschiede je nach Bundesland, doch wird die Art noch nicht als gefährdet eingestuft. In diesem Land gibt es zwei große, voneinander getrennte Haselhuhnpopulationen – eine in den Alpen, die andere auf der Böhmischen Masse nördlich der Donau. Eine Verbindung zwischen diesen beiden großen Vorkommen dürfte es nicht mehr geben. Eine Erhebung des Niederösterreichischen Landesjagdverbandes aus dem Jahr 2005 zeigt allerdings, dass zwischen den Vorkommen nördlich der Donau im Bezirk Melk und den in das Alpenvorland reichenden Verbreitungsgebieten im Bezirk Scheibbs nur rund 25 Kilometer Luftlinie liegen. Valentinitsch berichtet noch über einige Gegenden entlang der Donau, wo Haselwild vorgekommen ist. Isoliert vom geschlossenen Vorkommen der Böhmischen Masse gibt es im Osten noch einige Restbestände auf dem Truppenübungsplatz Allentsteig sowie im Bezirk Krems. Die Vorkommen der Alpen reichen in Niederösterreich heute bis in den Bezirk Baden. Wenn man die tatsächliche Verbreitung mit der Waldverteilung vergleicht, dann erkennt man schnell, dass größere geschlossene Waldkomplexe eine wichtige Voraussetzung für das Vorkommen dieses Raufußhuhnes sind. Wo es diese noch gibt, sind in der Regel auch noch Haselhühner vorhanden. Auch im Rosaliagebirge zwischen Niederösterreich und dem Burgenland vermutet man noch Haselhühner, dies ist aber nicht bestätigt. Eine Befragung, die 1998 in Kärnten durchgeführt wurde, ergab, dass die Wildart in rund zwei Drittel aller Reviere vorkommt. Über das gesamte Bundesland ist das Haselhuhn fast regelmäßig verteilt. Als „selten" oder „gefährdet" wird das Haselhuhn besonders in einigen Bereichen Unterkärntens bezeichnet, vor allem im Großraum des Klagenfurter Beckens. In der Steiermark kommt das Haselhuhn vom Alpen-Ostrand bis in die Obersteiermark vor. Zu erwähnen sind dabei jene Gebiete, die am weitesten im Osten liegen. Vom Wechselgebiet im Nordosten reicht das Verbreitungsgebiet bis ins Burgenland, ganz im Süden geht es von den Ausläufern der Koralpe entlang der slowenischen Grenze bis in den Bezirk Radkersburg. Isoliert vom Hauptverbreitungsgebiet gibt es ein Vorkommen auf dem Wildoner Berg südlich von Graz. Aus den anderen Bundesländern liegen keine großflächigen Erhebungen vor. Die Angaben im Österreichischen Brutvogelatlas geben die Verbreitung dieser Vogelart nur sehr lückenhaft wieder. Man geht aber davon aus, dass die Art noch über weite Teile des Alpenraumes verbreitet ist. – Das Haselhuhn wird in Österreich im Herbst bejagt.

Schweiz

In der Schweiz bejagt man das Haselhuhn seit 1962 nicht mehr. Die Art wird als gefährdet eingestuft. In den Bergwäldern ist der Vogel noch weit verbreitet, aber nirgends häufig. Im Mittelland brütet er nur noch an wenigen Stellen, wo es Verbindungen mit den Vorkommen der Alpen gibt. Hauptursache für den Rückgang ist die Lebensraumveränderung vor allem durch strukturarme, nadelholzdominierte Wälder, die arm an Strauchvarten sind. Im Ostteil des Jura verinseln einzelne Vorkommen, und die Bestände in den tieferen Lagen sind erloschen.

Frankreich

In Frankreich steht das Haselhuhn in der Vorwarnliste. Es gibt neben den Vorkommen in den Alpen noch jene in den Vogesen, im Französischen Jura und, wie erwähnt, in einem Teil der Ardennen. In den Alpen schätzt man den Bestand als stabil ein, in den Vorlagen der Vogesen und des Jura dürfte das Haselhuhn mittlerweile verschwunden sein. Nur im südlichen Teil der Französischen Alpen nehmen die Bestände zu, und das Haselhuhn breitet sich aus. – Über Haselhuhn-Vorkommen in den Pyrenäen gibt es widersprüchliche Aussagen. Valentinitsch führt Vorkommen in den Pyrenäen mit einzelnen Ortsangaben an. Andere bezweifeln wiederum, dass das Haselhuhn in historischer Zeit dort vorgekommen sein soll und berichten nur von Fossilfunden. Die Lage ist noch unklar.

Italien

In Italien lebt das Haselhuhn nur mehr in den Alpen. Im Westen der Italienischen Alpen ist es bereits Ende des 19. Jahrhunderts fast verschwunden. Es besiedelt heute den Piemont sowie die Alpen vom Tessin über Südtirol bis Friaul.

Slowenien

Auch auf dem Balkan gehen die Bestände deutlich zurück. Slowenien ist heute bei weitem nicht mehr das „Haselhuhnland“, das es einmal war. Die Hauptgründe sind sicher eine veränderte Landwirtschaft und die Forstwirtschaft. Vor allem die extensive Landwirtschaft, die Waldweide und übernutzte, ausgeplünderte Wälder haben ehemals sicher viel zu den hohen Haselhuhndichten in diesem Land beigetragen. Zur Veränderung in der Landnutzung kommen heute aber auch steigende Schalenwildbestände und Kirrungen für Bär und Wildschwein – von diesen profitieren auch Rabenvögel sowie Fuchs, Dachs und Marder. – Dazu eine kleine Begebenheit aus den Dinariden. Im Süden Sloweniens erkundigte ich mich gemeinsam mit einem befreundeten Forstmann Mitte der 1990er-Jahre nach Haselhuhn-Vorkommen. Man nannte uns einen bekannten Spezialisten. Er war Berufsjäger in einem Staatsrevier, zeigte uns natürlich seine Lockpfeifen und wie er sie verwendete. Der Mann verstand sich ausgezeichnet aufs Spissen und erzählte uns, wie er die Waldhühner früher bejagt hatte. Am Ende unserer Unterhaltung stellte er resignierend fest: „Früher konnte ich in meinem Revier an einem Tag mit Leichtigkeit sechs bis sieben Haselhühner erlegen. Heute ist dies eines der besten Schwarzwildreviere des Landes, und ich bin froh, wenn es in dem 2.000 Hektar-Revier noch sechs bis sieben Haselhuhnpaare gibt."

Lebensraum

Wie beim Birkwild, so möchte ich auch beim Haselhuhn diesem Kapitel eine Beschreibung des Lebensraumes aus vergangenen Tagen voranstellen. Valentinitsch trifft die Bedürfnisse des Haselwildes sehr gut, wenn er dazu um 1890 meint:

> Die regelmäßigen Lieblingsstandplätze bei uns bilden gemischte, aus Laub- und Nadelholz bestehende, möglichst unregelmäßige Bestände im coupierten, von Gräben durchschnittenen Terrain mit stellenweise dichten Jugenden und Unterwuchs von Farnkraut, Brombeer- und Himbeergestrüpp und ähnlichem, zwischen denen sich ab und zu kleine, freie, mit Gras, Heidelbeer- und Preiselbeersträuchern ausgekleidete Flächen vorfinden, auf welche sich das vertraute Haselhuhn sehr gerne herauswagt, wo es der Jäger und Wanderer dann so oft unvermuthet auftritt. Es findet sich aber auch häufig genug in reinen Laubholz- oder Nadelholzwaldungen und ist somit an keine Baumart irgendwie gebunden, wenn sich nur der nöthige Unterwuchs in der Nähe vorfindet.

Aus dieser Schilderung geht hervor, dass es zunächst einmal auf die „Struktur" ankommt. Je abwechslungsreicher die Waldstruktur, desto besser. Damit sind aber nicht nur die verschiedenen Bestandesschichten gemeint, es geht auch um den Wechsel von verschiedenen Altersstufen und Blößen auf der Fläche. Neben Sträuchern und Jungwuchs in der Unterschicht sowie dem Stamm- und Kronenraum kommt es also auch auf ein abwechslungsreiches Mosaik an. Dabei schließen Verjüngungsgruppen an Altholz, dichte Strauchpartien an Freiflächen oder Stangenhölzer an Dickungen – wenn möglich, immer im kleinräumigen Wechsel. Haselhühner halten sich im Sommer viel auf dem Boden auf und bewohnen bevorzugt die untere und mittlere Etage des Waldes. Unterwuchs ist also wichtig, er liefert Nahrung und Deckung, daneben sollten aber immer auch offene, sonnige Flecken und Lichtungen vorkommen. Große, einförmig geschlossene Waldkomplexe meidet dieses Raufußhuhn.

Im Winter, wenn die Lebensweise vom Boden auf die Bäume verlagert wird, spielt das Zusammenspiel von Nahrung und Deckung eine besonders wichtige Rolle. Da sich die Hühner in dieser Jahreszeit hauptsächlich von Knospen und Kätzchen ernähren, sollten den Beständen wenigsten 5 – 10 Prozent Weichlaubhölzer beigemischt sein. Wie gesagt: Bevorzugt werden Erle, Hasel, Weide, oder auch die Vogelbeere und die Birke. Diese Gehölzarten zählen zu den Pionieren, welche Freiflächen als erste wieder besiedeln. Genau in diesen jungen Pionierstadien, wo der Wald allmählich wieder Fuß fasst, etwa nach Windwürfen, Waldbränden oder auch Kahlschlägen, da ist das Haselhuhn daheim. Nach ungefähr 50 bis 80 Jahren verschwinden diese Pioniergehölze von Natur aus wieder, wenige Hauptbaumarten setzen sich durch, und der Lebensraum wird allmählich von den Hühnern aufgegeben. Neben diesen jungen Wäldern kann das Haselhuhn aber auch sehr alte Wälder in der Zerfallsphase besiedeln. Dort entstehen immer mehr Lücken, es gibt Windbrüche, vielleicht schon etwas früher Käferlöcher; wenn genügend Licht vorhanden ist, kommen dann ebenfalls Pionierhölzer dazu, und es entsteht wieder ein buntes Mosaik, das dem Waldhuhn zusagt.

Hinsichtlich der Struktur kann man der Fantasie durchaus viel Freiheit lassen. Die Natur hat unendlich viele Kombinationsmöglichkeiten parat. Da können die Kronen von Erlen oder Weiden die Oberschicht bilden und nachkommende Fichten in der unteren Etage Deckung bieten. Es können Bestände mit alten Lärchen oder Kiefern sein, die so viel Sonne zu Boden lassen, dass darunter noch eine reiche Kraut- und Strauchschicht gedeiht. Das können aber auch einzelne, bereits ältere Erlen, Weiden oder Vogelbeeren sein, die in Fichtenstangenhölzern eingewachsen sind und dort wichtige Winternahrung bieten. Es können Kahlschläge sein, wo vorher die Hasel aufkommt und darunter die Fichte wächst – ist die Fichte durchgewachsen, dann befindet sie sich in der Oberschicht und die Hasel wird darunter allmählich herausgedunkelt. In manchen Beständen spielt das Totholz auf dem Boden eine wichtige Rolle für die Deckung, woanders können dies wiederum Zwergsträucher sein. Wer mit Wäldern arbeitet und Wildtiere in sein Denken mit einbezieht, der wird dadurch mehr über den Wald lernen. Wenn er ein wenig Zeit zum Beobachten hat, dann wird er entdecken, wie viele Möglichkeiten und Wege sich neben den herkömmlichen Verjüngungsverfahren anbieten – vor allem aber auch, wie viel es an Strukturelementen gibt. Diese sind für das Leben im Wald von größerer Bedeutung als die Baumartenzahl. Das Haselhuhn ist dafür ein guter Weiser und „Lehrmeister“.

In Mitteleuropa kann man heute grundsätzlich zwei verschiedene Lebensraumtypen unterscheiden: Die einen unterliegen noch weitgehend einer natürlichen Dynamik – man sollte hier wenig Eingriffe setzen, wenn möglich in Ruhe lassen und erhalten. Die anderen sind vor allem durch den Menschen entstanden – hier sind in der Regel Maßnahmen nötig, damit die Qualität bestehen bleibt. Ein paar Beispiele dazu.

Bezogen auf das Haselwild, zählen zur ersten Gruppe in den Alpen besonders Erlensäume entlang von Bachläufen, feuchten Stellen oder Rinnsalen, ebenso die Vegetation am Rande von Waldmooren. Es kann auch die Pioniervegetation nach Muren oder Lawinenabgängen sein. Vor allem entlang der Grünerlenbestände von Lawinenbahnen kommen Haselhühner bis an die Waldgrenze vor. Wenn es sich dabei um keinen Objektschutzwald handelt, sollte man der natürlichen Dynamik hier ihren Lauf lassen. In diese erste Gruppe fallen etwa auch Teile von Windwurfflächen, wenn sie dem freien Lauf der Walddynamik überlassen werden – Haselhühner brauchen keine große Flächen.

Lebensräume aus zweiter Hand sind beispielsweise aufgelassene Viehweiden. Häufig wechseln dort Haselnusssträucher, Erlen, Vogelbeeren oder Birken und Lichtungen, dazwischen sind immer wieder einzelne alte Bäume eingestreut, meist Fichten oder große Laubbäume. Diese aufgelassenen Hutweiden bieten eine Zeit lang ganz ausgezeichnete Haselhuhn-Lebensräume. Aber auch ehemalige Niederwälder, so genannte Hauberge, oder Weidewälder können solche Lebensräume aus zweiter Hand sein. Zu dieser Lebensraum-Kategorie zählen bunte Bauernwälder genauso wie intensiv genutzte Wirtschaftswälder.

Aus den angeführten Beispielen erkennt man rasch: Immer wieder sind es Pionierstadien, die besiedelt werden. Ob diese natürlich entstehen oder durch den Menschen geschaffen werden, ist für die Wildart zweitrangig. Ich kenne sogar sehr gute Haselhuhn-Lebensräume in einem aufgelassenen Schotterwerk und auf ehemaligen Mülldeponien.

Um zusammenzufassen: Das kleine Waldhuhn besiedelt bevorzugt junge Wälder – am ehesten die Dickungsphase –, und dann wieder ältere Wälder, wo genügend Licht auf den Waldboden fällt, sodass Bodenvegetation, Zwergsträucher oder Jungwuchs erneut aufkommen. Ganz ohne Laubholz gibt es kein Haselhuhn – wenigstens 5, besser bis 10 Prozent an Laubhölzern sollten in einem Winterlebensraum vorhanden sein.

Wenig bekannt ist, dass Haselhühner bestimmte Schlafbäume nutzen, wie das Auerwild. Während aber bei den Großen Hahnen möglichst alte

Lärchen mit weit ausladenden Ästen beliebt sind, suchen sich die kleinen Haselhühner lieber Deckung in der unteren Waldetage. Ich habe zwar als Ausnahme auch Haselwild beobachtet, das im obersten Kronenbereich von großen alten Fichten übernachtet hat, in der Regel kann es den kleinen Hühnern aber nicht dick genug sein. Durch drei Winter hindurch konnte ich über hundert Rast- und Schlafbäume von Haselhühnern markieren. Etwa ein Viertel der Schlafbäume wurde in einer Saison mehrfach genutzt. Die Rastbäume waren in möglichst dichten Gruppen aus Fichte und Erle, meist in Fichtendickungen oder Verjüngungskegeln. Dort gibt es nicht nur Deckung, auch der Wind wird gebremst, und wir konnten messen, dass es im Winter auch um 1 bis 2 Grad wärmer war. Alle Schlafbäume waren Fichten mit einer durchschnittlichen Höhe von rund 9 Metern. Hahn und Henne übernachten gerne auf benachbarten Bäumen. Wie wichtig gute Schlafplätze sind, geht auch daraus hervor, dass ich immer wieder Bäume fand, die sowohl im selben als auch in nachfolgenden Wintern mehrfach genutzt wurden. Im Hohen Norden sowie in weiten Teilen des eurasischen Verbreitungsgebietes verbringt das Haselhuhn die Winternächte in Schneehöhlen. In unseren Breiten konnte ich dies nur selten beobachten. Dabei war auffällig, dass die Hühner möglichst offene Flächen ohne Baumbewuchs wählten – oft waren es Waldwege. Ein Forstarbeiter erzählte mir dazu einmal von einem Erlebnis, das er im Winter beim Schneepflügen hatte. Es gab lockeren Pulverschnee, und er pflügte eine Forststraße, als plötzlich vor dem Traktor ein Haselhuhn aus der frisch verschneiten Straße aufflog. Das Huhn ließ sich allerdings nach hundert Metern wieder in den Schnee fallen und dachte, es sei dort sicher. Nachdem es der Pflug wieder erreicht hatte, wiederholte sich das Spiel, erst danach verließ es den verschneiten Forstweg. Damit sind wir bei einem weiteren Punkt angekommen, der immer wieder im Zusammenhang mit Raufußhühnern diskutiert wird: Störungen. Wie wirken sich Störungen im Lebensraum auf das Haselhuhn aus?

Störungen

Haselhühner verstehen es ausgezeichnet, sich zu verstecken. Anhand meiner besenderten Vögel konnte ich dies mehrmals beobachten. Wenn die Hühner durch Bodenbewuchs ausreichend Deckung vorfinden, dann drücken sie sich und können einen Wanderer wenige Meter neben sich vorbeigehen lassen. Auch Valentinitsch berichtet über die geringe Scheu des Haselhuhns. Vom Brüten neben Straßen und in der Nähe von Waldarbeiten haben wir schon gesprochen, und auch im Winter habe ich beobachtet, dass Holzarbeiten in unmittelbarer Nähe eines Wintereinstands das dort ansässige Haselhuhnpaar nicht mehr zum Verlassen seines Reviers brachten. Ebenso überrascht war ich auch, Haselhühner in unmittelbarer Nähe eines bewohnten Hauses am Waldrand zu sehen, oft unmittelbar beim Haus, obwohl dort Menschen lebten und arbeiteten. Auch in der Nähe einer Schottergrube, wo große Maschinen den ganzen Tag über im Einsatz waren, hatte ein Paar seinen Einstand. Haselhuhn-Beobachtungen gibt es auch immer wieder in der Nähe von Wegen. Haselhühner meiden also keinesfalls die Nähe des Menschen. Man kann aber deshalb nicht allgemein behaupten, dass sie unempfindlich gegenüber Störungen seien!

Vor allem zwei Zeiten im Jahr gibt es, wo Störungen für die Hühner lebensgefährlich werden können. Zum einen ist das die Zeit während der Brut und besonders nach dem Schlupf der Küken. Vor allem in den ersten zwei Lebenswochen sind die Jungen dabei stark gefährdet, weil sie nach Störungen leicht unterkühlen. Je nach Brutbeginn umfasst dies etwa die Zeit von Mai bis Mitte Juli. Die zweite kritische Zeit ist im Herbst zur Zeit des Laubabfalls. Dann werden viele Lebensräume deutlich unsicherer, weil es weniger Deckung gibt. Von Oktober bis etwa Mitte Dezember, wenn die neuen Reviere besetzt werden, gibt es die meisten Ausfälle bei den Hahnen. Hennen sind deutlich mehr im Sommerhalbjahr während der Brut- und Aufzuchtperiode gefährdet. Auch Gelege fallen natürlich Räubern und Störungen zum Opfer. Allgemein ist der Feinddruck auf dieses Waldhuhn hoch. Als Störung des Naturhaushaltes würde ich auch häufige Maiskirrungen in Wäldern bezeichnen. Sie mögen von Fall zu Fall für die Schwarzwildbejagung nötig sein, das Futter sollte aber zumindest nicht offen vorgelegt werden, weil es sonst ein richtiger Magnet ist für Eichelhäher, Krähen, Kolkraben, Füchse, Dachse und Marder. All diese Arten können Gelege plündern oder auch Hühner schlagen. Dazu sei es an dieser Stelle am Rande erwähnt: Eine Sommerfütterung von Rehen lehne ich generell ab.

Ein echter Weststeirer: Haselhahn der Unterart „styriaca“.

Diese Unterart hat viele Brauntöne im Gefieder. – Charakteristisch für alle Haselhahnen: der schwarze Kehlfleck.

Ein Sibirier.

Im Bauchgefieder überwiegt der Weißanteil. Der Rücken ist lichtgrau; die weißen Federn im Schulterbereich sind zu einem Band verschmolzen. Auch der weiße Streifen am Hals ist deutlich breiter und länger als beim Steirerhahn.

Haselhenne und Küken beim Hudern.

Das Küken hinter der Henne ist erst wenige Tage alt.

Haselhuhnküken.

Haselhuhnküken sind die Zwerge unter dem Nachwuchs der heimischen Raufußhühner. Sie entwickeln sich aber sehr rasch und können bereits mit rund zehn Tagen kurze Strecken fliegen und aufbaumen.

Haselhuhn im Jugendkleid.

Die Gefiederfärbung erinnert an Drosseln. – Das Küken ist etwa 3 Wochen alt.

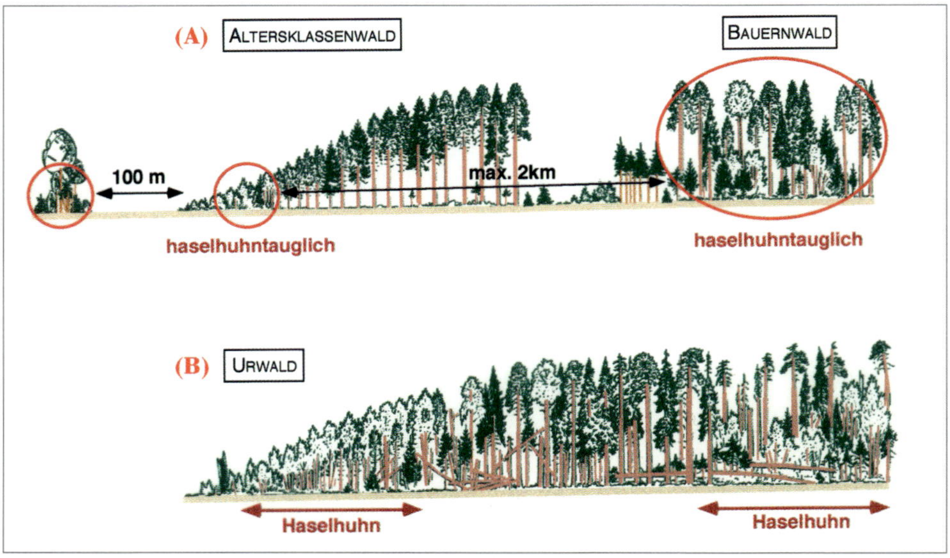

Grafik verändert nach Swenson und Angelstam (1993)

Haselhuhn und Waldtypus.

Während im Altersklassenwald nur die Jungwuchs- und Dickungsflächen für Haselhühner geeignet sind, kann der mehrschichtige Bauernwald auf der ganzen Fläche besiedelt werden. Freiflächen werden bis zu einer Strecke von 100 Metern noch überwunden, weiter hinaus entfernen sich Haselhühner nur ungern vom Wald.

Sehr guter Haselhuhn-Lebensraum.

Irgendwo findet jeder Waldbesitzer in seinem Wald einen Fleck, den er der Natur überlassen kann.

Bauernwald.

Vielschichtiger Bauernwald auf einem armen Boden. Ein sehr gutes Haselhuhnrevier in Kärnten.

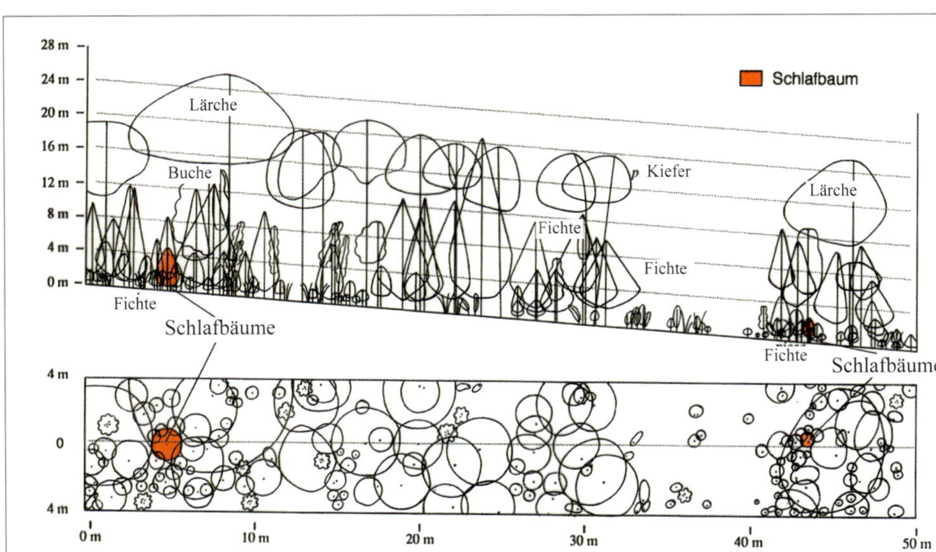

Bestandesprofil eines Haselhuhn-Lebensraumes im Bauernwald – Aufriss und Grundriss. Rot markiert sind die Schlafbäume. Sie liegen im dichtesten Bereich des Bestandes.

Haselhuhn-Lebensraum im Wirtschaftswald.

Entlang von Bachläufen wächst die Grauerle. Sie ist in diesem Nadelwald die wichtigste Winteräsung.

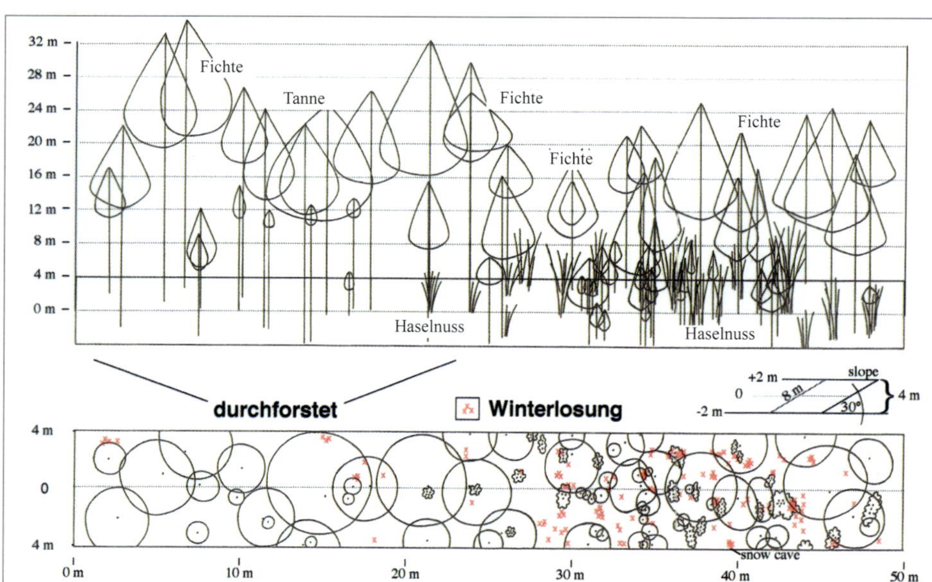

Haselhuhn-Winterlebensraum im Wirtschaftswald. Die linke Hälfte des Waldes ist durchforstet, rechts findet sich in der Unterschicht noch die Haselnuss, welche bereits von der Fichte überwachsen wurde und daher kein Waldbauziel gefährdet. Die Verteilung der Losung zeigt ganz deutlich, wo sich die Haselhühner wohlfühlen. – Ein einziger Durchforstungseingriff kann den Haselhuhn-Lebensraum zerstören.

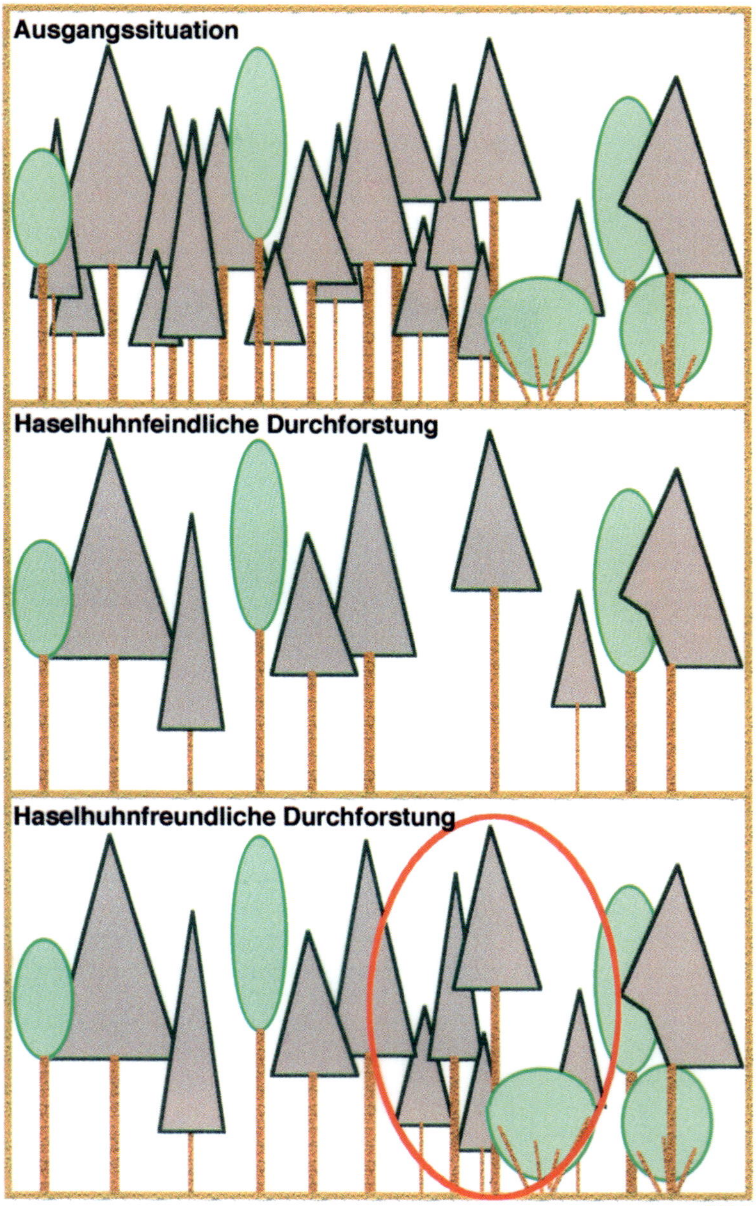

Beispiel für einen Durchforstungseingriff im Haselhuhn-Lebensraum.
Beim mittleren Waldbild wurde die gesamte Strauch- und Unterschicht herausgenommen. Beim haselhuhnfreundlichen Waldbau (unten) gibt es Zellen, wo Sträucher und Teile der Unterschicht stehen bleiben.

Herstellung einer Haselhuhn-Locke

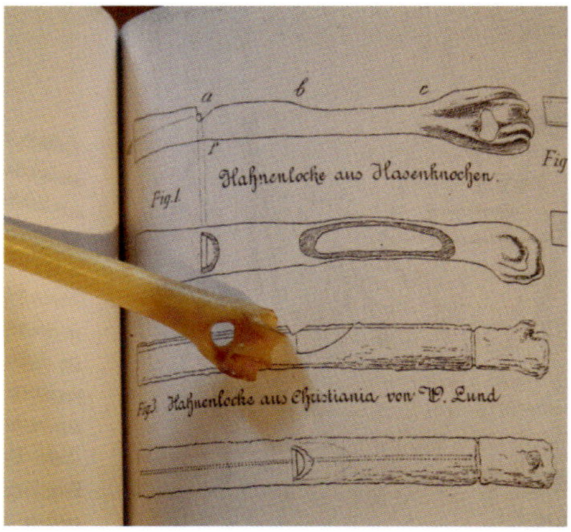

Links ein geputzter Hasenlauf, vom Knochenmark befreit. Vogelknochen (z.B. Ente) sind hohl, aber zerbrechlicher. – Die Kerbe beim Mundstück ist mit einer Dreikantfeile angefertigt, jetzt wird die Öffnung für die Tonmodulierung herausgefeilt.

Der schwierigste Teil: Das Mundstück wird mit Sigellack bis zur Kerbe verschlossen. – Mit einem abgeflachten (plattgeschlagenen) Drahtstück wird ein schmaler Luftschlitz freigemacht.

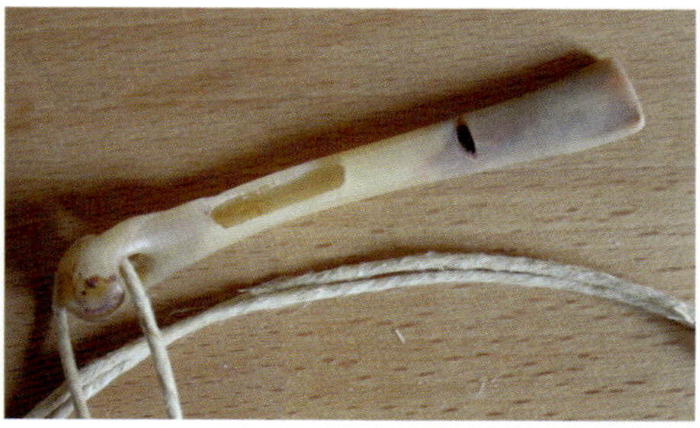

Links Werkzeug und Material, oben die fertige Locke. Über die Länge der Längsöffnung kann die Tonhöhe eingestellt werden. Der Ton sollte nicht zu hoch sein.

Lebensraumerhaltung

Bei einem Vortrag über Haselhühner in Wien war auch der Kärntner Raufußhuhn-Spezialist Franz Hafner dabei – bekannt nicht nur als Fachmann, sondern auch als schlagfertiger Zeitgenosse. Im Zuge der Diskussion richtete ein deutscher Kollege die Frage an ihn, warum denn Österreich im Gegensatz zu Deutschland noch so gute Haselhuhnbestände habe? Die spontane Antwort: *„Wir haben in Österreich etwas mehr slawisches Blut in den Adern und sind deshalb auch bei der Waldwirtschaft Gott sei Dank noch etwas schlampiger!"* Sein Nachsatz: *„Wenn Deutsche schlampig sein wollen, dann brauchen sie auch dafür noch ein Konzept."* In Hafners Aussage steckt einiges an Wahrheit betreffend die Haselhühner – den Vergleich zwischen Österreichern und Deutschen lasse ich unkommentiert …

Pläne und Managementvorschläge zur Lebensraumerhaltung kennt die Fachliteratur zuhauf. Zweifellos setzt zielgerichtetes Handeln auch ein gewisses Maß an Planung voraus. Bevor es aber zur Umsetzung der Entwürfe kommt, ist häufig auch schon wieder die Luft draußen, und die finanziellen Mittel sind aufgebraucht. Würde man nur die Hälfte des Geldes, das innerhalb der Europäischen Union im Zuge der Naturschutzarbeit in Planungskonzepte fließt, für die Umsetzung verwenden, was könnte da nicht alles geschehen! Mein Motto lautet: Lieber im Kleinen vor Ort anpacken als großräumig planen und theoretische Konzepte erstellen. Grundlagen sind wichtig, wir wissen aber genug von den Ansprüchen des Haselhuhns, um auch zu handeln!

Gerade beim Haselhuhn sind Maßnahmen zur Lebensraumerhaltung eigentlich gar nicht so schwer zu bewerkstelligen – man braucht keine Wissenschaft daraus zu machen. Voraussetzungen sind Beobachtungsgabe, Erfahrung und praktisches Wissen über die Art sowie Kontakt mit den Grundbesitzern. Für den Haselhuhnschutz sind auch keine riesigen Flächen notwendig. Wer die Waldhühner erhalten will, der kann dies im einfachsten Fall ganz leicht tun, indem er da und dort ein Stück Wald sich selbst überlässt, man könnte auch sagen: „verwildern" lässt. Das hat nichts mit der oft zitierten „Käseglocke" und völliger Schutzstellung zu tun. Jeder, der ein Forstrevier bewirtschaftet, hat da und dort einen Fleck übrig, den er sich selbst überlassen kann: eine Nassstelle, eine kleine Hangrutschung, ein Grabeneinhang, eine Blöße oder ein Käferloch, welche nicht gleich aufgeforstet werden. Nicht jede Ecke muss und kann wirtschaftlich höchste Erträge abliefern. Haselhuhnschutz lässt sich aber auch leicht in wirtschaftliche Abläufe einbauen. – Schauen wir uns einfach einmal an, welche einfachen Mittel und Wege es gibt, um die Waldhühner zu unterstützen.

Wegböschungen

Häufig wachsen auf den Böschungen von Forststraßen Pionierhölzer wie zum Beispiel Erlen oder Weiden. Die Böschungen werden im Zuge der Straßenerhaltung immer wieder freigeschnitten. Damit werden leider oft auch Haselhuhn-Lebensräume zerstört oder stark beeinträchtigt. Will man Haselhühner erhalten, dann sollten immer nur Straßenabschnitte von etwa 50 – 100 Meter freigeschnitten und dazwischen etwa gleich lange Streifen stehen gelassen werden. Man sollte also niemals alles gleichzeitig säubern, sondern vielmehr einen Wechsel zwischen freigeschnittenen und bewachsenen Böschungsstreifen anstreben. Böschungen werden gern genutzt, Pioniersträucher bieten Winternahrung. Talseitige Böschungen können auch bewusst mit Vogelbeere, Weide, Birke, Erle, Hasel, Holunder oder ähnlichen Arten bepflanzt werden.

Lebensraumvernetzung

Vor allem Ränder von Forstwegen, Bachläufen und Gräben können für die Vernetzung von Haselhuhn-Lebensräumen genützt werden. Dort sollte man die begleitende Strauchvegetation möglichst belassen, um so einen Korridor zwischen verschiedenen Lebensraumteilen zu erhalten oder zu schaffen.

Waldränder

Bestandesränder sollten nicht steil und abrupt enden; fließende Übergänge mit Ausbuchtungen und Laubhölzern werden vom Haselhuhn bevorzugt.

Dickungspflege

Dickungen sollten schon möglichst früh gepflegt werden, am besten noch bevor der Jungwuchs vollkommen geschlossen ist. Dabei ist ein Mindestanteil von etwa 10 Prozent an bevorzugten Laubhölzern zu erhalten. Damit diese Maßnahmen länger wirksam bleiben, sollte stärker eingegriffen werden und der Anteil an Pionierhölzern nicht zu stark reduziert werden. Sie gefährden kein forstliches Ziel und verschwinden mit der Zeit ohnehin aus dem Bestand. Wenn man sie beim ersten Eingriff zu rigoros entfernt, bleibt nach dem nächsten Einsatz oft nichts mehr übrig. Wo beim Übergang vom Jungwuchs in das Dickungsstadium mehr aufgelichtet wird, da können Pionierhölzer auch auf den Stock gesetzt werden – sie treiben wieder aus, wenn sie genug Licht haben. Um Winternahrung zu erhalten, sollten aber immer einige größere Sträucher oder Jungbäume belassen werden. Wie erwähnt: Entscheidend ist immer die Kombination von Nahrung und Deckung. Als Deckung wird die Fichte im Winter bevorzugt, für die Ernährung vor allem die Erle und größere Sträucher mit vielen Knospen.

„Waldputzen“

Das so genannte Waldputzen wird leider immer noch häufig durchgeführt. Wenn Dickungen oder Stangenhölzer Brennholzwerbern überlassen werden, damit jene gegen Holzbezug den Bestand „säubern“, dann wird das Säubern auch meist sehr ernst genommen. Oft bleibt dabei jegliches Laubholz auf der Strecke – und damit auch der Haselhuhn-Lebensraum!

Durchforstung

Durchforstungseingriffe entscheiden sehr häufig über das Fortbestehen oder Ende eines Lebensraumes für das Haselhuhn. In der Regel werden vor der eigentlichen Durchforstung alle Sträucher entfernt, die wirtschaftlich uninteressant sind, noch bevor es zur eigentlichen Stammzahlreduktion kommt. Im Einzelfall behindern sie zwar die Forstarbeiten, in der Regel gefährden sie aber kein waldbauliches Ziel mehr, weil sie ohnehin überwachsen und herausgedunkelt werden. In Stangenhölzern kommen auch immer wieder einzelne letzte Weiden, Erlen oder Vogelbeeren vor. Meist sind dies nur wenige Bäume je Hektar. Wer diese Bäume entfernt, zerstört damit sehr oft ein Haselhuhn-Winterrevier. „Unhölzer“ – dieser Begriff sollte längst aus unserem forstlichen Sprachschatz gestrichen sein! Jede Baumart bietet auf ihre Weise Wildtieren Deckung, Nahrung, Nistplatz und anderes mehr und ist bestens an bestimmte Standorte und Waldentwicklungsphasen angepasst. Wenn wir alles beseitigen, was nicht in unser Wirtschaftskonzept passt, dann ist die Lebensgemeinschaft Wald nur mehr eine Holzproduktionsstätte.

Totholz

Totholz am Boden wird von den Hühnern oft als Deckung genutzt. Es kann zur Bereicherung und zum Strukturangebot beitragen. Wichtig ist aber, dass es dazwischen begehbare freie Flecken gibt.

Waldweide

Extensive Waldweide wirkt sich günstig auf die Artenvielfalt aus. Sie hat in der Vergangenheit häufig gute Haselhuhn-Lebensräume geschaffen. Heute wird sie vor allem noch in Verbindung mit der Almwirtschaft durchgeführt. Sie bringt Licht und Sonne in die Bestände und fördert die Bodenvegetation. Voraussetzung für Haselhuhn-Vorkommen sind aber neben Lichtungen immer auch Strauch- und Jungwuchsgruppen.

Bachläufe und Nassstellen

Erlenbestände entlang von Bachläufen können durchaus forstlich genutzt werden, etwa für Brennholz. Sie sollten aber nicht vollständig entfernt werden. Wichtig ist, dass man sie erhält, das ist leicht möglich, indem man ihnen genügend Licht gibt und die allgegenwärtigen Fichten am Rand entfernt. Leider wird immer wieder versucht, die Fichte bis an Bachränder oder anmoorige Stellen zu pflanzen. Dabei werden sehr häufig Haselhuhn-Lebensräume zerstört. Mir ist oft unklar, warum man meint, dass auch in Wäldern kein Quadratmeter ungenutzt bleiben dürfe. Erlen oder Weiden gehören zu jenen Baumarten, die von Natur aus zu feuchten Stellen passen, die Fichte ist auf diesen Standorten meist sehr labil und erreicht auch keine gute Holzqualität. – Die Fichte ist als Deckung beliebt, es gibt aber in der Regel genug davon. Einzelne Fichten im Erlenbruch sind für das Haselhuhn beliebte Rastplätze.

Althölzer

Haselhühner besiedeln im Wirtschaftswald zwar bevorzugt die jüngeren Altersklassen, wenn das Strukturangebot aber passt, dann bieten auch Althölzer geeignete Lebensräume. Entscheidend sind dabei mehrstufige Bestände mit Löchern und Lichtungen, Jungwuchskegeln, Dickungshorsten und einem Angebot an verschiedenen Baumarten, Sträuchern und Zwergsträuchern. Der typische Bauernwald mit allen Altersklassen auf der Fläche und einem ausreichenden Laubholzanteil wäre ein Beispiel, das diesem Bild am ehesten entspricht. Im Sommer halten sich die Vögel sehr viel am Boden auf – ausreichend Bodenvegetation, die Nahrung und Deckung bietet, ist daher wichtig. Vergraste Bestände meiden die Vögel aber, sie trocknen lange nicht vom Morgentau.

Waldverjüngung

Zu den Verjüngungsverfahren sei angemerkt, dass man das Haselhuhn im Wirtschaftswald keineswegs nur im Naturverjüngungsbetrieb erhalten kann. Wenn man der natürlichen Entwicklung nur ein wenig freien Lauf lässt und auch Pionierhölzer aufkommen dürfen, dann kann auch der Kahlschlag zu haselhuhntauglichen Lebensräumen führen. Am besten würden dem Haselhuhn Vorwälder helfen. Plenterwirtschaft kommt ihm auch entgegen; gibt es dort aber keine Lücke, sondern nur schattige kühle Bestände ohne Bodenbewuchs, ist dies kein Haselhuhn-Lebensraum. Der Plenterwald in seiner typischen Form mit hohem Schattholzanteil wurde in der Vergangenheit immer wieder mit übernutzten „Plünderwäldern" verwechselt. Da und dort kommen verschiedene Altersstufen auf derselben Fläche vor, sowohl Holzvorrat als auch Lichteinfall und Bodenvegetation unterscheiden sich aber beträchtlich. Auch Femelhiebe sind geeignet, um Haselhuhn-Lebensraum zu gestalten, ebenso Absäumungen. Dazu muss man sich aber immer vor Augen halten: Haselhühner stecken zwar oft in den dichtesten Partien und bevorzugen auch mehrstufige Mischwälder, wenn es aber nur finster, dunkel und feucht ist in einem Wald, dann ist er ungeeignet. Offene, lichte Stellen, wo Sonne durchkommt und wo die Hühner im Sommer am Boden Deckung und Nahrung finden, sind daneben aber auf jeden Fall notwendig! Oft findet das Waldhuhn diese sonnigen Flecken heute nur noch entlang der Forststraßen. Generell sollte einfach nicht jede Lücke aufgeforstet werden. Auch nach Windwürfen wäre es angebracht, hie und da einen Flecken der natürlichen Sukzession zu überlassen – wenn es keine überhöhten Schalenwildbestände gibt, kommt dort ganz sicher wieder Wald auf, auch ohne unsere Hilfe.

Huderstellen

Ob an Böschungen, überhängenden Bäumen oder Wurzeltellern: Haselhühner lieben Huderplätze und baden im Sommer bei warmem trockenen

Hudernder Hahn.

Wetter fast täglich im Sand. Solche Plätze sollte man nicht zerstören. Ich kenne Orte, die seit dreißig Jahren von den Vögeln aufgesucht werden. Jedes Huhn hat zwei, drei solcher Fixpunkte im Revier. Es kommt aber auch vor, dass eine besonders gute Stelle revierübergreifend genutzt wird.

Soweit eine Auswahl von Maßnahmen, mittels derer man die Haselhühner fördern kann. Günstige Lebensbedingungen sind keineswegs nur das Ergebnis einer extensiven Waldbewirtschaftung oder völliger Schutzstellung, vielfach ist heute die forstliche Nutzung sogar eine Voraussetzung für die Entwicklung haselhuhnfreundlicher Strukturen. Wenn dabei nicht jeder Flecken höchste Wirtschaftserträge abwerfen muss, dann ist dies sicher hilfreich. Um noch einmal auf den eingangs dieses Abschnittes zitierten Franz Hafner zu kommen: Wer mitdenkt, der Natur einiges abschaut und ihr da und dort freien Lauf lässt, erspart sich nicht nur Arbeit, sondern kann dabei auch noch dem Haselwild helfen. Wenn es dabei ein wenig „schlampig“ zugeht, dann ist dies sicherlich kein Fehler!

Nachweise

Wer sich auch nur ein wenig für dieses Wild interessiert, der kennt die Plätze im Revier, wo er immer wieder auf Haselwild trifft. Wenn ich jedoch gar nicht weiß, ob dieser Vogel vorkommt, dann gibt es außer dem Spissen mit der Lockpfeife noch einfachere Methoden, um Nachweise zu finden.

Vorausgesetzt, es herrscht trockenes Wetter, dann sind Huderstellen gute Nachweise für die Anwesenheit von Haselhühnern im Revier. Dabei nutzen die Vögel besonders trockene und sandige Stellen. Das kann der Auswurf bei einem Fuchs- oder Dachsbau sein, das kann, wie erwähnt, an trockenen Wegböschungen oder bei Wurzeltellern umgestürzter Bäume sein. In meinem Untersuchungsgebiet in Kärnten lagen die Huderpfannen sehr oft am Fuße großer alter Lärchen. Am Hang ist der talseitige Wurzelanlauf dieser Bäume meist stark gekrümmt, sodass es unter dem überhängenden Stammfuß auch nach tagelangem Regen immer trocken bleibt. Wie weit Haselhühner manchmal unter überhängende Bäume oder Böschungen kriechen, um an trockenen Sand zum Hudern zu kommen, ist oft kaum zu glauben.

Der Durchmesser einer Huderpfanne beträgt rund 15 Zentimeter.

Wenn ich in einem Gebiet nach Haselhühnern suche, dann gehe ich eher in erlenbewachsene Gräben als auf Bergrücken oder Kuppen. Auch sonnige Hänge sind vielversprechend, wenn sie die geeignete Waldstruktur aufweisen. Im Winter kann man Losung unter Schlafbäumen finden, sie befinden sich oft in sehr dichten Jungwuchs- oder Dickungsgruppen. Losung gibt es auch in Schneehöhlen und dort, wo die Vögel Knospen äsen. Die beliebten Baumarten haben wir bereits mehrfach erwähnt: Erle, Hasel, Weide, Vogelbeere, Birke, und so weiter… Bei Schnee ist dann und wann auch das Geläuf zu sehen. Wer mit der Lockpfeife üben will, der sollte im September/Oktober oder im März/April damit anfangen. Zum Üben empfehle ich eher das Frühjahr. Über die Gesangsstrophen haben wir im Zuge der Lautäußerungen ausführlich gesprochen. Am besten eignen sich meiner Meinung nach selbst gefertigte Pfeifchen aus dem Oberarmknochen von Hase oder Ente. Die Vogelknochen sind hohl und gut zu bearbeiten, sie zerbrechen aber auch leicht. Mit ein wenig Geduld ist die

Herstellung keine Hexerei *(siehe Farbteil Seite 240)*, nur wenn man den Sigellack beim Mundstück eintropft und die schmale Öffnung herstellt, kostet es einige Versuche, bis endlich ein Ton herauskommt. Ich verwende dafür einen etwas gröberen Draht, den ich am Ende platt schlage. Mit dieser dünnen „Spachtel" lässt sich das Mundstück ganz gut formen. Die Tonhöhe wird über die Länge der Lücke im Knochen eingestellt. Dazu wird der Abstand zwischen dem Schlitz auf der Oberseite und der Öffnung am Ende verkürzt. Man sollte vermeiden, dass die Lockpfeifen zu hohe Töne von sich geben – man sagt dann: sie „meiseln". Um keine Meisen, sondern Haselhühnern anzulocken, sollte der Ton eine Spur tiefer als beim Haselhuhn sein. Wer sich die Mühen und Freuden des Selberbauens ersparen will, der kann sich einen Haselhuhnlocker auch kaufen. Ganz gut sind die Metallpfeifchen aus Skandinavien, die im Handel erhältlich sind. Bei kaltem Herbstwetter kondensiert aber die warme Atemluft darin, sie werden nass und versagen manchmal den Dienst. Am besten hängt man sie mit einer Schnur um den Hals und steckt sie unters Hemd, sodass sie annähernd auf Körpertemperatur bleiben. Von den ebenfalls angebotenen Plastikpfeifen halte ich nicht viel.

Zum Abschluss noch ein Hinweis zum Locken: Auch wenn man das Spissen nicht ganz genau wiedergegeben hat, sobald man einmal Antwort erhält, sollte man bei seiner eigenen Strophe bleiben, auch Haselhahnen haben verschiedene Dialekte. Wenn man spisst, dann sollte man dies ernsthaft tun. Mir ist es immer wieder passiert, dass ich einfach so vor mich hin probiert habe und dann mitten auf dem Forstweg gestanden bin, wenn der Hahn eingefallen ist. Dann weiß man zwar, dass es hier Haselhühner gibt, aber man bringt sich selbst um das vollständige Erlebnis und stört nur den Vogel. Bevor man mit dem Spissen beginnt, sollte man sich also einen übersichtlichen Platz suchen und erst einmal für fünf Minuten Ruhe im Wald einkehren lassen.

Jagd

Ein Stimmungsbild

Es ist Anfang Oktober, und schon lange habe ich mir vorgenommen, oben auf dem Simmerlacher Berg auf einen Haselhahn zu jagen. Die Buchen verfärben allmählich in den Bauernwäldern und stehen nun in starkem Kontrast zu den dunklen Tannen. Es gibt hier einige Stellen, wo ich immer wieder Haselhühner gesehen habe. Heute möchte ich mir einen dieser Waldvögel holen. Mitten im Revier gibt es einen kleinen Kogel mit ein paar größeren Lücken und einem schon fast wieder zugewachsenen Schlag. Die kleinen Grundparzellen erlauben keine großflächigen Nutzungen, und so wechseln alte riesige Lärchen mit Dickungen aus Fichten und Buchen, kleinen Schlägen, die mit Haselnüssen zugewachsen sind, Tannen, und da und dort einer Kiefer. Ich mag diesen Rundweg um den Kogel und habe hier schon manches Stück Rotwild auf der Birsch erlegt. Der Weg ist grasbewachsen und wird kaum befahren, ich gehe ihn gern, weil in diesem entlegenen Winkel hinter jeder Biegung Wild stehen kann.

Um zu dem vorgesehenen Platz zu kommen, zweige ich nun ab und setze mich am Rand eines kleinen Kahlschlags zwischen die Stämme zweier Buchen. Dort oben gibt es guten Überblick. Um es besonders vorsichtig anzugehen, lasse ich extra viel Zeit verstreichen. Es ist später Nachmittag, letzte Sonnenstrahlen geben der kühlen Herbstluft noch etwas Wärme, in den Baumkronen singen Tannenmeisen und Goldhähnchen. Die Wartezeit verstreicht langsam. Noch habe ich keine Ahnung davon, dass dieses Zuwarten wahrscheinlich über Erfolg oder Misserfolg der Jagd entschieden hat. Ich kann nicht wissen, dass ich eigentlich gar kein Lockpfeifl brauche, weil ich eigentlich schon unter dem Haselhahn sitze. Zufall oder sechster Sinn, hätte ich gleich mit dem Spissen angefangen, wäre der Vogel sicher misstrauisch geworden. So hat er mir zwar zugeschaut, aber gleichzeitig auf sein ausgezeichnetes Tarngefieder vertraut und ist sitzen geblieben, wo er war – nämlich in den Ästen der Buche vor mir!

Als ich die erste Strophe erklingen lasse, brauche ich nicht lange zu warten und erhalte Antwort. Nur: Wo ist der Hahn? Einerseits habe ich das Gefühl, er muss in unmittelbarer Nähe sein, anderseits kann ich schwer ausmachen, woher die Erwiderung auf meinen Gesang kommt. Erst nach einigem Hin und Her wird mir endlich klar, wo der Haselhahn sitzt. Da ich ihn aber im Buchenlaub nicht ausfindig machen kann und er verständlicherweise auch gar keine Anstalten macht, um mir zuzustehen, haben wir eine Pattsituation. Mir ist klar: Soviel Argwohn hat der Vogel doch geschöpft, um nicht einfach vor mir auf dem Boden zu landen. Nun, solange er bleibt, soll es mir recht sein. Das Spissen habe ich ohnehin eingestellt, sobald ich gewusst habe, was los ist. Nachdem ich noch etwas Zeit dazu gebe, mache ich mich auf und davon. Aber nur scheinbar.

Weit wird das Haselhuhn nicht verstreichen, und so marschiere ich eine große Runde um den Kogel herum und setze mich nun auf der anderen Seite des Schlages wieder an. Wenn er noch da ist, dann kann er mich auf diese Entfernung hören. Diesmal warte ich nicht lange, denn die Aufregung nimmt nun deutlich zu. Ich spisse hinüber und habe noch nicht die zweite Strophe beendet, da streicht ein Haselhuhn von der Buche in unüblich hohem Bogen frei zu mir. Wenige Meter neben mir landet der Vogel, und ich erkenne gleich, dass es die Henne ist, welche einem vermeintlich neuen Freier zugestrichen ist. Nur mit wenig Verzögerung folgt ihr aber auch der Hahn. Nun bleibt keine Zeit zum Überlegen, die Entscheidung ob ja oder nein muss in Sekunden getroffen werden. Es ist kaum zu glauben wie viele Gedanken einem in dieser kurzen Zeit trotzdem durch den Kopf gehen können, vor allem wenn ein Wildtier sehr nahe ist. Hahn und Henne, ein Paar, kann, soll, darf ich den Hahn wegnehmen, warum, wofür? Während all dieser Gedanken drehe ich mich, mit dem Gewehr im Anschlag, und habe den Hahn im Zielfernrohr, unbewusst halte ich etwas daneben, damit ihn nur die Randschrote erreichen. Der Schuss löst die ganze Spannung und setzt erneut die Gedankenspirale in Gang. Freude mischt sich mit den Gedanken um Leben und Tod. Während ich die Beute in meinen Händen halte, meldet nun weit drinnen im Wildgraben ein Hirsch, er zieht heraus zu den Brunftplätzen am Talboden. Dort wird heute neues Leben gezeugt – und die Haselhenne wird einen neuen Partner finden, weil es in jedem Bestand überzählige Hahnen gibt …

ALPEN-SCHNEEHUHN

Steckbrief Schneehuhn

Gewicht:	Hahnen 0,4 – 0,6 (0,74) kg; Hennen 0,35 – 0,5 (0,7) kg
Spannweite:	54 – 60 cm
Stoßlänge:	Hahnen 20 – 26 cm; Hennen 12 – 14 cm
Körperlänge:	33 – 38 cm
Eiablage:	Mai bis Juli
Gelegegröße:	6 – 9 Eier
Brutdauer:	21 Tage
Bruterfolg:	50 – 90 %
selbständig:	mit 4 Wochen
Geschlechtsreife:	im 1. Jahr
Höchstalter:	nicht verfügbar; in Nordamerika sind drei erwachsene Hennen beringt worden, sie haben in 5 aufeinander folgenden Jahren gebrütet; ein Hahn wurde ebenfalls erwachsen beringt, er konnte noch nach 7 Jahren beobachtet werden.
Generationslänge:	3,3 Jahre

Wissenschaftliche Bezeichnung und Systematik

Art:	Alpenschneehuhn (*Lagopus muta)*
Gattung:	Schneehühner *(Lagopus)*
Unterfamilie:	Raufußhühner *(Tetraonidae)*
Familie:	Hühner *(Phasianidae)*
Ordnung:	Hühnervögel *(Galliformes)*

Relikte der Eiszeit

Wenn einmal die Sonne verblasst und Eismassen die Kontinente bedecken, dann ist das Schneehuhn der letzte lebende Vogel. – Diese Redewendung stammt aus den nordischen Ländern Europas, wo die Schneehühner heute noch zu den weit verbreiteten Vogelarten zählen. Die letzte Kaltzeit liegt ungefähr 10.000 Jahre hinter uns, und wir erleben gerade eine deutliche Klimaerwärmung, einhergehend mit dem Rückzug der Eismassen in den Alpen. Genau genommen leben wir aber in einem Erdzeitalter, das auch als „Eiszeitalter“ bezeichnet wird, und wo nun seit rund 2,6 Millionen Jahren Kalt- und Warmzeiten wechseln. Jene Tierarten, die optimal an die Kaltzeiten angepasst sind, weichen während der Warmzeiten zurück und warten in geeigneten Lebensräumen darauf, dass es irgendwann wieder kühler wird. Die Schneehühner haben solche Rückzugsgebiete gefunden. Wo diese liegen, das wollen wir uns nun kurz anschauen.

Weltweit gibt es drei verschiedene Arten von Schneehühnern: Das Alpenschneehuhn und das Moorschneehuhn kommen rund um den Pol sowohl in Eurasien als auch in Nordamerika vor. Die dritte Art, das Weißschwanz-Schneehuhn, lebt nur im Westen Nordamerikas. Das größte Verbreitungsgebiet hat dabei das Moorschneehuhn, nimmt man aber die Breitengrade als Vergleichsmaßstab, dann gibt es kein anderes Raufuß-

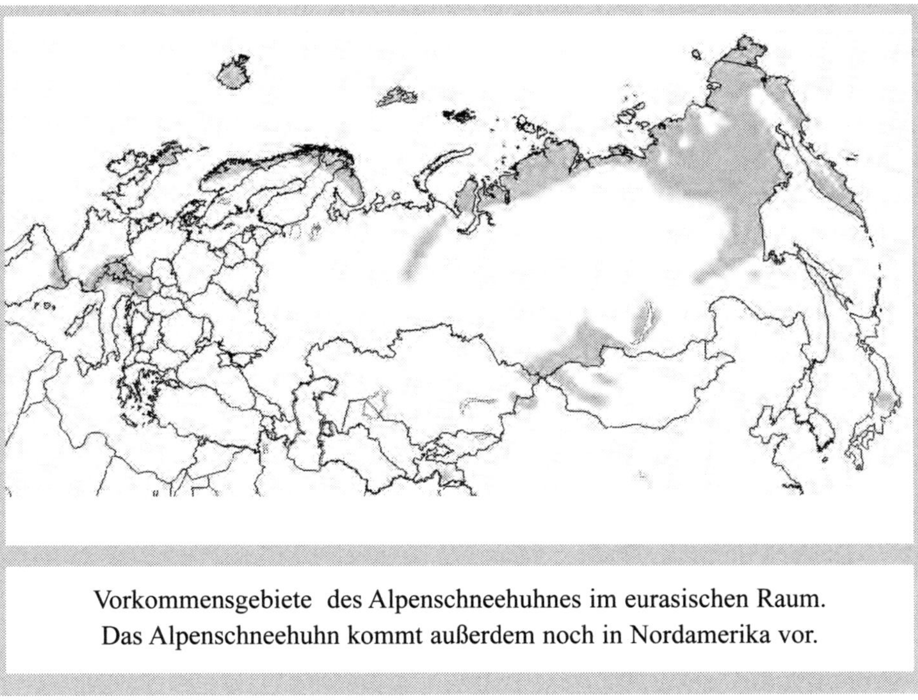

Vorkommensgebiete des Alpenschneehuhnes im eurasischen Raum.
Das Alpenschneehuhn kommt außerdem noch in Nordamerika vor.

Überblick über die Alpenschneehuhnbestände in verschiedenen Ländern

Land	Rote Liste 1)	Schutzstatus 2)		Jagd 3)	Populationsgröße 4)	Gefährdung durch 5)						Schutzmaßnahmen 6)					
		VS	TS			P	L	V	B	Ü	S	Z	M	H	G	A	Ö
Andorra	--	x		W	1.500	x	x	x			x	x	x				
Bulgarien	--				?												
China	x	x			?			x						x			
Deutschland	x				< 500?	x	x				x						x
Finnland	--		x	G, J	6.000	x			x	x							x
Frankreich	--		x	G, J, R	< 20.000	x	x	x			x	x	x				x
Grönland	--		x	G, J	0,1-1 Mio												
Großbritannien	--			G, J	20.000								x				
Island	x		x	G, J	0,1-05 Mio		x	x		x			x				x
Italien	x		x	R, G, J	10-12.000		x			x	x		x				x
Japan	x	x			3.000	x	x	x	x		x	x	x				
Kanada	--		x	G, J	> 1 Mio							x	x				
Kasachstan	--			?	2.500												
Liechtenstein	--		x	G, J	?												
Mongolei	--		x	G	500-1.000												
Norwegen	--		x	G, J	0,4-1 Mio								x				x

Land	Rote Liste [1]	Schutzstatus [2]		Jagd [3]	Populationsgröße [4]	Gefährdung durch [5]						Schutzmaßnahmen [6]					
		VS	TS			P	L	V	B	Ü	S	Z	M	H	G	A	Ö
Österreich	--	x	x	G, J, R	50.000			x	x		x	x	x				x
Portugal	x	x			?												
Russland	--			G, W, J	2,8 Mio												
Schweden	--		x	G, J	80-160.000												
Schweiz	--		x	G, J, R	12-15.000			x			x	x	x				
Slowenien	x	x			250-450	x	x	x	x		x						
Spanien	x	x		W	1.200	x		x	x	x	x		x				
Tadschikistan	--				Vorkommen fraglich												
USA (Alaska)	--		x	G, J	> 1 Mio							x	x				

ILSE STORCH 2007

1) x = als bedroht angeführt / -- = nicht angeführt

2) VS = Vollschutz / TS = Teilschutz

3) G = gesetzlich erlaubt, W = Wilderei, R = regional eingeschränkt, J = jahreszeitlich eingeschränkt, H = nur Hahnen, -- = keine Jagd

4) geschätzte Anzahl an Vögeln im Frühjahr (Hahnen + Hennen)

5) P = geringe Populationsgröße, L = Lebensraumverlust/-zerstückelung, V = Lebensraumverschlechterung, B = Beutegreifer, Ü = Übernutzung, S = Störung durch Tourismus/Freizeitnutzung der Natur.
Folgende Länder führen zusätzlich eine Gefährdung aufgrund des Klimawandels an:
Kanada, Italien, Norwegen, Österreich, Russland, Schweiz, USA (Alaska), Spanien

6) Z = Zählungen, M = Monitoring, H = Habitatpflege, G = Zucht in Gefangenschaft, A = Aussetzungen, Ö = Öffentlichkeitsarbeit

huhn, dessen Vorkommen sich so weit von Nord nach Süd erstreckt, wie das Alpenschneehuhn. Möglich wird dies, weil die Vogelart extremste Lebensräume sowohl im Hohen Norden als auch in den Gebirgszügen der Nordhalbkugel besiedelt. Diese Hühnerart ist daher keineswegs flächig verbreitet, die etwa 25 Unterarten verteilen sich vor allem in Eurasien inselartig auf jene Gebiete, die den Umweltbedingungen während der Eiszeiten nahe kommen.

Wenn man im Westen beginnt, dann fallen darunter die Pyrenäen und daran anschließend der gesamte Alpenbogen. Wie wenig erforscht das Alpenschneehuhn ist, wird einem bewusst, wenn man erfährt, dass die Art erst vor kurzem in Bulgarien entdeckt wurde. Der Kaukasus ist nicht besiedelt. Angaben über Vorkommen im Pamir-Gebirge sind unbestätigt. In den Bergen des Altai lebt das Alpenschneehuhn ebenso wie rund um den Baikalsee.

Geht man nach Nordeuropa, so kommt dieses Raufußhuhn in Island, in Schottland, entlang der Küste und in den Gebirgen Norwegens sowie in Schweden, Finnland und auf der Kola-Halbinsel vor. Auch Spitzbergen und Franz-Joseph-Land im nördlichen Eismeer sind besiedelt. Auffällig ist eine breite Lücke im nördlichen Teil von Russland – sie reicht vom Weißen Meer bis zum Ural. Hier kommt die Art nicht vor. Auch Novaya Zemlya, der Archipel, der eigentlich eine Fortsetzung des Ural im nördlichen Eismeer ist, wird nicht vom Alpenschneehuhn bewohnt, obwohl beide Inseln zusammen deutlich größer als Österreich sind. Erneut tritt die Vogelart aber wieder in der nördlichen Hälfte des Ural auf, von dort ausgehend besiedelt sie nun die Tundren im Norden Sibiriens bis ganz nach Osten in das Sibirische Bergland und auf die Halbinsel Kamtschatka.

Nomen est omen, auch in den Japanischen Alpen auf der Insel Honshu kommt das Alpenschneehuhn vor – die Gebirgskette hat durchaus einige Dreitausender aufzuweisen. Besiedelt sind ebenso die Kurilen, die Kommandeur-Inseln und die Aleuten, womit wir eigentlich schon in Alaska angekommen sind. Das Alpenschneehuhn lebt in ganz Alaska, in Teilen von Britisch Kolumbien sowie im gesamten Norden Kanadas. Darunter fallen enorm viele Inseln im nördlichen Polarmeer, wo sich aber selbst das Schneehuhn trotz bester Anpassung nicht ganzjährig halten kann. Hier wandert die Art zwischen Sommer- und Winterlebensraum. Von Kanada aus ist auch Grönland besiedelt worden, und man geht heute davon aus, dass die Hühner von dort nach Island und in den Norden Schottlands gelangt sind – womit der Kreis geschlossen ist.

Alpenschneehahn und Henne im Winterkleid.
Der Hahn ist am schwarzen Zügel zwischen Schnabelansatz und Auge sowie an den roten Rosen zu erkennen.

Henne beim Verfärben.

Alpenschneehuhn im Sommerkleid.

Schwarzweiß.

Auch im Winterkleid bleiben die Stoßfedern schwarz. Die Hahnen verteidigen auch im Winter ihre Reviere.

Streichende Schneehühner.

Jungvögel und Hennen vergesellschaften sich im Winter zu Gruppen. Die territorialen Althahnen sind nicht immer dabei.

„Hasenfuß“.

Der lateinische Name „Lagopus muta“ heißt wörtlich übersetzt „Hasenfuß“ und weist auf die bis zu den Zehen dicht befiederten Füße hin.

Tunnelbau.

Schneehühner graben sich nicht nur Schneehöhlen zum Übernachten, auch um an Nahrungspflanzen heranzukommen graben die Vögel manchmal Tunnel.

Nockalm-Terzett.

Im weißen Winterkleid suchen die Vögel die Nähe von Schneeflecken. Dann funktioniert die Tarnung. Ein Bild aus den Kärntner Nockbergen.

Gratwanderung.

Im Winter werden besonders gerne die Gratbereiche bewohnt. Hier ist der Wechsel zwischen Äsung und Ruheplätzen auf engem Raum gegeben.

Schneehahn auf Gams-Äsestelle.

Dieses Bild zeigt anschaulich, wie eine Wildart von einer anderen profitieren kann. Ein Bild vom Alpen-Ostrand, genauer gesagt: vom Raxplateau.

Unbemerkt.

Das Schneehuhn links im Bild vertraut auf seine ausgezeichnete Tarnung. Der Tourengeher bemerkt es gar nicht. Dennoch: Auch Schneehühner sind störungsempfindlich!

Felsenhuhn.

Das Alpenschneehuhn heißt im Englischen „rock ptarmigan", also „Felsen"-Schneehuhn. Der Name ist gut gewählt. Felsen bieten dem Vogel Deckung und Schutz vor Sturm. Und um die Steine apert es auch früher aus.

Balzflug des Hahnes.

Mit weit hörbarem Knarren und auffälligen Balzflügen markieren Hahnen ihr Revier.

Hahn beim Verfärben.

Der Großteil des Lebensraumes ist nun schneefrei. Der Hahn wacht in der Nähe des Nestes.

Verfärbt.

Voll ins Sommerkleid verfärbter Schneehahn.

Hahn und Henne im Spätherbst.
Bald werden die beiden die Mauser ins rein weiße Winterkleid abgeschlossen haben.

In der Schutthalde.
Schneehuhn in Südtirol. Auch im kargsten Geröllfeld ist noch Äsung zu finden. Probleme bereiten den Schneehühnern aber warme Temperaturen. Wie werden sie mit der Klimaerwärmung zurandekommen?

Das Schneehuhn – ein Zugvogel?

Das Alpenschneehuhn ist zwar deutlich weniger wanderfreudig als das Moorschneehuhn, dennoch sind saisonale Wanderungen bis zu 1.000 Kilometer belegt. Das ist immerhin ein Flug von den Alpen Graubündens bis an die Südspitze Schwedens. Obwohl solche Entfernungen verbürgt sind, gibt es dennoch keinen Kontakt mehr zwischen den Vorkommen in Nordeuropa und den Alpen. Wanderungen bis zu 500 Kilometer zwischen Sommer- und Winterlebensraum sind auch von Grönland und dem arktischen Teil Russlands bekannt. Im äußersten Norden Kanadas gibt es regelmäßige jährliche Zugbewegungen von bis zu 1.000 Kilometer. Dabei treffen die Hahnen in Gruppen von 10 bis 100 Vögeln etwa um zwei bis drei Wochen früher als die Hennen in den Sommergebieten ein. Alle Hahnen ergattern zwar in der Regel ein Revier, aber die Hennen wählen die Reviere mit der besten Qualität, und dabei geht mancher Hahn leer aus. Kanadische Untersuchungen haben gezeigt, dass in manchen Jahren bis zu 20 Prozent unverpaart bleiben – Alpenschneehühner leben monogam. Besonders bekannt sind die Wanderungen der Moorschneehühner. Es gibt Berichte, nach denen diese Vögel auch zu Fuß große Strecken zurücklegen, wobei in Einzelfällen sogar riesige Gruppen stundenlang über die Tundra wandern sollen. Viele ziehende Vögel verunglücken dabei immer wieder in Leitungen oder Rentierzäunen. Zwischen 1991 und 1994 wurden rund 70 Kilometer Rentierzaun in Norwegen gleich nach der Schneeschmelze kontrolliert. Dabei wurden 253 Opfer gefunden. Man nimmt allerdings an, dass dies nur etwa zwei Drittel der verunglückten Vögel waren. Unter 20 verschiedenen Arten waren Moor- und Alpenschneehühner am häufigsten.

In den Alpen ist nichts über großräumige Wanderungen bekannt. Dennoch zählt das Schneehuhn auch hier zu den mobilsten Raufußhuhnarten. Schneehühner gelten zwar als Standvögel, Ortsbewegungen bis zu 20 Kilometer sind aber keine Seltenheit. Im Gebirge sind Langstreckenwanderungen unnötig, weil sich hier der Lebensraum nicht entlang von Breitengraden ändert, sondern mit der Seehöhe. Einige hundert Meter auf oder ab, und man ist in einem völlig anderen Lebensraum mit geänderten Klima- und Vegetationsverhältnissen. Den Winter verbringen die Hühner in der Regel in etwas tieferen Lagen, sommersüber wandern sie aufwärts – der Hahn meistens etwas früher als die Henne mit ihrem Gesperre. Alpenschneehühner können von Juli bis September durchaus in Höhen von über 3.000 Metern vorkommen, beobachtet wurden sie sogar in Seehöhen von 3.800 Meter. Ein wichtiger Grund für derartige Bergwanderungen ist die Temperatur. Diese Raufußhühner sind zwar bestens an Kälte angepasst, schon ab 9 – 10 Grad Celsius wird aber die Hitze zum Problem, deshalb suchen sie auch gerne schattige Bereiche. Man wird sehen, wie sie mit der zunehmenden Klimaerwärmung zurechtkommen, die Prognosen für den Alpenraum sind aber alles andere als zuversichtlich. Viele Lebensräume werden verschwinden, einfach weil die Waldgrenze nach oben steigt, nasskaltes Wetter wird zusätzlich zu Problemen führen. Kleinräumige Bewegungen von Nord- auf Südhänge sind im Winter jederzeit möglich, wenn es günstiges Nahrungsangebot auf der ausgeaperten Sonnseite oder an jenen Stellen gibt, die vom Wind freigeweht worden sind.

Anpassung sichert Überleben

„Lagopus muta" – würde man den lateinischen Namen des Alpenschneehuhns wortgetreu übersetzen, dann landet man beim „stummen Hasenfuß". „Hasenfuß" ist schlüssig, weil Läufe und Zehen der Vögel dicht befiedert sind, stumm ist das Alpenschneehuhn aber keineswegs!

Alle Schneehühner gehören zu den Vogelarten, die ganz ausgezeichnet an das Leben in kalten Klimazonen angepasst sind. Der Kälte begegnen sie aber nicht mit höherer Wärmeerzeugung, sondern mit besserer Isolierung gegen Wärmeverlust, frei nach dem Motto: „Nicht mehr heizen, sondern besser isolieren!" Die für die Raufußhühner typischen dunigen Afterfedern, die zusätzlich am Kiel der Deckfedern sitzen, sind im Winter

Afterfeder einer Haselhenne.

Die dunigen Afterfedern sind für alle Raufußhühner typisch.

besonders lang und isolieren damit wie eine zweite Lage aus Daunen. Die Alpenschneehühner wechseln ihr Gefieder drei Mal im Jahr, wobei ein Kleid fließend das vorhergehende ablöst. Dem Winterkleid folgt das Brutkleid, dieses geht ins Herbstkleid über, und danach färben sie wiederum ins weiße Winterkleid, das rund 6 Monate getragen wird. Das Brutkleid ist kräftig gestrichelt und fein gebändert, wobei Braun- und Grautöne überwiegen, der Hahn ist stärker anthrazitfarben, die Henne mehr goldbraun gemustert. Im Herbstkleid sind beide mehr grau, bei der Henne überwiegen aber auch hier mehr gelbliche Töne. Die Schwungfedern, der Bauch und die Läufe bleiben das ganze Jahr über weiß. Die verschiedenen Federkleider tarnen die Vögel optimal in der jeweiligen Jahreszeit.

Das Winterkleid ist nicht vollkommen weiß, die Stoßfedern sind bei beiden Geschlechtern schwarz, ist der Stoß jedoch geschlossen, dann liegt er unter den zwei weißen mittleren Deckfedern. Beim Hahn gibt es im Winterkleid auch noch einen schwarzen Zügelstreif zwischen Schnabel und Auge. Das Federkleid tarnt aber nicht nur, es isoliert im Winter auch hervorragend gegen Kälte. Die Temperatur ist neben der Tageslänge auch ein wichtiger Einflussfaktor, der die Mauser einleitet. Im Herbst beginnen die Hühner bei Temperaturen von 3 – 8 Grad Celsius in das weiße Winterkleid umzufärben. Bei milden, schneearmen Wintern gab es allerdings Beobachtungen in Südtirol, nach denen manche Schneehühner in den vergangenen Jahren kein weißes Winterkleid mehr anlegten. Das Schottische Moorschneehuhn ist die einzige Unterart, die im Winter nicht umfärbt, sondern ihr braunes Gefieder behält.

Kalte Füße bekommen Schneehühner jedenfalls nicht, denn die Zehen des „Hasenfußes“ sind mit vielen dünnen Federn besetzt, sie sehen fast wie Haare aus. Dies verhindert das Einsinken im Schnee, und es gibt dadurch auch keinen unmittelbaren Hautkontakt mit Eis und Schnee. Gefährlich wird es nur, wenn der Vogel nass wird und dann wieder Kälte aufkommt.

Im Winter verbringen die Vögel sehr viel Zeit in Schneehöhlen, deren Schutz dem eines Iglu gleichkommt.

Als besondere Anpassung an die extremen Lebensverhältnisse kann auch die kurze Brutzeit von nur 21 Tagen und die rasche Jugendentwicklung betrachtet werden. Schneehühner haben von allen Raufußhühnern die kürzeste Brutzeit – eine optimale Anpassung an den kurzen arktischen Sommer. Mit 60 Tagen sind die Jungen fertig entwickelt. Interessant ist auch, dass die Nachwuchsraten offenbar weniger mit der

Witterung nach dem Schlüpfen als vielmehr mit den Wetterverhältnissen vor Brutbeginn zusammenhängen. Kritisch sind späte Schneefälle im April oder Mai, weil für die Hennen vor der Eiablage ein ausreichendes Nahrungsangebot wichtig ist. Auch der vorhergehende Winter ist in dieser Hinsicht von Bedeutung. Sind die Hennen in guter Kondition, gesund und ausreichend ernährt, dann ist die Qualität der Eier besser. Die Größe und das Gewicht der Eier hängen mit den Äsungsverhältnissen im Mai zusammen – zum Beispiel mit dem Anteil an grünem Heidekraut. Sie haben mehr Einfluss auf die Kükensterblichkeit als die Witterung zur Schlupfzeit.

Auch bei der Ernährung gehören Schneehühner zu den absoluten Spezialisten. Sie haben die relativ längsten Blinddärme aller Raufußhühner – diese sind länger als der übrige Darm. Damit kann auch noch sehr zellulosereiche Winternahrung aufgeschlossen werden. Dazu gehören im Winter etwa Zwergweiden, Triebe von Heidelbeeren, Krähenbeeren, Rauschbeeren, Preiselbeeren, Alpenrosen, Heidekraut oder Alpenazalee, letztere wird auch „Alpenheide“ oder „Gamsheide“ genannt. Im Sommer sind dies Kräuter, Gräser, Seggen, Steinbrech sowie Beeren und Sämereien. Die Küken nehmen in den ersten Wochen überwiegend Insekten und Spinnen auf.

Farben und Federn

Haben Sie sich schon einmal überlegt warum es in der Vogelwelt so viele unterschiedlich gefärbte Federkleider gibt? Kaum eine andere Klasse von Wirbeltieren, weist derartige Farbvariationen auf – ausgenommen vielleicht die Fische. Es gibt keine Nuance im Farbspektrum, die nicht in irgendeiner Feder vorkommt. Das Außergewöhnliche daran: Kaum ein Farbklecks beruht auf Zufall! Erst in den letzten Jahren hat sich die Forschung eingehend damit befasst. Es gibt eine Reihe neuer Erkenntnisse über die Entwicklung von Arten, man weiß heute sehr gut, wie die Farben entstehen und welche Wirkung sie haben. Noch vor gar nicht langer Zeit hat sich kaum jemand Gedanken darüber gemacht, warum das erwachsene Kreuzschnabel-Männchen rot gefärbt ist, weshalb eine Kohlmeise eine schwarze Kopfplatte und einen ebensolchen Bruststreifen hat ... Ganz gleich, ob die Rosen der Birk- und Auerhahnen, das weiße Wintergefieder der Schneehühner, die kryptische Färbung der Birkhenne oder ein roter Fleck auf dem Hinterkopf eines Buntspechtmännchens: Farben sagen etwas aus und haben Signalwirkung. Jeder weiß, dass besonders die

Männchen in ihren Hochzeitskleidern all ihre Pracht herzeigen. Das Schneehuhn ist ein gutes Beispiel, um darauf näher einzugehen.

Was sind die Ursachen für all die Gefiederfarben? Auf der Hand liegt zunächst: die Tarnung vor Feinden. Die treibenden Kräfte hinter den Tarnkleidern sind die Raubfeinde der betreffenden Vögel. Sie sind es, die selektionieren und damit gleichzeitig erreichen, dass vor allem jene überleben und sich fortpflanzen, deren Gefieder die beste Tarnwirkung aufweist. Greifvögel wählen zum Beispiel bevorzugt sehr auffällig gefärbte Vogelmännchen. Schneehühner gehören zu den besonders gut getarnten Vögeln. Vor allem die Hennen haben es in dieser Hinsicht in der Vogelwelt zu einer ganz außergewöhnlichen Anpassung gebracht. Eine brütende Schneehenne ist fast unsichtbar. Im Winter verschmilzt der nun weiße Vogel ebenso mit seiner Umgebung. Wenn es wenig Schnee gibt oder es bereits ausapert, halten sich die Vögel bevorzugt am Rande von Schneefeldern auf, dort können sie oft lange vollkommen frei unbeweglich verharren und sind trotzdem kaum auszumachen.

Farben vermitteln aber auch ganz im Gegensatz zu den Tarnkleidern auffällige optische Signale. In diesem Fall sollen ganz gezielt augenfällige, markante Zeichen übermittelt werden. Das kann an andere Männchen gerichtet sein, aber auch an Weibchen. Letztere bevorzugen prächtig gefärbte Männer. Die roten Rosen der Hahnen aller vier heimischen Raufußhuhnarten sind ein gutes Beispiel dafür. Sie haben beim Schneehahn einen ganz besonderen Aufbau. Er hat sehr lange rote Hautpapillen, die er willentlich aufrichten kann, womit die Rosen stark vergrößert werden. Wie wir bereits beim Birkwild gesehen haben, sind diese Signale auch tatsächlich ernstzunehmen, weil sie Aussagekraft über Kondition, Immunsystem und über anderes mehr haben. Ernstzunehmen sind aber auch Warnsignale gegenüber Feinden. Wohl jeder hat schon von den kolumbianischen Pfeilgift-Fröschen gehört, sie sind hochgiftig und warnen Feinde durch grelle, auffällige Farben. Nur wenige wissen jedoch, dass es auch giftige Vogelarten gibt. Sie warnen ihre Feinde ebenso durch markante Farben. Zu diesen giftigen Vögeln gehören die Pitohui – Singvögel, die in Neuguinea leben. Einige von ihnen haben in Haut und Federn Giftstoffe eingelagert, die sie wahrscheinlich über die Nahrung aufnehmen – speziell über eine Käferart. Signale können aber auch als Überraschungseffekt gegenüber angreifenden Feinden eingesetzt werden, so zum Beispiel auffällige Fleckenmuster in den gespreizten Schwanzfedern. Ein und dieselbe Färbung kann also verschiedene Wirkungen erzielen.

Interessant ist auch, wie Farben zustande kommen. Gleich vorneweg: Es gibt verschiedene Möglichkeiten. Dunkle Farben, wie etwa Schwarz, Braun, Grau oder auch rotbraune Pigmente, entstehen durch Melanismus – „melos“ kommt aus dem Griechischen und heißt „schwarz“. Diese dunklen Pigmente entstehen bei Wirbeltieren in der Haut – jeder kennt das von der Sonnenbräune. Federfarben werden in der Papille gebildet, dem Blutkiel der wachsenden Feder. Die Farbstoffe bewegen sich von da in die Feder und verteilen sich dort. Durch den Einfluss von Hormonen entstehen dann Flecken, Streifen, Bänder oder Punkte. Eine andere Möglichkeit besteht in der Aufnahme von Farbstoffen über die Nahrung. Hier geht es vor allem um Karotinoide. Sie sind in Karotten und anderen Pflanzen enthalten und für Rot, Gelb oder Orange zuständig. Diese auffälligen Farben können von Wirbeltieren nicht selbst gebildet werden, sondern gelangen über die Nahrung, Verdauung, Blut und Leber in die betreffenden Federpartien. Um Rot zu erzeugen, gibt es dennoch auch einen anderen Weg, und zwar über Porphyrine (vom griechischen Wort für „purpur“), das sind organisch-chemische Farbstoffe, die Metalle wie Eisen oder Kupfer binden können. Sie kommen im Blut, aber auch im Chlorophyll der Pflanzen vor und gehören zu den sehr auffälligen Farbstoffen, darunter sind die einzig richtig grünen Pigmente.

Farben entstehen aber auch physikalisch durch Lichtbrechung. Wenn dabei Pigmente und Lichtreflexion zusammenspielen, dann werden daraus schillernde grüne und blaue Farbtöne. Dies tritt beim glänzenden Brustgefieder des Auerhahnes, dem Schild, besonders ausgeprägt auf. Wer dies weiß, der versteht auch, dass das Prachtkleid eines Auerhahnes erst im vollen Sonnenlicht bei der Bodenbalz richtig zur Geltung kommt. Beim weißen Winterkleid des Schneehuhns spielt die Lichtbrechung ebenfalls eine Rolle. Hier werden aber Farben herausgefiltert, und die Federn reflektieren nur etwa die Hälfte des sichtbaren Lichtes. In diesen weißen Federn gibt es Hohlräume ohne Pigmente. Sie dienen zusätzlich der Isolation gegen Kälte, weil dort Lufteinschlüsse sind. Daneben weist das Gefieder vieler Vögel eine für das menschliche Auge nicht sichtbare Musterung im ultravioletten Bereich auf. In vielen Fällen ist dabei von einer innerartlichen Signalwirkung dieser Ultraviolett-Reflexionen auszugehen – beispielsweise bei der Partnerwahl. Mir sind keine Untersuchungen bei Raufußhühnern dazu bekannt, aber es ist anzunehmen, dass dies beim Birkwild der Fall ist. Viele Vögel können ultraviolettes Licht wahrnehmen, aber nicht alle. Nachtaktive Vögel sehen dieses Licht nicht – so wie der Mensch.

Probleme treten für die Vögel dann auf, wenn man eigentlich mehrere Kleider auf einmal brauchen würde. Dies kann bei Schneehahnen im Frühling der Fall sein. Dazu gibt es eine interessante Studie des kanadischen Ökologen Robert Montgomerie. Er beschäftigte sich mehr als 17 Jahre lang mit den Alpenschneehühnern im Hohen Norden Kanadas. Während die Hennen schon zu mausern beginnen, wenn die Tundra noch teilweise schneebedeckt ist, behalten die Hahnen noch etwa drei Wochen lang ihr weißes Wintergefieder. Dann ist die Tundra aber in der Regel schneefrei – die weißen Hahnen sitzen nun gleichsam auf dem Präsentierteller. Wie lösen sie die damit verbundenen Probleme? Und warum bleiben sie überhaupt weiß, wenn die Hennen brüten? Montgomerie fand heraus, dass sich die Schneehahnen fast unmittelbar mit Brutbeginn ihr weißes Gefieder einfärben. Das Wie konnte zwar nie beobachtet werden, aber man nimmt an, dass die Hahnen in Schlamm oder nasser Erde baden, denn bei Sand- oder Staubbädern bleiben sie sauber. Dadurch werden sie innerhalb weniger Tage schmutzig-weiß und sind um vieles weniger auffällig als davor. Auch aus den Alpen berichtete man immer wieder von Schneehühnern, deren Winterweiß einen rosa- oder ockerfarbenen Ton aufwies. Ich selbst habe dieses Verhalten im Alpenraum nicht beobachtet; in den Gebieten, die ich kenne, mausern Hahn und Henne etwa gleichzeitig. In der Regel ist es sogar umgekehrt wie von Montgomerie in Kanada beobachtet: Beim Hahn setzt in den Alpen die Frühjahrsmauser um zwei Wochen früher ein, bei der Henne verläuft sie dann aber schneller. Obwohl der Kanadier dieses Phänomen in all seinen Untersuchungsgebieten beobachtet hat, ist es also keineswegs allgemein verbreitet. Warum sollten sich aber nordamerikanische Alpenschneehahnen erhöhter Gefährdung aussetzen? Der Feinddruck durch Gerfalken ist für sie zu dieser Zeit nämlich besonders hoch. Montgomerie vermutet, dass das weiße Federkleid eine Funktion im Zusammenhang mit der Fortpflanzung hat – ähnlich dem Prachtkleid bei Auer- oder Birkhahnen. Nachdem die Hennen zweier Hahnen ihr Gelege durch Nesträuber verloren hatten und daher wahrscheinlich wieder bereit zum Treten waren, sind ihre Hahnen innerhalb von 24 Stunden wieder blitzsauber gewesen und hatten ein makelloses, reinweißes Gefieder! Offensichtlich erfüllt das weiße Wintergefieder des Hahnes also mehr als nur eine Funktion. Solange Schnee liegt, dient es als Tarnung, daneben gibt das Prachtkleid wahrscheinlich aber auch Hinweise auf die Eigenschaften des Hahnes. Diese Signale können sowohl an die Henne als auch an Rivalen gerichtet sein. Gut möglich, dass sie bei hohen Dichten zwei bis drei Wochen mit dem Verfärben abwarten, damit sie im Fall des Falles sofort wieder einsatzbereit sind – um sich den Blicken ihrer Feinde zu entziehen, kaschieren sie also ihr Prachtgefieder derweil mit Schlamm und Erde!

Saisonehe im eigenen Revier

Die Brutgebiete der Schneehühner liegen deutlich tiefer als ihre Sommerlebensräume. Mit den ersten Schneefällen weichen sie in den Zentralalpen aus den Hochlagen wieder zurück in günstige Überwinterungsgebiete. Ein ganz anderes Bild ergibt sich am Alpen-Ostrand, wo sich manche Bergrücken kaum mehr auf 2.000 Meter Seehöhe erheben, hier besiedeln die Schneehühner nur einen schmalen waldfreien Streifen oberhalb der Waldgrenze – Wanderungen zwischen Sommer- und Wintergebieten fallen hier aus. Während Hennen und Jungvögel in kleineren Gruppen zusammenbleiben, besetzen die Hahnen bereits im Herbst ihre Reviere. Wenn es die Witterung erlaubt, übernachten sie sogar im Winter in ihrem Territorium. Bei mildem Wetter rufen sie dort auch im Winter. Sonst schließen sie sich aber den Wintertrupps an und sind erst ab März häufiger im eigenen Revier, wo sie früh am Morgen auch schon melden. Je mehr der Schnee schmilzt, umso stärker halten sie nun an ihrem Revier fest und verlassen es ab April nicht mehr. Bevorzugt werden dabei vor allem apere Stellen. Im April kommen auch die Hennen in diese Reviere, und die Wintergemeinschaften lösen sich auf. Nun markieren die Schneehahnen weithin hörbar ihre Territorien und vollführen dazu auffällige Balzflüge. Dabei steigen sie hoch in die Luft und gleiten mit ausgebreiteten Schwingen zu Boden, wobei sie das typische knarrende Rufen von sich geben.

Noch vor Beginn des Frühlings wurden in der Schweiz Reviergrößen von 20 bis 35 Hektar ermittelt. In guten Vorkommensgebieten gibt es dann bis in den April hinein mehr Hahnen, als Territorien zur Verfügung stehen. Nun nehmen Auseinandersetzungen und Revierkämpfe ständig zu. Unter den Hahnen, die abwandern müssen, gibt es mehr Ausfälle als bei den Revierbesitzern. Verfolgungsflüge und Auseinandersetzungen können in Ausnahmefällen sogar bis zu zwei Stunden dauern. Dabei werden über Jahrzehnte immer wieder die gleichen Aussichtswarten und Rufplätze genutzt. Zu Beginn der Brutzeit im Mai/Juni verteidigt der Hahn nur mehr ein Gebiet von rund 10 bis 12 Hektar. Die Henne wählt das Gebiet, wo sie sich niederlässt; dabei sind früh ausapernde Stellen von besonderer

Balzflug.

Bedeutung. Hahnen, die minderwertige Reviere besetzen, gehen oft Jahr für Jahr leer aus. Je nach Höhenlage und Witterung beginnen Schneehennen Ende Mai bis Mitte Juni mit der Eiablage. Es werden mehrere Nestmulden von Hahn und Henne angelegt, nur eine davon wird schließlich genutzt. Die Henne legt etwa jeden zweiten Tag ein Ei, ein Gelege besteht aus 6 bis 9 Eiern. Während der Zeit der Eiablage deckt sie beim Verlassen des Nestes die Eier mit Gräsern, Blättern, Moos oder Steinchen zu. Dies dient nicht nur der Tarnung, sondern ist auch ein Kälteschutz, immerhin kann es in den Lebensräumen jetzt immer noch Minusgrade geben. Nachgelege sind möglich, aber in der Regel deutlich kleiner. Es brütet nur die Henne, bei Schönwetter verlässt sie drei- bis vier Mal täglich das Nest, bei Neuschnee kann sie aber auch eineinhalb Tage auf dem Gelege sitzen bleiben. Der Hahn hält sich zwar in der Nähe auf, beteiligt sich aber nicht an der Brut, sondern warnt höchstens bei Gefahr. Er gesellt sich erst wieder zum Gesperre, wenn die Jungen gut flugfähig sind. Die Henne führt die Küken aber alleine.

Wie erwähnt, entwickeln sich Schneehuhnküken rasch, mit 3 Wochen können sie bei Gefahr schon bis zu 400 Meter verstreichen. Ist die Gefahr vorüber, klagen die Küken und rufen die Henne – manchmal hilft dann der Hahn, damit die Familie wieder zusammenfindet.

Über Schneehuhndichten sind im Alpenraum nur sehr wenig Angaben vorhanden. Am bekanntesten sind die langjährigen Beobachtungen der beiden Vogelkundler Andreas Bossert und Christian Marti im Aletsch-Wald, der im Wallis in der Schweiz liegt. Im Aletsch-Gebiet konnten die Schweizer auf 150 Hektar 10 Hahnen nachweisen, die ein Revier verteidigten. Rechnet man dies auf eine Vergleichsfläche von 100 Hektar, so sind das 6,6 Brutpaare je 100 Hektar. Im Winter nutzten diese Vögel ein Gebiet von rund 400 Hektar, woraus sich eine Dichte von 4 – 5 Hahnen oder 2,5 Paare je 100 Hektar ergibt. In den Hohen Tauern konnten zur Brutzeit Dichten von 4,4 Paaren je 100 Hektar festgestellt werden. Diese Werte entsprechen guten Dichten. In den meisten Gebieten der Alpen halten Hahnen, die ein Revier verteidigen, einen Abstand von 300 bis 600 Meter zu ihrem Nachbarn ein. Es kann sein, dass nicht jedes Territorium alljährlich besetzt wird, die Lage und die Grenzen bleiben aber oft über viele Jahre unverändert.

In Nordeuropa treten zyklische Bestandesschwankungen im Abstand von drei bis vier Jahren auf, in Nordamerika gibt es einen Zehnjahres-Rhythmus. Aus den Alpen ist noch nichts über regelmäßige mehrjährige Bestandesschwankungen bekannt, weil diese Wildart hier kaum erforscht ist. Zyklen treten bei verschiedenen Raufußhuhnarten auf, sie sind eigentlich ein Hinweis dafür, dass die Beziehungen zwischen diesen Wildtieren und ihrer Umwelt ausgeglichen sind. Durch diese Zyklen kann es aber zu außerordentlich großen Bestandesschwankungen kommen. Aus Skandinavien liegen dazu Angaben vor, die zwischen 1 und 34 Brutpaaren je 100 Hektar liegen. In Jahren mit hoher Dichte findet ein Teil der Hahnen keine Partnerin.

Schneehühner sind nicht sehr scheu gegenüber Menschen, vor allem brütende Hennen sitzen enorm fest auf ihrem Gelege. Das sollte aber nicht zur Annahme verleiten, dass Schneehühner nicht störungsempfindlich sind. In vielen Fällen vertrauen sie zunächst auf ihre Tarnung. Dabei kann, falls sich ein Feind nähert, die Herzschlagfrequenz deutlich abgesenkt werden – man nennt diesen Vorgang „Bradycardie“. Das hilft, damit der Vogel völlig unbeweglich und somit hoffentlich auch unentdeckt bleibt. Wenn es dann allerdings ernst wird, steigt der Herzschlag sprunghaft an, und der Vogel legt einen außergewöhnlichen Schnellstart hin. Störungen können vor allem in wichtigen Überwinterungsgebieten eine entscheidende Rolle spielen. Auf die Bedeutung von zunehmendem Druck durch Raubfeinde in der Nähe von Tourismuszentren am Berg haben wir bereits beim

Birkwild hingewiesen. In sehr kalten Lebensräumen kann mehrmaliges Aufstöbern die Energie-Bilanz eines Schneehuhns derart aus dem Gleichgewicht bringen, dass dies zum Tod des Vogels führt.

Leben an der Grenze

Schneehühner besiedeln in den Alpen die Lebensräume oberhalb der Wald- und Baumgrenze. Nur selten können sie im Winter bei extremen Witterungsbedingungen auch in den Waldgrenzbereich ausweichen. Diese Lebensräume entsprechen noch heute weitgehend jenen, welche die Vögel während der letzten Eiszeiten besiedelt haben. Noch nicht vor langem ging man davon aus, dass es im Lebensraum des Alpenschneehuhns die bisher geringsten Veränderungen gegeben hat und daher die Bestände des Vogels gesichert seien. Dies trifft heute aber für die Alpen nicht mehr zu. Stark zunehmender Berg- und Alpintourismus, Schigebiete, Kabel, Seile und Überlandleitungen erschweren das Leben an der Grenze mehr und mehr, und die Klimaerwärmung wird die Vögel immer stärker in Rückzugsgebiete abdrängen. Schneearme Winter führen aber auch dazu, dass Wintersportanlagen in immer höhere Gebiete gebaut werden, womit der Mensch immer weiter in jene Lebensräume vordringt, die von Tierarten nur durch optimale Anpassung gerade noch besiedelt werden können. Zum Überleben gibt es hier nur mehr einen kleinen Spielraum …

Im Englischen heißt das Alpenschneehuhn „rock ptarmigan“, also „Felsen-Schneehuhn“. Dieser Name ist aus meiner Sicht sehr bezeichnend für den Vogel, denn Felsen, Steine, Geröll, Blockfelder und einzelne Felsblöcke sind wichtige Elemente im Lebensraum dieses Schneehuhns. Auch wenn man in Gebieten unterwegs ist, wo Moorschneehuhn und Alpenschneehuhn gemeinsam vorkommen, so kann man allein daran sehr gut die Lebensräume beider Arten unterscheiden. Felsen und Gestein bieten Deckung, sie speichern Wärme und schützen vor extremer Witterung, im Frühjahr schmilzt der Schnee rund um Felsblöcke schneller, in ihrem Schutze siedeln sich Pflanzen und Insekten an, und sie sind beliebte Sing- und Aussichtswarten. Dazu kommt auch noch, dass sich im Windschatten Treibschnee ablagert, was wiederum das Anlegen von Schneehöhlen ermöglicht. Beim Birkhuhn ist es der abwechslungsreiche Übergang vom Wald zur Freifläche mit Zwergsträuchern, Einzelbäumen oder Baumgruppen und offenen Grasflächen; beim Haselhuhn sind es Sträucher, Unterwuchs, Lichtungen und vielschichtige Wälder; in der baumlosen Tundra sind es Felsblöcke, Zwergsträucher und das Geländerelief. – Der Wert all dieser Lebensräume steigt, je mehr Struktur es darin gibt!

Alpenschneehühner bevorzugen Gebiete mit abwechslungsreichem Geländerelief, das heißt: Es sollten dort Hangneigung und Exposition häufig wechseln, neben einem bestimmten Anteil an Felsblöcken oder Steinen führen Mulden, Schneetälchen oder Karrenfelder zu vielfältigen Strukturen, wo Licht, Wärme, Schnee, Feuchtigkeit, Äsung und Deckung auf kleinem Raum vorhanden sind. In Gratnähe ist der Wechsel zwischen verschiedenem Angebot am schnellsten möglich. Hier ist der Weg vom warmen Südhang zum schattigen, kühlen Nordhang kurz. Der Weg in eine sichere Zukunft für die freilebenden Wildtiere ist länger. Er führt heute nur über die Erhaltung der notwendigen Lebensräume …

Ausgewählte Literatur

ABERG, J., G. JANSSON, J.E. SWENSON & P. ANGELSTAM (1995): The effect of matrix on the occurrence of hazel grouse (Bonasa bonasia) in isolated habitat fragments. In: Oecologia (1995) 103, S. 265-269.

ABERG, J. (1996): Effects of habitat fragmentation on hazel grouse (Bonasa bonasia) in boreal landscapes. Institutionen för Viltekologi Grimsö forskningsstation, Swedish University of Agricultural Sciences, Department of Wildlife Ecology. Rapport 32.

ABERG, J. (2000): The Occurrence of Hazel Grouse in the Boreal Forest. Effects of habitat composition at several spatial scales. Doctoral thesis Swedish University of agricultural Sciences.

ABERG, J., J. E. SWENSON & P. ANGELSTAM (2003): The habitat requirements of hazel grouse (Bonasa bonasia) in managed boreal forest and applicability of forest stand descriptions as a tool to identify suitable patches. In: Forest Ecology and Management 175 (2003), S. 437-444.

ALATALO, R., J. HÖGLUND & W. J. SUTHERLAND (1992): Evolution of black grouse leks: female preferences benefit males in larger leks. In: Behavioral Ecology Vol. 3/1, S. 53-59.

ALATALO, R.V., J. HÖGLUND, A. LUNDBERG, P.T. RINTAMÄKI & B. SILVERIN (1996): Testosterone and Male Mating Success on the Black Grouse Leks. In: Biological Sciences, Vol. 263, Issue 1377, S. 1697-1702.

ALATALO, R., T. BURKE, J. DANN, O. HANOTTE, J. HÖGLUND, A. LUNDBERG, R. MOSS & P.T. RINTAMÄKI (1996): Paternity, copulation disturbance and female choice in lekking black grouse. In: Animal Behaviour 1996, 52, S. 861-873.

ANDERTON, K., P. WARREN & D. BAINES (2007): A translocation trail to stimulate black grouse range expansion in northern England. In: 4th Int. Black Grouse Conference, Vienna 2007 – book of abstracts. Inst. of Wildlife Biology and Game Management, University of Natural Resources and Applied Life Sciences, Vienna.

ANGELSTAM, P. (1978): Black Grouse (Lyrurus Tetrix L.) reproductive success and survival rate in peak and crash small-rodent years in central Sweden – a preliminary report. In: Woodland Grouse Symp. 1978 World Pheasant Assoc., ed. by Lovel, T.W.I., S. 101-114.

ANGELSTAM, P. (1986): Predation on ground-nesting birds' nests in relation to predator densities and habitat edge. In: Oikos 47 (1986), S. 365-373.

ARBEITSGRUPPE HASELWILD (1997): Das Haselhuhn im Schwarzwald. Seltener Vogel im artenreichen Wald. Selbstverlag der Landesforstverwaltung Baden-Württemberg.

ASCHENBRENNER, H. (1985): Raufußhühner: Lebensweise, Zucht, Krankheiten, Ausbürgerung. Verlag M. & H. Schaper, Hannover.

BAINES, D. (1995): Habitat requirements of Black Grouse. In: 6th Int. Grouse Symp., Udine 1993 – World Pheasant Assoc., ed. by D. Jenkins, S. 147-150.

BAINES, D. (1996): The implications of grazing and predator management on the habitat and breeding success of black grouse Tetrao tetrix. In: Journal of Applied Ecology 1996, 33, S. 54-62.

BAUER, H.G., E. BEZZEL & W. FIEDLER (2005): Das Kompendium der Vögel Mitteleuropas. Alles über Biologie, Gefährdung und Schutz. Nonpasseriformes – Nichtsperlingsvögel. 2. Auflage. Aula-Verlag, Wiebelsheim.

BEICHLE, U. (1987): Untersuchungen zur Struktur von Birkhuhnhabitaten in Schleswig-Holstein. In: Zeitschrift für Jagdwissenschaft 33 (1987), S. 184-191.

BERGMANN, H.-H., S. KLAUS, F. MÜLLER, W. SCHERZINGER, J.E. SWENSON UND J. WIESNER (1996): Die Haselhühner. Die Neue Brehm-Bücherei, Bd. 77, Westarp Wissenschaften Magdeburg.

BERNARD, A. (1982): An analysis of black grouse nesting and brood habitats in the French Alps. In: 2nd Int. Grouse Symp. 1981, World Pheasant Assoc., ed. by Lovel, T.W.I., S. 156-172.

BEVANGER, K. (1999): Reindeer fences as a mortality factor for ptarmigan in Finnmark, Norway. In: Abstracts of the 8th Int. Grouse Symp. Rovaniemi 1999, S. 19.

BOSSERT, A. (1995): Bestandesentwicklung und Habitatnutzung des Alpenschneehuhns Lagopus mutus im Aletschgebiet (Schweizer Alpen). In: Der Ornithologische Beobachter 92 (1995), S. 307-314.

BREUSS, M. (1999): Untersuchungen zum winterlichen Nahrungsspektrum des Haselhuhns (Bonasa bonasia L. 1858) in den Gailtaler Kalkalpen (Losungsanalysen). Diplomarbeit an der Uni Wien.

CAIZERGUES, A. & L.N. ELLISON (1997): Survival of black grouse Tetrao tetrix in the French Alps. In: Wildlife Biology, 3:3/4 (1997), S. 177-186.

CAIZERGUES, A. & L.N. ELLISON (2000): Age-specific reproductive performance of Black Grouse Tetrao tetrix females. In: British Trust for Ornithology, Bird Study (2000), 47, S. 344-351.

CAIZERGUES, A. & L.N. ELLISON (2002): Natal dispersal and its consequences in Black Grouse Tetrao tetrix. In: Ibis (2002), 144, S. 478-487.

CAIZERGUES, A., O. RÄTTI, P. HELLE, L. ROTELLI, L. ELLISON & J-Y. RASPLUS (2003): Population genetic structure of male black grouse (Tetrao tetrix L.) in fragmented vs. continuous landscapes. In Molecular Ecology (2003), 12, S. 2297-2305.

COTTER, R. (1999): The Reproductive Biology of Rock Ptarmigan (Lagopus mutus in the Central Canadian Arctic. In: Arctic Vol. 52/1 (March 1999), S. 23-32.

DECOUT, S., P. DELCROS & J-J. BRUN (2005): Spatially explicit modelling of black grouse (Tetrao tetrix L.) habitat quality evolution induced by green alder expansion on abandoned meadows in the northern French Alps. In: 3rd Int. Black Grouse Conference, Llys Fasi Agricultural College – Ruthin, North Wales. Conference Review, S. 7-15.

DROVETSKI, S.V. (1997): Spring social organisation, habitat use, diet and body mass dynamics of hazel grouse Bonasa bonasia in northeastern Asia. In: Wildlife Biology 3:3/4 (1997), S. 251-259.

DROVETSKI, S.V. (2003): Plio-Pleistocene climatic oscillations, Holarctic biogeography and speciation in an avian subfamily. In: Journal of Biogeography (2003), Vol. 30/8, S. 1173-1181.

DROVETSKI, S.V., S. ROHWER & N.A. MODE (2006): Role of sexual and natural selection in evolution of size and shape: a phylogenetic study of morphological radiation in grouse. In: Journal of Evolutionary Biology 19, S. 1083-1091.

ELLSWORTH, D.L., R.L. HONEYCUTT & N.J. SILVY (1996): Systematics of grouse and ptarmigan determined by nucleotide sequences of the mitochondrial cytochrome-B gene. In: The Auk 113 (4) 1996, S. 811-822.

ELLISON, L.N., E. MENONI & P. LEONARD (1992): Fall and winter movements of adult black grouse in the French Alps. In: Global Trends in wildlife Management, 18th IUGB Congress, Jagiellonian University Kraków, Poland; August 1987, Transactions Vol. 2, S. 249-253.

FRANCESCHI DE, P.F. & S. MATTEDI (1995): Home range of male Black Grouse Tetrao tetrix from summer to winter in the eastern Alps (Friuli, Italy). In: 6th Int. Grouse Symp., Udine 1993 – World Pheasant Assoc., ed. by D. Jenkins, S. 59-62.

FUSCHLBERGER, H. (1956): Das Hahnenbuch. 2. Auflage, F.C. Mayer, München-Solln.

GIBSON, R. (1996): Female choice in sage grouse: the roles of attraction and active comparison. In: Behavioral Ecology and Sociobiology 1996, Vol. 39/1, S. 55-59.

GLUTZ V. BLOTZHEIM, U.N., K.M. BAUER & E. BEZZEL (2001): Handbuch der Vögel Mitteleuropas. Vogelzug Verlag, Aula Verlag, Hrsg. Glutz v. Blotzheim. Band 5, Galliformes-Gruiformes. Hühnervögel, Rallen- und Kranichvögel.

GRAF, D. (1988): Über Beziehungen zwischen Waldzustand und Wildbestand bei einem früheren Haselhuhn-Vorkommen. Veröffentlichungen des Museums der Westlausitz 12, Kamenz 1988, S. 54-58.

GREMMELS, H.D. (1989): Untersuchungen zur Mauser des Birkhahnes (Lyrurus tetrix L., 1758). In: Zeitschrift für Jagdwissenschaft 35 (1989), Paul Parey, S. 22-27.

GREMMELS, H.D. (1991): Saisonale Unterschiede im Futter- und Energieverbrauch des Birkhuhns (Lyrurus tetrix L., 1758), gemessen unter Volierenbedingungen. In: Zeitschrift für Jagdwissenschaft 37 (1991), S. 221-231.

HJELJORD, O. & G. FRY (1995): The size of Black Grouse lek populations in relation to habitat characteristics in southern Norway. In: 6th Int. Grouse Symp., Udine 1993 – World Pheasant Assoc., ed. by D. Jenkins, S. 67-70.

HJORTH, I. (1970): Reproductive Behaviour in Tetraonidae with special Reference to Males. Viltrevy – Swedish Wildlife 1970, Vol. 7/4 – published by Swedish Sportsmen's Association – Svenska Jägareförbundet, Stockholm.

HÖGLUND, J., R.V. ALATALO, A. LUNDBERG & O. RÄTTI (1994): Context-dependent effects of tail-ornament damage on mating success in black grouse. In: Behavioral Ecology 1994, Vol. 5/2, S. 182-187.

HÖGLUND, J. & R.V. ALATALO (1995): Leks. Princeton University Press, Princeton, New Jersey.

HÖGLUND, J., R.V. ALATALO, A. LUNDBERG, P. T. RINTAMÄKI & J. LINDELL. (1999): Microsatellite markers reveal the potential for kin selection on black grouse leks. In: Proc. R. Soc. London B (1999), 266, S. 813-816.

HÖGLUND, J., S.B. PIERTNEY, R.V. ALATALO, J. LINDELL, A. LUNDBERG & P.T. RINTAMÄKI (2002): Inbreeding depression and male fitness in black grouse. In: Proc. R. Soc. London B (2002), 269, S. 711-715.

HOVI, M. R.V. ALATALO, J. HÖGLUND, A. LUNDBERG & P.T. RINTAMÄKI (1994): Lek Centre attracts Black Grouse females. In: Biological Sciences, Vol. 258/1353, S. 303-305.

HUBER, T. (1991): Wintererschließung und Raufußhühner. Untersuchungen am Fallbeispiel Feldpannalm bei Bad Kleinkirchheim/Kärnten, unter besonderer Berücksichtigung des Schneehuhnes (Lagopus mutus). Diplomarbeit an der Uni Bodenkultur, Wien.

HUNTLEY, B. & R. GREEN (2007): A Climatic Atlas of European Breeding Birds. Lynx Editions, Montserry 8, E-08193, Bellaterra, Barcelona, Spain.

JENNY, H. (2000): Modellfall Graubünden. In: Schweizer Jäger 9/00, S. 52-55.

KÄMPFER-LAUENSTEIN, A. (1993): Home ranges, habitat and dispersal of radio-marked Hazel Grouse in the National Park „Bayerischer Wald“, Germany – Preliminary results. In: 6th Int. Grouse Symposium (1993), S. 77-81.

KÄMPFER-LAUENSTEIN, A. (1997): Habitat selection of hazel grouse Bonasa bonasia and natural dynamics in different central European woodland associations. In: Wildlife Biology 3:4 (1997), S. 289.

KLAUS, S. (1991): Effects of forestry on grouse populations: Case studies from the Thuringian and Bohemian forests, Central Europe. In: Ornis Scandinavica 22:3 (1991), S. 218-223.

KLAUS, S. (2007): A 33-year study of hazel grouse Bonsa bonasia in the Bohemian Forest, Sumava, Czech Republic: effects of weather on density in autumn. In: Wildlife Biology 13 (Suppl. 1), S. 105-108.

KLAUS, S., H.-H. BERGMANN, C. MARTI, F. MÜLLER, O.A. VITOVIC UND J. WIESNER (1990): Die Birkhühner. Die Neue Brehm-Bücherei, Ziemsen, Wittenberg Lutherstadt.

KOKKO, H., J. LINDSTRÖM, R.V. ALATALO & P.T. RINTAMÄKI (1998): Queuing for territory positions in the lekking black grouse (Tetrao tetrix). In: Behavioral Ecology Vol. 9/4, S. 376-383.

KURKI, S. & H. LINDÉN (1995): Forest fragmentation due to agriculture effects the reproductive success of the ground-nesting black grouse Tetrao tetrix. In: Ecography 18 (1995), S. 109-113.

KURKI, S., A. NIKULA, P. HELLE & H. LINDÉN (2000): Landscape fragmentation and forest compostion effects on grouse breeding success in boreal forests. In: Ecology, 81/7, 2000, S. 1985-1997.

KUUMPU, P., P. HELLE & A. NIKULA (1997): Effects of landscape characteristics on the abundance of hazel grouse Bonasa bonasia in Finland. In: Wildlife Biology 3:4 (1997), S. 270.

LIESER, M. (1993): Untersuchung der Lebensraumansprüche des Haselhuhns (Bonasa bonasia L.) im Schwarzwald im Hinblick auf Maßnahmen zur Arterhaltung. Dissertation, Forstwissenschaftliche Fakultät der Albert-Ludwigs-Universität Freiburg im Breisgau.

LINDSTRÖM, E.R., H. ANDRÉN, P. ANGELSTAM, G. CEDERLUND, B. HÖRNFELDT, L. JÄDERBERG & P-A. LEMMEL (1994): Disease reveals the predator: Sarcoptic mange, red fox predation, and prey populations. In: Ecology, 75/4, 1994, S. 1042-1049.

LONEUX, M., J.K. LINDSEY, M. VANDIEPENBEECK, O. CHARLET, C. KEULEN, P. PONCIN & J.-C. RUWET (2003): Climatic influence on Black Grouse population dynamic in Belgian Hautes-Fagnes Nature Reserve: an update. In: Sylvia 39/2003, Supplement, S. 53-57.

LONEUX, M., M. LÜTKEPOHL, J. WÜBBENHORST & J.K. LINDSEY (2005): Modelling the Influence of Climate on Black Grouse Population Dynamics in Lüneburger Heide (North Germany). In: 3rd Int. Black Grouse Conference, Llys Fasi Agricultural College – Ruthin, North Wales. Conference Review, S. 22-25.

LUDWIG, G., R.V. ALATALO, P. HELLE, H. LINDÉN, J. LINDSTRÖM & H. SIITARI (2006): Short- and long-term population dynamical consequences of asymmetric climate change in black grouse. In: Proc. R. Soc. B 2006, S. 1-8.

LUDWIG, G. (2007): Mechanisms of Population Declines in Boreal Forest Grouse. Dissertation University of Jyväskyla 2007.

LUDWIG, T. (2005): Extinction patterns of Black grouse subpopulations in Lower Saxony and an approach to their current matrix landscape composition. In: 3rd Int. Black Grouse Conference, Llys Fasi Agricultural College – Ruthin, North Wales. Conference Review, S. 36-43.

MAGNANI, Y. (1995): Collisions oiseaux – cables: un nouveau dispositif pour équiper les cables de téléskis. Supplément Bulletin Mensuel 196. Janvier 1995. Office national de la chasse.

MARCSTRÖM, V., R.E. KENWARD & E. ENGREN (1988): The impact of predation on boreal Tetraonids during vole cycles: an experimental study. In: Journal of Animal Ecology (1988), 57, S. 859-872.

MARJAKANGAS, A. & S. KIVINIEMI (2005): Dispersal and migration of female Black Grouse Tetrao tetrix in eastern Finland. In: Ornis Fennica 82, 2005, S. 107-116.

MATHYS, L. (2000): Predictive Mapping of Habitat Suitability for Hazel Grouse (Bonasa bonasia) using Infrared Aerial Photographs and GIS. Diplomarbeit an der Philosophisch-naturwissenschaftlichen Fakultät der Uni Bern.

MATHYS, L., N.E. ZIMMERMANN, N. ZBINDEN & W. SUTER (2006): Identifying habitat suitability for hazel grouse Bonasa bonasia at the landscape scale. In: Wildlife Biology 12:4, S. 357-366.

MEIER-ZWICKY, C. & H. SCHMID (2007): Die Vögel Graubündens. Desertina, Chur.

MEILE, P. (1982): Wintersportanlagen in alpinen Lebensräumen des Birkhuhns (Tetrao tetrix). Verlag der Österreichischen Kommissionsbuchhandlung Innsbruck.

MÉNONI, E., C. NOVOA, Y. MAGNANI, A. BERNARD-LAURENT AND P. LÉONARD (2005): Statutory and sociological aspects of grouse hunting in France. In Grouse News 29, S. 4-6.

MONTADERT, M. UND P. LEONARD (2003): Survival in an expanding hazel grouse Bonasa bonasia population in the southeastern French Alps. In: Wildlife Biology 9, S. 357-364.

MONTGOMERIE, R., B. LYON & K. HOLDER (2001): Dirty ptarmigan: behavioral modification of conspicuous male plumage. In: Behavioral Ecology Vol. 12/4, S. 429-438.

MOUGEOT, F., J. MARTINEZ-PADILLA, L. PÉREZ-RODRIGUEZ & G.R. BORTOLOTTI (2007): Carotenoid-based colouration and ultraviolet reflectance of the sexual ornaments of grouse. In: Behavioral Ecology and Sociobiology 2007, Vol. 61/5.

Potapov, R.L. & V. E. Flint (1989): Handbuch der Vögel der Sowjetunion – Band 4 Galliformes Gruiformes. Ziemsen, Wittenberg Lutherstadt.

Pulliainen, E. (1982): Breeding, foraging and wintering strategies of the Black Grouse Lyrurus tetrix L. in the Finish taiga – a review. In: Aquilo Ser. Zool. 21, 1982, S. 68-75.

Regiomontanus (1961): Der Pfeifer im herbstlichen Busch. In: Österreichs Weidwerk 10, 1961, S. 339-343.

Rintamäki, P., R.V. Alatalo, J. Höglund & A. Lundberg (1997): Fluctuating asymmetry and copulation success in lekking black grouse. In: Animal Behaviour (1997) 54, S. 265-269.

Rintamäki, P.T., A. Lundberg, R.V. Alatalo & J. Höglund (1998): Assortative mating and female clutch investment in black grouse. In: Animal Behaviour 1998, Vol. 56/6, S. 1399-1403.

Rintamäki, P.T., E. Karvonen, R.V. Alatalo & A. Lundberg (1999): Why do Black Grouse males perform on lek sites outside the breeding season? In: Journal of Avian Biology 30:4, S. 359-366.

Rintamäki, P., J. Höglund, E. Karvonen, R.V. Alatalo, N. Björklund, A. Lundberg, O. Rätti & J. Vouti (2000): Combs and sexual selection in black grouse (Tetrao tetrix). In: Behavioral Ecology Vol. 11/5, S. 465-471.

Rintamäki, P.T., J. Höglund, R.V. Alatalo & A. Lundberg (2001): Correlates of male mating success on black grouse (Tetrao tetrix) leks. In: Ann. Zool. Fennici 38, S. 99-109.

Rotelli, L. (2002): The black grouse project in the Veglia-Devero Natural Park: research and implications for management in the Western Italian Alps. In: Grouse News 24, S. 14-17.

Rotelli, L. (2003): Modificazione degli habitat riproduttivi del fagiano di monte (Tetrao tetrix) e declino dele sue popolazioni. In: Miglioramenti ambientali a fini faunistici: esperienze dell'arco alpino a confronto. Atti Convegno 5 giugno 2003 San Michele all'Adige (Trento), S. 57-62.

Scherzinger, W. (1979): Zum Feindverhalten des Haselhuhnes (Bonasa bonasia). In: Sonderdruck aus *Die Vogelwelt*. 100. Jg., Heft 6 (1979), S. 205-217.

Scherzinger, W. (2002): Zur Investition des Haselhahnes Bonasa bonasia bei der Kükenaufzucht in Gehegehaltung. In: Der Ornithologische Beobachter 99 (2002), S. 221-230.

Schneiter, F. (1970): Agrargeschichte der Brandwirtschaft. Selbstverlag der Historischen Landeskommission für Steiermark, XXV. Band.

Seiler, C., P. Angelstam & H.-H. Bergmann (2000): Conservation Releases of captive-reared Grouse in Europe. What do we know and what do we need? In Cahiers d'Ethologie 2000/20 (2-3-4), S. 235-252.

Sewitz, A. & S. Klaus (1997): Besiedlung isolierter Waldinseln im Vorland des Böhmerwaldes durch das Haselhuhn (Bonasa bonasia). In: Beiträge zur Jagd- und Wildforschung, Bd. 22 (1997), S. 263-276.

Signorell, N., P. Patthey, L. Rotelli & R. Arlettaz (2007): Microhabitat selection in the alpine black grouse (Tetrao tetrix) during the breeding period: Implications for species preservation via habitat management. In: 4th Int. Black Grouse Conference, Vienna 2007 – book of abstracts. Inst. of Wildlife Biology and Game Management, University of Natural Resources and Applied Life Sciences, Vienna, S. 15.

SIITARI, H., J. VIITALA & M. HOVI (2002): Behavioural evidence for ultraviolet vision in a tetraonid species – foraging experiment with black grouse Tetrao tetrix. In: Journal of Avian Biology 33, 2002, S. 199-202.

SIITARI, H., R.V. ALATALO, P. HALME, K.L. BUCHANAN & J. KILIPIMAA (2007): Color Signals in the Black Grouse (Tetrao tetrix): Signal Properties and Their Condition Dependency. In: The American Naturalist 2007, Vol. 169, S. 81-92.

STORAAS, T., P. WEGGE & B.B. LARSEN (1982): Nest predation among capercaillie and black grouse as affected by habitat location and cover. In: 2nd Int. Grouse Symp. 1982, World Pheasant Assoc., ed by Lovel, T.W.I., S. 131-137.

STORCH, I. & C. LEIDENBERGER (2003): Tourism, mountain huts and distribution of corvids in the Bavarian Alps, Germany. In: Wildlife Biology 9:4 (2003), S 301-308.

STORCH, I. (2007): Grouse: Status Survey and Conservation Action Plan 2006-2010. IUCN, Gland, Switzerland, and Cambridge, UK, and World Pheasant Association, Fordingbridge, UK.

STORCH, I. (2007): Conservation status of grouse worldwide: an update. In: Wildlife Biology 13, Suppl. 1, S. 5-12.

STRASSER VON KOLLNITZ, M. (1997): Das Jagdbuch des Martin Strasser von Kollnitz. Hrsg. Kurt Lindner. Kärntner Landesarchiv.

SWENSON, J.E. (1991): Social organization of hazel grouse and ecological factors influencing it. Doctor thesis, Department of Zoology – Edmonton, Alberta.

SWENSON, J.E. (1992): Relative Altersbestimmung bei adulten Haselhühnern (Bonasa bonasia). In: J. Orn. 133, S. 209-212.

SWENSON, J.E. (1993): Hazel grouse (Bonasa bonasia) pairs during the nonbreeding season: mutual benefits of a cooperative alliance. In: Behavioral Ecology 1993, Vol. 4/1, S. 14-21.

SWENSON, J.E. (1993): The importance of alder to hazel grouse in Fennoscandian boreal forest: evidence from four levels of scale. In: Ecography 16:1 (1993), S. 37-46.

SWENSON, J. & P. ANGELSTAM (1993): Habitat separation by sympatric forest grouse in Fennoscandia in relation to boreal forest succession. In: Can. J. Zool. 71, S. 1303-1310.

SWENSON, J.E. & D.A. BOAG (1993): Are Hazel Grouse Bonasa bonasia monogamous? In: Ibis 135 (1993), S. 463-467.

SWENSON, J.E., & J. DANIELSEN (1993): Seasonal movements by Hazel Grouse in south-central Sweden. In: 6th Int. Grouse Symposium, S. 37-41.

SWENSON, J.E., A.V. ANDREEV & S.V. DROVETSKII (1995): Factors shaping winter social organization in Hazel Grouse Bonasa bonasia: a comparative study in the eastern and western Palearctic. In: Journal of Avian Biology 26:1 (1995), S. 4-12.

TRAXLER, A., H. JAGLITZ, S. WEGLEITNER, M. BIERBAUMER & V. GRÜNSCHACHNER-BERGER (2005): Zusammenfassung vogelkundliches Monitoring im Windpark Oberzeiring 2004/05, *www.tauernwind.com/documents/Vogelmonitoring_Oberzeiring_Zusammenfassung.pdf*

VALENTINITSCH, F. (1892): Das Haselhuhn, dessen Naturgeschichte und Jagd. Verlag Adolph W. Künast k.u.k. Hof-Buchhändler, Wien.

WATSON, A. & R. MOSS (2004): Impacts of ski-development on ptarmigan (Lagopus mutus at Cairn Gorm, Scotland. In: Biological conservation 2004, Vol. 116/2, S. 267-275.

WEGGE, P. & T. STORAAS (1990): Nest loss in capercaillie and black grouse in relation to the small rodent cycle in southeast Norway. In: Oecologia (1990), 82, S. 527-530.

WÖSS, M. UND H. ZEILER (2003): Building projects in Black Grouse habitats – assessment guidelines. In: Sylvia 39 (suppl.), S. 87-96.

ZBINDEN, N. (1979): Zur Ökologie des Haselhuhns Bonasa bonasia in den Buchenwäldern des Chasseral, Faltenjura. In: Der Ornithologische Beobachter 76, S. 169-214.

ZBINDEN, N. (1985): Zur Verbreitung, Siedlungsdichte und Balzgruppengröße des Birkhuhns Tetrao tetrix im Tessin. In: Der Ornithologische Beobachter 82, S. 107-115.

ZBINDEN, N. & M. SALVIONI (1997): Die Bejagung des Birkhahns im Tessin 1963-1995. In: Der Ornithologische Beobachter 94, S. 331-346.

ZBINDEN, N. & M. SALVIONI (2003): Verbreitung, Siedlungsdichte und Fortpflanzungserfolg des Birkhuhns Tetrao tetrix im Tessin 1981-2002. In: Der Ornithologische Beobachter 100, S. 211-226.

ZBINDEN, N. & M. SALVIONI (2004): Bedeutung der Temperatur in der frühen Aufzuchtzeit für den Fortpflanzungserfolg des Birkhuhns Tetrao tetrix auf verschiedenen Höhenstufen im Tessin, Südschweiz. In: Der Ornithologische Beobachter 101, S. 307-318.

ZEILER, H. (1998): Die Bedeutung der Habitatstruktur in der Winterökologie des Haselhuhns. Endbericht „Haselhuhnprojekt Dellach/Drau mit Ableitungen für eine haselhuhnfreundliche forstliche Bewirtschaftung". IWJ, Uni für Bodenkultur, Wien.

ZEILER, H. (2001): Auerwild – Leben, Lebensraum, Jagd. Österreichischer Jagd- und Fischerei-Verlag.

ZEILER, H. & V. SZINOVATZ (1999): Haselwildbestandeserfassung Kärnten 1998 (+ Kartierung Schneehuhnvorkommen). Ergebnisbericht. IWJ, Uni für Bodenkultur, Wien.

ZEILER, H., M. BREUSS, M. WÖSS & V. SZINOVATZ (2002): The structure of habitat used by hazel grouse Bonasa bonasia during winter. In: Acrocephalus 23, S. 115-121.

ZEILER, H. & V. BERGER (2003): Windräder, ein Risiko für Wildtiere? Erfahrungen aus dem ersten Beobachtungsjahr im Windpark. Weidwerkstatt Akademie der Steirischen Jäger – Wildforschung, Heft 1.

ZEITLER, A. (2003): Maintaining Black Grouse wintering habitats by alpine pasture management plans. In: Sylvia 39 (suppl.), S. 97-102.

ZEITLER, A. (2000): Human Disturbance, Behaviour and spatial Distribution of Black Grouse in skiing Areas in the Bavarian Alps. In: Cahiers d'Ethologie 2000/20 (2-3-4), S. 381-402.

ZEITLER, A. (2006): Birkwild und Wintertourismus. In: 12. Österreichische Jägertagung, Raumberg Gumpenstein, 14./15. Februar 2006, S. 23-28.

ZOHMANN, M. (2004): Sommerliche Habitatnutzung des Alpenschneehuhns (Lagopus mutus helveticus) im Bereich Nationalpark Nockberge. Diplomarbeit am IWJ, Uni für Bodenkultur, Wien.